21 世纪全国高职高专计算机案例型规划教材

软件工程与项目管理案例教程

主　编　刘新航

副主编　王振铎

参　编　刘　平　崔　岩　王振辉
　　　　刘　宁　薛　茹　李　平

北京大学出版社

PEKING UNIVERSITY PRESS

内 容 简 介

本书根据高职教学的特点和要求编写。本书共分 13 章，介绍了软件危机与软件工程、计算机系统工程等基本概念，软件需求分析管理、概要设计、详细设计、软件编程、软件测试技术、软件维护等软件开发过程，面向对象系统分析与设计、软件项目评审、软件质量保证与软件配置管理、CMM 软件成熟度模型、软件工程标准与软件知识产权。

本书采用案例教学和启发式教学，激发学生学习的兴趣，提高学生动手能力。本书内容翔实、结构合理、实用性强、适用面广。每章后附有习题，以利于知识点的巩固。

本书可作为职业技术学院教材，也可作为其他高等职业学校、高等专科学校、中等职业学校、在职人员、本科学院、独立学院及各种社会培训机构的参考书。

图书在版编目(CIP)数据

软件工程与项目管理案例教程/刘新航主编. —北京：北京大学出版社，2009.8
(21 世纪全国高职高专计算机案例型规划教材)
ISBN 978-7-301-15519-6

Ⅰ. 软… Ⅱ. 刘… Ⅲ.①软件工程—高等学校：技术学校—教材②软件开发—项目管理—高等学校：技术学校—教材 Ⅳ. TP311.5

中国版本图书馆 CIP 数据核字(2009)第 121165 号

书　　　名：软件工程与项目管理案例教程
著作责任者：刘新航　主编
策 划 编 辑：李彦红
责 任 编 辑：魏红梅
标 准 书 号：ISBN 978-7-301-15519-6/TP・1038
出 版 者：北京大学出版社
地　　　址：北京市海淀区成府路 205 号　　100871
网　　　址：http://www.pup.cn　http://www.pup6.com
电　　　话：邮购部 62752015　发行部 62750672　编辑部 62750667　出版部 62754962
电 子 邮 箱：pup_6@163.com
印 刷 者：北京宏伟双华印刷有限公司
发 行 者：北京大学出版社
经 销 者：新华书店
　　　　　　787mm×1092mm　16 开本　18.25 印张　417 千字
　　　　　　2009 年 8 月第 1 版　　2009 年 8 月第 1 次印刷
定　　　价：28.00 元

21 世纪全国高职高专计算机案例型规划教材
专家编写指导委员会

信息技术的案例型教材建设

(代丛书序)

刘瑞挺/文

北京大学出版社第六事业部在 2005 年组织编写了两套计算机教材，一套是《21 世纪全国高职高专计算机系列实用规划教材》，截至 2008 年 6 月已经出版了 80 多种；另一套是《21 世纪全国应用型本科计算机系列实用规划教材》，至今已出版了 50 多种。这些教材出版后，在全国高校引起热烈反响，可谓初战告捷。这使北京大学出版社的计算机教材市场规模迅速扩大，编辑队伍茁壮成长，经济效益明显增强，与各类高校师生的关系更加密切。

2007 年 10 月北京大学出版社第六事业部在北京召开了"21 世纪全国高职高专计算机案例型教材建设和教学研讨会"，2008 年 1 月又在北京召开了"21 世纪全国应用型本科计算机案例型教材建设和教学研讨会"。这两次会议为编写案例型教材做了深入的探讨和具体的部署，制定了详细的编写目的、丛书特色、内容要求和风格规范。在内容上强调面向应用、能力驱动、精选案例、严把质量；在风格上力求文字精练、脉络清晰、图表明快、版式新颖。这两次会议吹响了提高教材质量第二战役的进军号。

案例型教材真能提高教学的质量吗？

是的。著名法国哲学家、数学家勒内•笛卡儿(Rene Descartes，1596～1650)说得好："由一个例子的考察，我们可以抽出一条规律。(From the consideration of an example we can form a rule.)"事实上，他发明的直角坐标系，正是通过生活实例得到的灵感。据说是在 1619 年夏天，笛卡儿因病住进医院。中午他躺在病床上苦苦思索一个数学问题时，忽然看到天花板上有一只苍蝇飞来飞去。当时天花板是用木条做成正方形的格子。笛卡儿发现，要说出这只苍蝇在天花板上的位置，只需说出苍蝇在天花板上的第几行和第几列。当苍蝇落在第四行、第五列的那个正方形时，可以用(4，5)来表示这个位置……由此他联想到可用类似的办法来描述一个点在平面上的位置。他高兴地跳下床，喊着"我找到了，找到了"，然而不小心把国际象棋撒了一地。当他的目光落到棋盘上时，又兴奋地一拍大腿："对，对，就是这个图"。笛卡儿锲而不舍的毅力，苦思冥想的钻研，使他开创了解析几何的新纪元。千百年来，代数与几何井水不犯河水。17 世纪后，数学突飞猛进的发展，在很大程度上归功于笛卡儿坐标系和解析几何学的创立。

这个故事，听起来与阿基米德在浴池洗澡而发现浮力原理，牛顿在苹果树下遇到苹果落到头上而发现万有引力定律，确有异曲同工之妙。这就证明，一个好的例子往往能激发灵感，由特殊到一般，联想出普遍的规律，即所谓的"一叶知秋"、"见微知著"的意思。

回顾计算机发明的历史，每一台机器、每一颗芯片、每一种操作系统、每一类编程语言、每一个算法、每一套软件、每一款外部设备，无不像闪光的珍珠串在一起。每个案例都闪烁着智慧的火花，是创新思想不竭的源泉。在计算机科学技术领域，这样的案例就像大海岸边的贝壳，俯拾皆是。

事实上，案例研究(Case Study)是现代科学广泛使用的一种方法。Case 包含的意义很广，包括 Example 例子，Instance 事例、示例，Actual State 实际状况，Circumstance 情况、事件、境遇，甚至 Project 项目、工程等。

大家知道在计算机的科学术语中，很多是直接来自日常生活的。例如 Computer 一词早在 1646 年就出现于古代英文字典中，但当时它的意义不是"计算机"而是"计算工人"，即专门从事简单计算的工人。同样的，Printer 的意义当时也是"印刷工人"而不是"打印机"。正是由于这些"计算工人"和"印刷工人"常出现计算错误和印刷错误，才激发查尔斯·巴贝奇(Charles Babbage，1791—1871)设计了差分机和分析机，这是最早的专用计算机和通用计算机。这位英国剑桥大学数学教授、机械设计专家、经济学家和哲学家是国际公认的"计算机之父"。

20 世纪 40 年代，人们还用 Calculator 表示计算机。到电子计算机出现后，才用 Computer 表示计算机。此外，硬件(Hardware)和软件(Software)来自销售人员，总线(Bus)就是公共汽车或大巴，故障和排除故障源自格瑞斯·霍普(Grace Hopper，1906—1992)发现的"飞蛾子"(Bug)和"抓蛾子"或"抓虫子"(Debug)。其他如鼠标、菜单……不胜枚举。至于哲学家进餐问题、理发师睡觉问题更是操作系统文化中脍炙人口的经典。

以计算机为核心的信息技术，从一开始就与应用紧密结合。例如，ENIAC 用于弹道曲线的计算，ARPANET 用于资源共享以及核战争时的可靠通信。即使是非常抽象的图灵机模型，也受到"二战"时图灵博士破译纳粹密码工作的影响。

在信息技术中，既有许多成功的案例，也有不少失败的案例；既有先成功而后失败的案例，也有先失败而后成功的案例。好好研究它们的成功经验和失败教训，对于编写案例型教材有重要的意义。

我国正在实现中华民族的伟大复兴，教育是民族振兴的基石。改革开放 30 年来，我国高等教育在数量上、规模上已有相当大的发展。当前的重要任务是提高培养人才的质量，为此，培养模式必须从学科知识的灌输转变为素质与能力的培养。应当指出，大学课堂在高新技术的武装下，利用 PPT 进行的"高速灌输"、"翻页宣科"有愈演愈烈的趋势，我们不能容忍用"技术"绑架教学，而是让教学工作乘信息技术的东风自由地飞翔。

本系列教材的编写，以学生就业所需的专业知识和操作技能为着眼点，在适度的基础知识与理论体系覆盖下，突出应用型、技能型教学的实用性和可操作性，强化案例教学。本套教材将会融入大量最新的示例、实例以及操作性较强的案例，力求提高教材的趣味性和实用性，打破传统教材自身知识框架的封闭性，强化实际操作的训练，使本系列教材做到"教师易教，学生乐学，技能实用"。有了广阔的应用背景，再造计算机案例型教材就有了基础。

我相信北京大学出版社在全国各地高校教师的积极支持下，精心设计，严格把关，一定能够建设出一批符合计算机应用型人才培养模式的、以案例型为创新点和兴奋点的精品教材，并且通过一体化设计实现多种媒体有机结合的立体化教材，为各门计算机课程配齐电子教案、学习指导、习题解答、课程设计等辅导资料。让我们用锲而不舍的毅力，勤奋好学的钻研，向着共同的目标努力吧！

刘瑞挺教授　本系列教材编写指导委员会主任、全国高等院校计算机基础教育研究会副会长、中国计算机学会普及工作委员会顾问、教育部考试中心全国计算机应用技术证书考试委员会副主任、全国计算机等级考试顾问。曾任教育部理科计算机科学教学指导委员会委员、中国计算机学会教育培训委员会副主任。PC Magazine《个人电脑》总编辑、CHIP《新电脑》总顾问、清华大学《计算机教育》总策划。

前　言

　　软件工程是研究如何用工程化的思想方式有效地管理软件开发，以较低成本开发出高质量的软件的一门学科。软件工程已经成为异常活跃的研究领域，在软件开发实践中发挥着重要作用。人们已经意识到，在软件项目开发中若不遵守软件工程的原则、思想、方法，必然要导致软件项目的失败。所以软件工程技术对软件专业人员来说是必须掌握的技术。

　　本书主要有以下特点。

　　(1) 在保证学科体系完整的基础上，不过度强调基础理论的深度和难度，坚持"够用为度"的原则。

　　(2) 采用"任务驱动"的编写方式，引入案例式教学，在相关章节中引入案例，把软件工程过程、工具、方法讲懂讲透，强调理论和实践结合，注重技能培养。

　　(3) 教材内容生动活泼，力求改变一般软件工程教材学生学习起来枯燥的情况。

　　(4) 加入了一些软件项目管理、CMM、标准化和知识产权等内容，拓展学生管理技能。

　　本书共 13 章，建议理论课时 48 课时。第 1 章软件危机与软件工程(4 课时)，第 2 章计算机系统工程(2 课时)，第 3 章软件需求分析管理(4 课时)，第 4 章概要设计(4 课时)，第 5 章详细设计(4 课时)，第 6 章软件编程(2 课时)，第 7 章软件测试技术(6 课时)，第 8 章软件维护(4 课时)，第 9 章面向对象系统分析与设计(6 课时)，第 10 章软件项目评审(2 课时)，第 11 章软件质量保证与软件配置管理(4 课时)，第 12 章 CMM 软件成熟度模型(4 课时)，第 13 章软件工程标准与软件知识产权(2 课时)。

　　除了理论教学外，建议安排实验课。让学生掌握相关 CASE 工具及文档写作，例如 Project、Visio、PowerDesigner、Rose 等 CASE 工具，项目开发计划(GB 8567—1988)、软件需求说明书(GB 8567—1988)、概要设计说明书(GB 8567—1988)、详细设计说明书(GB 8567—1988)、数据库设计说明书(GB 8567—1988)、测试计划(GB 8567—1988)等软件工程文档。CASE 工具及文档实验内容教师可根据实际情况进行筛选。

　　本书由刘新航任主编，王振铎任副主编。刘新航负责全书的策划、修改、补充、统稿工作。各章编写分工如下：刘平编写第 1 章和第 12 章，崔岩编写第 2 章和第 11 章，王振辉编写第 3 章和第 6 章，刘宁编写第 4 章和第 9 章，王振铎编写第 5 章和第 7 章，薛茹编写第 8 章，李平编写第 10 章，刘新航编写第 13 章。

　　由于时间仓促，作者水平所限，书中难免有疏漏和不足之处，恳请各位读者批评指正。

编　者

2009 年 5 月

目 录

第1章 软件危机与软件工程

教学目标

理解软件危机与软件工程的基本概念，软件工程的基本范畴，软件开发的模型以及软件生命周期。在理解软件以及软件工程的基础上，掌握软件项目管理的特点和目标，了解影响软件项目成功的一系列因素。

教学要求

知 识 要 点	能 力 要 求	关 联 知 识
软件危机	了解软件危机的产生和发展，以及解决软件危机的途径	软件、软件成本、软件质量
软件工程	掌握软件工程的概念及其目标	软件、软件生产率
软件生命周期	掌握软件生命周期各个阶段的定义及其任务	软件定义、软件开发、软件维护
软件生命周期模型	掌握几种典型的软件生命周期模型	软件生命周期、软件生命周期模型
软件项目管理	理解项目管理与软件项目管理的概念，软件项目管理的目标及特点	项目管理、软件过程

引例

提到软件开发，很多人认为就是坐在计算机前面编写代码。其实，编写代码仅仅是软件开发过程中的一个很小的部分。举个例子来说，盖一座大楼时所涉及的工作不仅仅是砌砖和垒墙，还必须对建筑进行主体设计、绘制图纸、估算建筑成本、安排任务、验收建筑质量等。相同的道理，软件开发过程所涉及的环节和活动也不仅仅是编写代码这样简单。比如：在编码之前，要了解编写的程序是为了解决一个什么样的问题，即实现什么样的功能；对于规模较大的软件，应该对软件的系统架构进行整体的规划。编码完成之后，还要考虑采用什么样的方法和途径来减少软件系统中存在的错误。软件产品交付给用户后，要考虑怎样对软件系统进行维护，以及在这个过程中如何保证软件产品的质量等一系列的问题。

软件工程就是一门将所有与软件开发相关的活动归纳在一起，并形成系统的方法和理论的学科。

在第 1 章中，将学习什么是软件，什么是软件工程，以及如何运用软件工程的理论和方法来开发软件。

1.1 软 件 危 机

软件危机产生于 20 世纪 60 年代，给当时的软件行业造成了极大的损失。但同时也促使人们对如何开发软件进行了更加深入的研究和探讨，与程序设计方法学密切相关的软件工程也应运而生。在学习软件工程之前，首先来了解软件危机的产生与发展，以及人们是如何通过各种途径来解决软件危机的。

 引例

1963 年，美国用于控制火星探测器的计算机软件中的一个"，"号被误写为"."，最终致使飞往火星的探测器发生爆炸，造成高达数亿美元的损失。

美国 IBM 公司于 1963—1966 年开发了 IBM360 系列机的操作系统，该操作系统花了大约 5000 人一年的工作量，最多时，有 1000 人投入开发工作，写出近 100 万行的源程序。尽管投入了这么多的人力和物力，得到的结果却极其糟糕的。据统计，这个操作系统每次发行的新版本都是从前一版本中找出 1000 个程序错误而修正的结果。该项目的负责人在项目结束后的总结中写道："……正像一只逃亡的野兽落到泥潭中做垂死挣扎，越是挣扎，陷得越深，最后无法逃脱灭顶的灾难……程序设计工作正像这样一个泥潭……一批批程序员被迫在泥潭中拼命挣扎……谁也没有料到问题竟会陷入这样的困境……"

上面提到的两个事件，在软件开发的历史进程上可谓赫赫有名。直到今天，软件开发者仍然常常提起它们。遗憾的是，这并非是因为它们给软件开发者带来荣耀或灵感，而是因为人们要借助它们的失败，给后世的软件开发者以警醒和教训。

在 20 世纪 70 年代之前，像这样的事件并不罕见。并且随着软件规模的扩大、软件复杂度的增强，类似事件越来越多。后来，人们知道，这一切都是由游荡在软件世界里的幽灵——"软件危机"造成的。

1.1.1 软件危机的表现

在计算机技术应用的初期阶段，也就是 20 世纪 60 年代以前，软件的设计和运行只是为了在特定的计算机硬件上完成一个特定的任务。编写软件所采用的语言工具是机器语言或汇编语言；软件的规模比较小；软件的编写者和使用者往往是同一个人；软件产品除了源代码清单外，几乎没有其他文档资料；软件开发方式随意，很少使用系统化的开发方法；此时的软件开发所采用的是"手工作坊"式的开发方式。

20 世纪 60 年代中后期，计算机硬件的存储能力、计算速度以及可靠性都得到了大幅度的提高，其成本也不断降低，计算机设备得到了广泛的应用。在这种形势下，软件开发需求急剧增长，人们需要大量的能够完成多种应用任务的计算机软件。与此同时，高级语言开始出现，软件系统的规模越来越大，复杂程度越来越高，软件数量急剧膨胀，但是软件可靠性越来越差，软件维护工作很难进行，开发成本惊人的高。"手工作坊"式的单打独斗的软件生产方式已经不能够适应日益增长的软件需求，供求关系严重失调，最终形成了不可调和的尖锐矛盾，这就是软件危机的爆发。

"手工作坊"式的生产方式无法满足迅速增长的计算机软件需求，从而导致了软件开发和维护过程中的一系列严重问题，这一现象叫做软件危机(Software Crisis)。软件危机主要有以下几个方面的表现。

1. 软件开发费用和进度难以控制

软件开发过程所耗费的实际成本往往高于预算成本，而实际进度却远远落后于预期进度。用户一边不断地投入大量资金，一边无限期地等待软件产品的投入使用。这势必会大大降低用户对产品以及软件公司的满意度。而软件开发公司为了压缩成本或加快进度所采取的一些权宜之计，又常常会严重影响软件产品的质量，导致软件公司的信誉大大降低。

2. 软件不能满足用户的需求

在软件开发的初期阶段，一些软件开发人员常常急于求成，轻视与用户的沟通和交流，在对用户需求只有粗略的了解，甚至没有进行认真分析的前提下，就开始编写代码。有些软件开发人员和用户之间虽然有交流，但开发人员不懂应用系统的专业知识，用户不懂计算机的专业知识，两者之间的知识体系不同，所表达的思想和意图未必能够被对方正确地理解，再加上未能进行及时有效地沟通，导致对用户的需求理解不准确，或是对用户需求定义有错误。以上这些情况都导致了对用户的软件需求定义不准确，偏离用户需求，最终生产出来的软件产品不符合用户的实际需要。

3. 软件可靠性差

软件产品的正确性难以保证，出错率高、质量问题频繁发生，难以满足用户的实际应用需求，甚至会因为软件的错误给用户带来难以弥补的重大损失，令用户丧失对软件产品的信任。

4. 软件产品缺乏相应的文档资料

以往人们认为，软件就是程序。但是，软件不仅仅是程序，还应当包括一整套相应的文档资料。文档资料在软件开发过程中产生，同时也准确真实地记录软件开发的全过程。每个软件开发过程的环节都离不开文档资料。如：在软件的初期阶段，要编写用户需求文档(用户需求说明书)，该文档既是与用户进行交流的书面工具，也是软件开发人员生产软件产品的依据。缺乏文档资料，必然会给软件开发和软件维护带来极大的不便和严重的问题。

5. 软件可维护性差

由于软件需求定义不准确、缺乏充分的软件测试、缺少相应的文档资料等原因，软件产品中的错误常常难以定位和改正。同时这些程序不能很好地适应新的硬件环境，或是很难根据用户的需求在原有的程序上增加新的功能。"软件的可重用性"还是一个正在努力追求的目标，各软件公司仍然在重复开发着类似或者基本类似的软件，浪费了大量的人力与时间。

6. 软件开发的速度与计算机应用的普及速度不相适应

随着计算机硬件技术的飞速发展，其成本逐年下降。与之相对应的是，软件生产需要耗费大量的人力物力，其成本随着软件规模和数量的不断扩大而增长，致使软件成本在计算机系统总成本中所占的比例居高不下。据美国在 1985 年所统计的数据显示，软件成本大约占计算机系统总成本的 90%。软件开发的生产率远远不能适应计算机应用迅速普及的需要，软件产品的高成本和供不应求使得人们不能充分利用现代计算机硬件所提供的巨大潜力。

1.1.2　软件危机的原因

软件危机所面临的问题有两方面：一是如何开发软件才能满足对软件快速增长的需求；二是如何维护数量和规模不断增长和扩大的已有软件。

软件危机的出现和由它所带来的危害，促使人们去探究其产生的根本原因。最终，人们发现软件危机的产生有两方面的因素：一方面与软件本身的复杂性有关，这是内在因素；另一方面与软件开发和维护所采用的技术和方法有关，这是外在因素。

1. 引发软件危机的内因

引发软件危机的内因主要是软件的复杂性。

软件是一种特殊的逻辑产品，它用代码来体现人的主观思维活动。在编写代码时，其他人很难进行控制和管理。在整个软件系统完成之前，软件开发过程的进度难以衡量和控制，软件质量也较难评价。因此，管理和控制软件开发过程极为困难。

开发过程中任何一个环节的错误，都会导致软件在运行过程中出错，这需要软件维护人员花费大量的时间和精力来进行错误定位和修改。当缺少必要的文档资料时，这一过程将变得异常艰难，软件维护的费用也十分惊人，最终导致软件的维护性越来越差。

随着计算机软件技术的发展，软件的规模越来越大，结构也越来越复杂，控制、管理和维护过程中所遇到的问题越多，开发难度也就越大。

2. 引发软件危机的外因

1) 软件的开发方法不恰当，开发技术落后

在软件开发过程中，人们往往忽略了开发人员和用户之间的矛盾。通常情况下，参与项目的人分为两类：用户和开发人员。用户提出需求；开发人员根据需求进行软件设计和开发。实际存在的问题是，用户因为缺乏计算机知识，不能准确、完整地表达对软件项目的需求；开发人员由于不熟悉用户的专业知识，也同样不能很好地理解和定义用户的需求。实践证明，在没有准确完整地了解用户需求和定义问题的前提下就急于编程，是导致软件开发工程失败的主要原因之一。

在开发过程中，缺乏有力的开发和管理方法，缺乏合理有序的工作流程，各个环节之间不能严密地衔接和关联。例如，常常有设计方案没有确定，编码人员就已经着手编码的现象，一旦设计方案有所改动，编码人员就不得不进行返工，造成人力和时间的极大浪费，甚至会严重影响软件产品的质量。

软件开发是一个复杂的逻辑思维过程，其产品极大程度地依赖于开发人员高度的智力投入，但是过分地依赖编程人员在开发过程中的技巧和创造性，会加剧软件开发产品中的人为因素，这也是导致软件危机的一个重要原因。

软件产品是人的思维结果，因此软件生产水平的提高离不开软件人员的教育、训练和经验的积累。当软件从业人员的技术水平停滞不前时，就很难适应更复杂、更庞大的软件产品的开发了。

2) 开发过程缺乏统一的规范

规模日益增大的软件往往需要许多人合作开发，这就需要在用户和软件开发人员之间，以及软件开发人员之间进行有效及时的相互通信，以消除开发过程中对问题理解的差异，从而防止后续错误的发生。然而多年的"手工作坊"式的工作环境，使得软件开发人员更习惯独自工作，甚至养成了"独行侠"的工作方式。开发过程中所采用的技术没有一个统一的规范和标准，每个人按照自己的喜好来决定要做什么。这种情况势必会妨碍整个项目开发的团队合作，这也是最终导致软件危机的一个重要原因。

软件可靠性和质量保证的确切定量概念刚刚出现，软件质量保证技术(审查、复审和测试)还没有坚持不懈地应用到软件开发的全过程中，这些也都是导致软件产品发生质量问题的原因。

3) 软件开发管理困难而复杂

大型软件项目需要规模较大的团队来共同完成，多数管理人员缺乏大型软件系统的管理经验，而多数软件开发人员又缺乏管理方面的经验。两方面不能进行及时准确的信息交流，甚至还会产生误解。软件开发人员不能有效、独立地处理软件开发过程中的各种工作流程和工作关系，因此容易产生疏漏和错误。另外，开发过程中忽视撰写和保存相关文档的工作，使文档缺乏一致性和完整性，甚至没有文档，从而导致开发者失去工作的基础、管理者失去管理的依据。

4) 开发工具落后，生产率提高缓慢

软件开发工具过于原始，没有出现高效率的开发工具，因而软件生产率低。1960～1980年期间，计算机硬件的生产由于采用计算机辅助设计、自动生产线等先进工具，生产率提高了近 100 倍，而同时期的软件生产率只提高了 2 倍。

1.1.3　解决软件危机的途径

1968 年，北大西洋公约组织成员国(NATO)在联邦德国召开会议，近 50 名一流的编程人员、计算机科学家和工业界巨头共同讨论软件危机问题，并商讨和制定缓解或解决"软件危机"的对策。在这次会议上，第一次提出了"软件工程"(Software Engineering)的概念。从此，软件工程作为一门新兴的工程学科诞生了。

软件工程体现了采用工程化的方法从事软件系统的研究和维护的必要性。软件工程的主要思想是，运用工程学的基本原理和方法来组织和管理软件生产。为了解决软件危机，既要有技术措施(包括方法和工具)，又要有必要的组织管理措施。先进的方法和工具可以提高软件开发和维护的效率，更为软件质量提供保证。有效的组织管理措施可以评价、控制、管理整个开发流程，从而保证软件开发能够顺利有效地完成。软件工程正是从技术和管理两个方面，研究如何更好地发展计算机软件技术。

尽管"软件危机"至今尚未被彻底解决，但在 40 年的发展中，经过不断地实践和总结，人们得到一个结论：按照工程化的原则和方法组织软件开发，是摆脱软件危机的一个主要出路。

1.2 软件工程概述

软件工程是一门指导计算机软件开发和维护的工程学科。它运用工程学中的概念、原理、方法和技术来指导软件开发和维护工作。软件是一种逻辑产品，它也有产生和消亡的过程。为了采用工程化的方式对软件生产过程进行有效的管理，人们将软件存在的过程划分成多个阶段，形成"软件生存周期"的概念，它涵盖了软件生产的一系列相关活动。

1.2.1 软件工程的定义

对于软件工程(Software Engineering)，不同的学者和组织机构都给出了不同定义。

美国著名的软件工程专家 Barry.W.Boehm 对软件工程的定义是：运用现代科学技术知识来设计并构造计算机程序及为开发、运行和维护这些程序所必需的相关文件资料。

1983 年，IEEE(电气和电子工程师协会)给出的定义是：软件工程是开发、运行、维护和修复软件的系统方法。

归纳起来，目前比较认可的一种定义是：软件工程是指导软件开发和维护的工程学科。其核心思想是采用工程的概念、原理、技术和方法来开发和维护软件，把经过实践考验而证明是正确的管理技术和当前能够得到的最好的技术方法结合起来，从而大大提高软件开发的成功率和生产率。

1.2.2 软件工程的范畴

作为一门新兴的学科，软件工程学包括软件开发技术和软件工程管理。而软件开发技术又分为软件开发方法学、软件工具、软件工程环境。软件工程管理又分为软件管理学、软件经济学、软件度量学。

1. 软件开发方法学

软件开发方法学是指导软件开发的某种标准规程，它告诉开发人员"什么时候做以及怎样做"，具体来说，一个软件开发方法规定了明确的工作步骤和具体的描述方式。软件开发方法覆盖了软件开发过程中的一系列活动和任务，包括软件定义、软件开发和软件维护等。在软件开发方法的指导和约束下，面对每个环节的问题，所有开发人员都遵循统一的标准，按照统一的步骤和方式共同完成软件产品。有软件开发方法作为软件生产的行为依据，就可以保证质量和效率要求。

软件技术发展的早期，人们并未意识到软件开发方法的重要性，甚至在软件开发过程中完全依赖开发人员的智力活动，根本就没有采用任何的开发方法。1960 年左右，系统开发方法概念开始形成，人们开始着手对系统开发方法进行研究。近年来，又相继出现了多种软件开发方法，如结构化系统开发方法、原型化开发方法、面向对象开发方法、计算机辅助开发方法。这些方法都在一定程度上提高了软件的质量和生产率。

2. 软件工具

软件工具是辅助和支持软件开发全过程的一系列软件。它是在高级程序设计语言的基础上，为提高软件开发的质量和效率，从定义、分析、设计、编码、测试、归档和管理等各方面，为软件开发人员提供各种帮助的一类软件，其目的是为了提高软件的生产率、改进软件质量。过去认为软件工具就是编程语言的说法是不正确的。软件工具所涵盖的范围，不仅包括编程阶段，还包括了如需求分析、系统设计、软件测试和归档等软件开发的各个阶段。

3. 软件工程环境

软件工程环境(Software Engineering Environment，SEE)是指以软件工程为依据，支持软件生产的技术和管理工具系统，通常被集成到一个固定的平台上。软件工程环境强调支持软件生产的全过程。软件工具仅支持软件生命周期中某些特定活动，而软件工程环境通过环境信息库和消息通信机制实现工具的集成，为软件生命周期中某些过程的自动化提供了更有效的支持。SEE 将管理、支持、获取、供应等过程贯穿于整个软件生命周期。SEE 以工业化方式生产大型软件，并为工业化生产提供一整套的支持设施。软件生产者要想在特定的软件工程环境中进行软件开发，必须经过一定的工程训练，并在软件生产过程中遵循特定的工程准则。

4. 软件工程管理

软件工程管理是一门新兴的管理学科，它通过管理风险、平衡冲突目标、克服各种限制、合理配置和使用资源等一系列活动达到为用户提供满足应用需求的软件的目标。软件工程是按照项目组织实施的，因此软件工程的管理实际上是对软件项目的管理。因为软件的特殊性质，软件工程管理还涉及知识的管理和人员的管理。软件工程管理主要包括以下内容：软件项目管理、软件风险管理、软件质量管理、软件配置管理、软件进度管理。

下面列举了软件工程中涉及的一些常用技术。

(1) 软件架构。

(2) 软件复用。

(3) 软件测试。

(4) 计算机辅助设计工具。

(5) 面向对象软件工程。

(6) 实时软件工程。

(7) 软件成本估算。

(8) 软件工程经济学。

(9) 软件演化。

(10) 软件维护。

(11) 软件规范。

(12) 软件文档编写。

1.2.3　软件开发的几个模型

如同其他产品一样，软件也有一个生存过程，从计划、设计、生产、使用到被废弃，软件的生存过程被称为"软件生存周期"。软件生存周期大致被分为 6 个阶段：制订计划、需求分析、设计、编码、测试、运行和维护。为了描述软件开发各个阶段之间的关系，人们引入了"软件开发模型"(Software Development Model)的概念，用来说明和表示这个复杂的软件开发过程。

软件开发模型的结构框架跨越了整个软件生存周期中的系统开发、运行和维护所实施的全部工作和任务，它给出了软件开发活动中各阶段之间的关系。软件开发模型能够清晰、直观地表达软件开发全过程，明确地规定要完成的主要活动和任务，因而被用作软件项目工作的基础。

常见的开发模型有瀑布模型、演化模型、原型模型、螺旋模型等。

1. 瀑布模型(Waterfall Model)

瀑布模型是由 Winston W. Royce 于 1970 年提出的一种软件开发模型。该模型将整个系统开发过程划分成若干个线性的、顺序的阶段，每个阶段之间既相互区别，又彼此联系。

瀑布模型将软件生命周期划分为计划、需求分析和定义、软件设计、编码、软件测试、软件运行和维护 6 个阶段，各个阶段之间如同瀑布流水，自上而下，逐级下落，形成相互衔接的固定次序。每一个阶段的工作都以上一个阶段工作的结果为依据，同时现阶段的工作也为下一个阶段的工作提供前提和基础。瀑布模型如图 1.1 所示。

在瀑布模型中，各阶段的工作按照线性方式进行，有如下特点。

(1) 前一阶段的工作结果作为输入传送给当前阶段，当前阶段的工作根据该输入来开展。

(2) 当前阶段的工作结果需要进行评审和验证。

(3) 若该结果验证通过，方可作为下一个阶段的输入，软件生命周期的执行转入下一个阶段；若验证不通过，则返回到前一阶段进行错误分析和修改。

(4) 在当前阶段的工作未完成前，不允许开展下一个阶段的工作。

瀑布模型中各阶段活动结束后，都要进行严格的验证和评审，不允许出现未经审核就进行下一阶段活动的工作方式。如果在评审过程中发现错误，必须向上一个阶段进行反馈和追溯，进行原因查找和错误修改，甚至是返工。这样的反馈过程在图 1.1 中用虚线表示。如果验证没有发现错误，则可以进行下一个阶段的工作，图 1.1 中用实线表示。

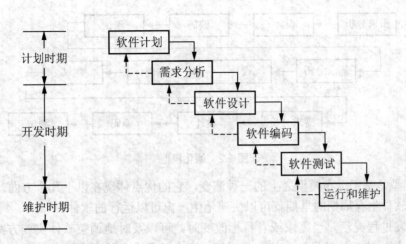

图 1.1　瀑布模型

瀑布模型为软件的开发和维护提供了一种有效的管理模式。在瀑布模型中，各个阶段之间的关系清晰、易懂。该模型原理简单，易于掌握；每个阶段中都有验证和确认环节，以便进行质量管理；在下一阶段开始前，该模型会通过项目管理来控制本阶段工作的完成。

但是，瀑布模型中并没有引入工程计划、进度控制和风险管理等措施。该模型最大的缺点是缺乏灵活性，特别是在阶段反馈和工作修改上还不是很灵活。比如，一个项目在测试阶段被发现存在一个十分严重的错误，而该错误是由需求分析阶段中的工作造成的，按照瀑布模型的原理，是很难回到需求分析阶段并进行修改更正工作的。另外，该模型并没有很好地解决软件需求定义不确切这一问题，而该问题恰恰是导致软件开发失败的一个重要原因。

2. 演化模型(Incremental Model)

演化模型是瀑布模型的一种演变。演化模型主要针对事先不能完整定义需求的软件开发。

根据演化模型，软件的开发应该采取这样的过程：起初，用户给出软件系统的核心需求，开发人员根据核心需求对软件系统进行问题定义和分析，经过设计、编码和测试，开发出一个核心系统交付用户使用，用户试用软件并对其进行评价，在此基础上，提出意见、建议和进一步的需求，如：改进系统、精化系统、增强系统功能等；接下来，开发人员根据用户的反馈意见，实施新一轮的开发活动，包括问题定义和分析、设计、编码和测试等任务，然后再交付用户试用。周而复始，形成开发的迭代过程。

在演化模型中，软件产品的生产要经过一系列的迭代过程，即经过多次的分析、设计、编码、集成和测试。每次迭代过程所开发的系统的部分功能，累计起来就成为这个核心系统的新增功能。实际上，这个模型可以看做是重复执行的多个"瀑布模型"。演化模型如图 1.2 所示。

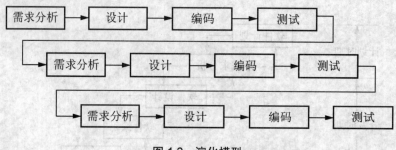

图 1.2　演化模型

演化模型是基于瀑布模型之上的一种演变，它的优点体现在以下几个方面。

(1) 在软件生存周期的早期就可以快速地生产出可以运行的软件。

(2) 开发过程灵活。当需求或者目标改变时，可以及时地调整软件实施方案，如修改软件项目计划、修改软件设计、修改代码等，不会花费太多的人力和时间资源。

(3) 有助于在早期进行软件测试、进度控制、缺陷跟踪和文档管理，有利于平衡整个开发过程的负荷。

(4) 在每个迭代过程中，易于捕获风险信息和收集风险数据，从而有助于采取早期的风险预防措施。

(5) 开发过程中的经验教训能及时地反馈应用于下一个循环过程中，从而提高软件质量和生产率。

演化模型在一定程度上克服了瀑布模型的某些缺点，如等待产品周期过长、灵活性不足等，但该模型仍然存在以下若干问题。

(1) 因为演化模型中的需求定义不是一次完成的，所以，如果开发人员对整个软件系统的需求没有一个完整的定义，会给软件的总体设计带来困难，破坏软件结构设计的完整性和一致性，影响软件质量。

(2) 生产过程中如果缺乏有效的过程管理，或者迭代过程之间缺乏有效的协调，"演化模型"可能会退化成一种原始的无计划的"试验—出错—修改—试验—出错—修改"模式，致使项目开发陷入一个看不到终点的"怪圈"。

(3) 因为在项目开发的初期就生产出可见的阶段性产品，可能会令开发者盲目乐观，对项目进度的紧迫性认识不足，工作拖沓，延误工期。

(4) 如果用户接触到开发过程中未经测试的软件，会给开发人员和用户带来负面影响，甚至降低用户对软件产品的信心。

3. 原型模型(Prototype Model)

对于软件系统的需求，用户往往不能够一次完整地加以提出。实践证明，用户会对系统的功能、性能、界面等方面的需求经常性地加以补充甚至是推翻前面的需求，提出新需求。对于合理的改进意见，软件开发人员需要进行相应的修改，这样势必会带来成本增加、进度拖延、软件出错率高等严重问题。原型模型正是为了解决这种问题被提出的。

"原型"原本是工程设计中的概念，指的是样品或者试制品，其目的是为了模拟某种产品的原始模型。软件工程中引入的"原型"概念，是指系统或者软件最终产品的一个早期可运行的版本；是软件开发人员以较短的工期和较少的成本开发出来的能够反映最终产品的重要特性的样品。

原型模型的核心思想是：软件开发者和用户以较小的代价快速确定用户最基本的需求，开发者对核心需求进行抽取、精简和描述。然后，开发者在较短的时间内，采用一些适当的开发工具设计一个可以运行的原型系统，交付用户试用；用户根据试用情况，提出修改意见；开发者采用迭代法或者增量法反复修改、完善产品的功能，最终形成令用户满意的完整的软件产品。原型模型如图 1.3 所示。

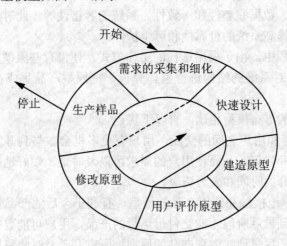

图 1.3　原型模型

采用原型模型的软件开发过程，通常可以被划分为以下几个步骤。

1) 快速分析，确定基本需求

在软件开发人员和用户的通力合作下，对系统的基本特性需求进行快速分析，确定用户对系统的基本需求，如对系统功能、性能的基本要求。这个阶段所做的需求分析，仅是针对系统最基本、最核心的部分进行的，并非对系统的全部需求进行详细的分析。

2) 设计可运行的原型

在第 1 阶段的基础上，使用高效率的开发工具(一般会采用第四代语言开发工具)设计出一个初始的原型系统。这个原型能够完成系统的主要功能，体现系统的基本性能，反映系统最核心的特性；原型可以忽略某些细节要求，如输入输出格式、安全性、容错性、意外处理等。

3) 用户试用原型

用户试运行原型产品，评价原型的性能，发现其中的问题和不足，并在试用过程中受到启发，进一步提出新的需求和建议。

4) 根据反馈，修改原型

软件开发者根据用户反馈的意见和建议，与用户进行讨论。针对用户提出的合理意见和建议，对原型进行修改；对于用户提出的不恰当的需求，开发者要进行解释和说明，争取开发者与用户的意见能够达成一致。

5) 重复 3、4 阶段

修改过的原型要交付给用户进行再度试用和评价，收集反馈意见，进行再次修改，使原型逐步完善，直至用户对产品或系统满意为止。

6) 完善原型，集成系统

最终获得的原型产品还存在着一定的问题，开发者要对其进行进一步的完善。

即使在用户对产品满意的情况下，原型中仍然存在一些容易被忽略的问题，这些问题未必会被用户察觉，但在长期的使用过程中，一旦暴露，就有可能会带来灾难性的损害，如系统的安全性控制、数据完整性和一致性、系统的容错性等。此时，开发者要考虑如何完善原型产品，从而提高系统的可靠性和可维护性。

另外，在开发过程中，由于采用迭代的工作方式，使得有些原型产品在系统结构上不够紧密，开发者要针对系统的结构进行整体分析，把原型产品集成在一个合理的系统结构中。

原型模型与传统的瀑布模型相比，有以下优点。

(1) 增强了开发者和用户之间的交流，用户有更多机会参与到开发过程中去，并及时地向开发者表达意见和建议，从而使用户的需求可以及时地、较好地得到满足，也为用户需求的变更预留了充分的时间和人力资源。

(2) 用户可以尽早地接触和使用产品的原型，有利于今后的产品使用和维护。以往的瀑布模型往往需要等到最后阶段才能交付可运行的产品，用户可能要等待几个月甚至几年才能看到最终的系统。尽早地接触到产品的原型，既有利于及时收集用户对产品开发的意见和建议，又提高了用户对产品的熟悉度，为软件交付运行后的用户培训工作打下良好基础。

(3) 对于系统规模弹性较大的软件产品，原型模型可以在每个迭代过程中对软件的规模以及复杂性进行适当的调整，从而降低其开发风险。

(4) 原型模型降低了软件开发费用，缩短了软件开发时间。

原型模型也存在以下缺点。

(1) 由于开发者缺乏对开发软件应用领域的了解，在分析原型需求时，不能正确地定义系统最重要最核心的特性，导致开发者设计出的"样品"不能真正体现软件的主要功能。

(2) 原型模型过于"模式化"，在一定程度上阻碍了开发人员的创新和突破。

(3) 用户不断地提出修改意见，导致开发人员将大部分精力放在修改原型上，从而忽略对系统主体功能的开发。

(4) 原型模型需要频繁更新相关文档资料，容易遗漏，影响文档资料的一致性与完整性。

4. 螺旋模型(Spiral Model)

螺旋模型是 Barry Boehm 在 1988 年所发表的一种软件开发模型，它是瀑布模型和演化模型的结合体。它不仅体现了两个模型的优点，而且还强调了其他模型中所缺少的风险分析。该模型将开发过程划分为 4 类活动：制订计划、风险分析、实施开发和客户评价。图 1.4 中的 4 个象限分别代表了这 4 类活动。

(1) 制订计划：确定软件目标，选定实施方案，弄清项目开发的限制条件。

(2) 风险分析：对选定的实施方案进行分析与评估，考虑如何识别风险和消除风险。

(3) 实施开发：实施软件开发。

(4) 客户评价：评价软件功能和性能，提出修改建议，制定下一步计划。

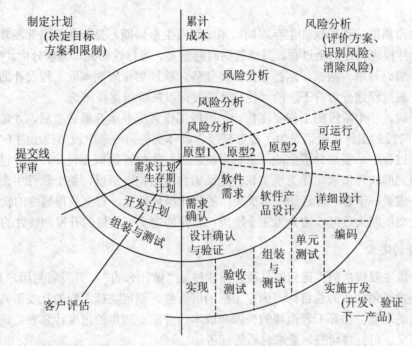

图 1.4　螺旋模型

从图 1.4 中可以看出，软件开发过程从原点开始，每沿着螺旋线转一圈，对应于一个开发阶段。每个阶段首先从左上象限开始，确定该阶段的目标，为完成该目标选定合适的方案，并分析方案的约束条件与限制条件。进入风险分析活动后，在第一步的基础上，对各个方案潜在的风险进行识别，寻找消除风险的途径。如果风险不能被排除，则终止该方案。如果风险可以被排除，则进入下一项活动(右下象限)，具体实施软件开发。在最后一项活动中，评价该开发阶段的工作成果，并进行下一个阶段的工作计划。

螺旋线每旋转一周，都要经历同样的 4 个活动，而每一个开发阶段所开发出的产品都较上一个阶段更加完善。螺旋模型有以下优点。

(1) 螺旋模型采用周期性的方法来进行系统开发，每一个周期的产品都较前一周期的产品更细化、更完善。

(2) 螺旋模型强调风险分析。在每一个开发阶段的早期都引入一个风险分析活动，进行严格的风险识别、风险分析和风险控制。每一个开发阶段都存在一个或多个风险，经过多次的螺旋过程后，整个开发过程的主要风险都得到识别和控制。因此，该模型特别适用于规模大、风险高的软件项目开发。

(3) 用户可以有更多机会参与到软件开发过程中，有助于提供关键决策，有利于软件开发者及时调整软件开发方案。

1.2.4　软件生命周期

作为一件产品，软件与其他的工业产品一样都存在着"生命"，也就是要经历一个从产生到发展直至消亡的过程。"软件生命周期"这一概念就是用来描述软件产品的生存过程的。

软件生命周期又称作软件生存周期、系统开发生命周期，是指从提出开发软件产品开始，直到软件报废为止的全过程。具体包括问题定义、可行性研究、需求分析、概要设计、详细设计、编码与单元测试、运行和维护等任务。软件生命周期采取工程设计的思想将软件项目的开发过程划分为若干阶段，使软件开发可以按阶段逐步推进。

一般来说，一个阶段的工作要在前一个阶段工作完成并审查通过之后，才能够开始进行。而这一阶段的工作也恰恰是为了能够延续并具体实现前一个阶段所提出的方案。比如：在软件开发过程中，需求分析完成并通过审核之后，才能开始概要设计。软件设计把需求分析阶段得到的软件需求转化为现实软件产品的体系结构。所以，整个软件生命周期是按照"活动—成果—审查—再活动—再成果"的规律循环往复，直至获得最终的软件产品。

软件生命周期大致可以被分为 3 个阶段：软件的定义、软件的开发和软件的维护。

1.　软件的定义

这个阶段主要解决的关键问题是待开发软件是"做什么的"。开发者与用户共同讨论，确定软件开发必须完成的总目标，确定工程的可行性，制定实施工程的开发策略，确认系统必须完成的功能，估算工程消耗的资源和成本，并制定初步的进度计划表。该阶段主要包括问题定义、可行性研究、需求分析等任务。

1) 问题定义

问题定义阶段是对软件进行一个初步的系统分析，确定软件要完成的总目标，确切回答系统"要解决的问题是什么"这一问题。该任务由系统分析员负责完成。确切地定义问题是十分必要的，是开发活动中一个必不可少的步骤。

2) 可行性研究

可行性研究是从技术、经济角度确定软件系统的开发目标是否可以实现，即回答"软件系统是否有行得通的解决办法"这一问题。如果目标不可行，或软件系统没有可行的解决办法，系统分析员应当建议停止开发软件项目。

可行性研究的目的是在最短的时间内、以最少的成本确定"已定义的问题"是否值得解决。必须强调的是，可行性研究的目的不是解决问题，而是确定问题是否可解或是否值得去解。

可行性研究主要从以下几个方面进行。

(1) 技术可行性：主要考察的问题是以现有的技术是否能够实现系统的目标。

(2) 经济可行性：主要研究系统所带来的经济效益是否高于系统的开发成本。

(3) 操作可行性：主要研究待开发系统的操作方式在该系统的用户群中能否被接受。

(4) 法律可行性：主要研究待开发的系统是否会涉及侵权、是否存在有关责任、合同是否存在陷阱等问题。

3) 需求分析

需求分析是"软件定义"阶段最重要的一个任务，它的任务是确定待开发软件在功能、性能、界面、数据等方面的要求，并进行详细具体的描述，编写《软件需求规格说明书》。该文档是"软件定义"阶段的最终输出结果，其作用至关重要，它既是开发者和用户之间的合同书，也是后续软件设计的依据，更是用户验收系统的标准。因而在一些关键的问题上，开发者和用户必须达成共识。

2. 软件的开发

该阶段是软件生存周期的中心环节，主要完成与软件开发相关的工作，最后得到可交付的软件产品。软件的开发包括概要设计、详细设计、编码和测试等任务。

1) 概要设计

概要设计是在软件需求规格说明书的基础上，对软件的总体结构进行规划，主要完成软件架构设计、模块分解、模块功能定义和模块接口描述等工作。

2) 详细设计

详细设计在概要设计的基础上，对模块进行具体、详细的过程性描述，用各种工具表示模块的结构、过程、功能和对外接口。详细设计是编码的依据。

3) 编码和测试

编码是对软件设计方案的具体实现，即为每一个模块编写程序代码。编码实际上是一个翻译过程，用程序设计语言对详细设计进行描述。编码任务的成果是程序源代码。

测试的目的是在软件交付使用之前，尽可能多地发现软件中的错误。

3. 软件的维护

软件维护是软件生命周期的最后一个阶段，同时也是持续时间最长的一个阶段。在软件开发完成并投入使用后，软件中隐藏的错误逐渐显现出来，或者用户又提出了对软件进行修改和扩充的要求，这都需要对软件进行修改。软件维护就是为了满足上述需求而进行的。

与软件开发阶段的其他各项活动相比，软件维护阶段是软件生命周期中占用时间和精力最多的一个阶段。在软件的维护过程中，需要花费大量的时间、人力和物力，从而直接影响了软件维护的成本。

大量的软件开发实践说明，如果在软件定义、软件开发阶段不注重质量问题，维护问题往往会大于开发问题。为了减少软件维护阶段的工作量，应该在开发周期的各个阶段都重视软件的质量，采取相应的质量保证措施。

1.2.5 软件工程的目标

软件工程的目标是在一定的成本和进度下，生产具有正确性、可靠性、容错性、易用性、灵活性、可扩充性、可理解性、可维护性的软件产品；换而言之，也就是在提高软件生产率的同时，保证软件产品的质量。"生产率"是开发者最关心的因素，而"质量"是用户最看重的问题。高效的生产率必须以合格的质量为前提，如果产品质量不合格，就会给软件开发者和用户都带来损害。盲目地追求低成本、短工期，势必会造成软件质量上的缺陷。从短期效益来看，追求高质量会延长开发时间，增加开发费用，生产率会随之降低。但是从长期效益来看，高质量降低了软件的出错几率，使得软件维护费用大大降低，也为开发者带来好的声誉，实际上提高了生产率。表面上看来，生产率和质量是对立的，但好的开发方法可以使人们在它们两者之间取得平衡。

1.3　软件项目管理概述

现代软件行业已经摒弃了过去单打独斗的作坊式的开发方法，转而采用分工明确的团队式开发方法。为了保证团队之间的紧密合作与软件项目的顺利进行，需要通过软件项目管理对开发活动进行有效的管理。软件项目管理是 20 世纪 70 年代中期在传统项目管理的知识体系上建立起来的，它借鉴了项目管理中的大量理论和方法。软件开发不同于其他产品的制造，整个生产过程几乎没有明显的制造活动，它是人脑智力活动的结果，其开发进度和质量很难量化和估计，生产效率也难以预测和保证。因而软件项目管理与其他项目管理相比，具有很大的特殊性。

1.3.1　软件项目管理的特点

1. 项目管理

1) 项目

人类的活动可以分为两大类：一类是重复的、持续的、周而复始的活动，称为"活动"，如在流水线上批量生产零件；另一类是独特的、一次性的活动，称为"项目"，如一项建筑工程、一场文艺演出。归纳起来，项目是为了完成某个独特的产品或服务所执行的一次性任务，是一种有独立的开始时间、结束时间并有一定复杂性的工作。

2) 项目管理

 引例

古代最成功的项目管理案例

背景：为了完成西天取经任务，组成取经团队，成员有唐僧、孙悟空、猪八戒、沙和尚。其中，唐僧是项目经理、孙悟空是技术核心、猪八戒和沙和尚是普通成员。这个团队的高层领导是观音。

唐僧作为项目经理，有很坚韧的品质和极高的原则性，不达目的不罢休，又很得上司的支持和赏识。沙和尚言语不多，任劳任怨，承担了项目中"挑担"这种粗笨无聊的工作。猪八戒这个成员，看起来好吃懒做，又不肯干活，最多牵一下马，好像留在团队里没有什么用处，其实他的存在还是有很大用处的，因为他性格开朗，能够接受任何批评而毫无负担压力，在项目中承担了"润滑油"的作用。

孙悟空是取经团队里的技术核心，性格不羁，恃才傲物，普通项目经理很难驾驭他，但是像取经这样难度比较大的项目，要想成功，实在缺不了这种人，只好采用些手腕来收复他。首先，把他给弄得很惨(压在五指山下 500 年，整天喝铜汁铁水)；在他绝望的时候，又让项目经理出面去解救他于水深火热之中，以使他心存感激；当然光收买人心是不够的，还要给他许诺美好的愿景(取经后高升为正牌仙人)；为了让项目经理可以直接有效地控制他，给他带个紧箍咒，不听话就念咒惩罚他。可见，唐僧这个项目经理还是比较善于人员管理的。

在取经项目组中，各项目成员分工很明确。一旦唐僧被妖怪掳走，工作计划就会马上制定出来：有负责降妖除魔的、有负责看行李的、有负责搬救兵的。另外，分配工作时，还能照顾到每个人的特长，比如水里的妖怪通常由沙僧出面教训。在活动的进行中，各项目成员还非常注重信息的交流，及时通报工作进程。

在取经的项目实施过程中，除了自己的艰辛劳动外，这个团队非常善于利用外部的资源。只要有问题搞不定，马上向领导汇报(主要是直接领导观音)，或者通过各种关系，找来各路神仙帮忙(从哪吒到如来佛)，以搞定各种难题。

项目管理的概念起源于 20 世纪四五十年代的美国，起初用于国防和军事项目，后来才被广泛应用到工商、金融、信息等民用产业中。项目管理是指项目的管理者在规定的时间、预算和质量目标范围内，把各种系统、方法和人员结合在一起，运用系统的观点、方法和理论，对项目涉及的全部工作进行有效的管理。即从项目的投资决策开始到项目结束，对生产的全过程进行计划、组织、指挥、协调、控制和评价，以保证能够顺利完成项目的各项工作。

现在，项目管理已经成为综合多门学科的新兴研究领域，包括项目综合管理、项目范围管理、项目时间管理、项目费用管理、项目质量管理、项目人力管理、项目沟通管理、项目风险管理、项目采购管理 9 大知识领域。

2. 软件项目管理

软件项目管理是指为了保证软件项目能够按照预定的成本、进度、质量要求顺利完成，而对成本、人员、进度、质量、风险等因素进行分析、控制和管理的活动。

软件项目管理的提出是在 20 世纪 70 年代中期的美国，当时美国国防部专门研究了软件开发工期拖延、成本超支、质量不合格等现象的原因，结果发现 70%的项目失败是因为管理不善造成的，而并非技术原因。到了 20 世纪 90 年代中期，软件开发项目管理不善的问题仍然存在。据对美国软件工程实施现状的调查，软件开发的情况仍然很难预测，大约只有 10%的项目能够在预定的费用和进度下交付。于是人们开始重视对软件开发的各项管理。

软件项目管理的内容主要包括以下几个方面。

(1) 人员的组织与管理：考虑项目组的组织结构和人员分配，及时对人员结构进行优化，并根据实际需要，随时对人员组织进行恰当的调整。

(2) 软件度量：采取量化的方法来评测软件开发中的费用、生产率、进度和产品质量是否符合标准。

(3) 软件项目计划：对软件开发的工作量、成本、开发时间进行估计，并根据估量值制定项目实施计划，调整相应的策略。

(4) 风险管理：对开发过程中有可能出现的各种危害软件产品质量和拖延工程进度的潜在因素进行分析和预测，并采取相应的措施进行预防。

(5) 软件质量保证：为了保证产品和服务能够充分满足用户需求，要进行一系列有关质量的监督、检查和促进改正的活动。

(6) 软件过程能力评估：对软件开发能力的高低进行衡量。

(7) 软件配置管理：针对开发过程中人员、工具的配置和使用，提出相应的管理策略。

软件不同于其他的工业产品，它是人脑智力活动的结果，很难使用量化的标准进行控制和管理，再加上软件本身的复杂性，都导致了软件开发过程中的一些难题：软件开发进度难以估计和控制，生产率难以预测和保证，软件质量难以度量和评价。并且，软件系统的复杂性导致人们难以预见和排除开发过程中的各种风险。所以，软件的特殊性决定了软件项目管理与其他的项目管理相比，具有很大的不同。

3. 软件项目管理的步骤

为了保证软件项目的成功，首先要明确项目的工作范围、总目标、可用的资源、工期进度安排、潜在风险等因素。软件的管理工作应该比软件的技术工作先行一步，并且要贯穿整个软件生存周期，一直延续到软件维护阶段。软件管理的过程可以分为以下几个步骤。

1) 制定软件项目计划

软件项目计划是项目进入系统实施的启动阶段，首先必须明确项目的目标和范围，初步制定出可行的解决方案，评估实施过程中潜在的风险，制定相应的进度安排、成本预算、人力资源计划等。

2) 跟踪并控制项目计划

在项目管理中，控制是一项非常重要的管理活动，只有严格遵循项目计划进行开发活动，并及时有效地根据变动和意外对项目活动进行控制和调整，才能保证项目的顺利完成。

3) 评审项目计划

对项目计划的完成程度进行评审，并对项目的执行情况进行评价。

4) 编写、整理文档

在软件生存周期的每个阶段完成后，软件项目管理人员根据完成标准检查该阶段的活动是否完成，检查开发活动是否有相应的文档记录，并及时加以保存。如果开发活动需要修改，其文档也要进行相应的记录。如：需求分析阶段完成后，管理人员要查看是否有《软件需求规格说明书》；如果用户提出修改软件需求，要查看是否在该说明书中加以反映。文档本身就是软件产品的一个重要组成部分。没有文档的软件就不叫做软件，更谈不到软件产品。软件文档的编制(documentation)在软件开发工作中占有突出的地位和相当的工作量。高效率高质量的编写、发布、管理和维护文档，对于转让、变更、修正、扩充和使用文档，对于充分发挥软件产品的效益有着十分重要的意义。

1.3.2　软件项目管理的目标

软件项目管理的根本目的就是为了使软件项目(尤其是大型项目)能够按照预定的成本、进度、质量顺利完成，而对成本、人员、进度、质量、风险等进行分析和管理的活动。研究软件项目管理的目的，是为了从已有的成功或失败的案例中总结出能够指导今后开发的通用原则和方法，同时避免前人的失误。

实际上，软件项目管理的意义并不仅仅限于项目本身，对软件开发进行项目管理更有利于将开发人员的个人能力转化成企业的开发能力。企业的软件开发能力越高，证明企业的软件生产成熟度越高，生产的软件项目质量也越高。

1.3.3　影响软件项目成功的因素

软件工程理论的建立和应用，为项目开发提供了有力的方法论，同时也在一定程度上缓解了软件危机。然而，实际开发中，从诸多软件项目实施的结果来看，成功率却并不高。人们对失败的案例进行了分析和探索，归纳出影响软件项目开发成功的若干因素。

1. 需求不明确

需求分析过程中，技术人员如果不能完全理解客户的需求，或者分析工作不细致、不透彻，都会导致在项目初期阶段就出现偏差，从而导致后续的设计、编码和测试工作偏离用户的实际期望，最终生产出来的软件产品不能满足用户的实际需求。所以对用户需求的准确把握是整个项目的关键，首先明确用户的需求，才能确定项目总目标、制定项目计划和交付产品。如果开发人员不能确定项目的目标，以及项目所涵盖的范围，那么项目是不可能成功的。实际情况下，用户很难一次性地完全将需求描述出来，这就需要开发人员在需求分析阶段要尽可能清晰地确定用户的核心需求，并且要与用户进行多次的沟通和交流，进行适当的启发和诱导，以便用户能够全面地考虑他们的需求。

需求范围定义得越清楚，项目的目标就会越明确。但要做到这一点很难，特别是当客户对自己的需求都不是很明确而开发者之前又缺乏类似项目的经验的时候。对这样的项目可以采用原型化法来挖掘用户需求，先给客户提供简单的项目原型，让客户在看得见的情况下提出需求，引导客户有针对性地提出需求。

2. 用户需求变动频繁

在软件开发过程中，用户常常要在原有需求基础上追加和补充新的需求或对原有需求进行修改和削减。需求一旦变更，就要引发一系列的改动：从软件需求说明书，到软件结构设计方案，再到软件编码。所谓"牵一发而动全身"，软件结构中的每一部分并不是独立的个体，一个新功能的增加或是原有功能的修改和删除，都会对其他已存在的功能产生影响，继而对整个软件系统产生影响。如果频繁地进行用户需求改动，而又不能对需求变更进行有效的控制和管理，很可能造成项目进度拖延、成本不足、人力紧缺，甚至导致整个项目失败。即使按照需求变更控制流程进行管理，由于受进度、成本等因素的制约，软件质量还是会受到不同程度的影响。

3. 缺乏项目实施经验和行业知识

任何一个软件项目的开发都是一个独特的、唯一的过程。由于软件项目与一个国家、地区的经济政策相联系，与用户的发展战略、经济实力、管理水平相适应，软件项目的开发过程中所采用的技术和管理方式与当时的计算机技术有关，因此大型软件项目一般都不同于早先的项目，管理者纵使有在计划中降低不确定性的经验，也很难较准确地预见问题的出现，以前的经验教训也较难在新项目中发挥大的作用。

项目实施的"一次性"决定了项目是不能重复的。尽管软件技术的发展已经不断取得进步，但软件的特性决定了软件项目在实施过程中是没有多少现成的经验可以借鉴的。软件项目开发是一项很庞大的系统工程，软件技术本身和软件的应用行业(如医疗、金融、军事、通信等)又包含着丰富的理论知识，许多项目实施人员总是处于不断的学习过程中，也没有多少成熟的项目实施经验可以借鉴，大多是在以往类似的项目的基础上进行经验积累，甚至有些人连积累的经验都没有，这样去实施软件项目，导致软件失败的可能性就比较大。

4. 缺乏优秀的项目经理

实施一个软件项目，如果没有一个优秀的、称职的项目经理作为项目负责人，那么项目的开发过程就难以组织、管理和控制，软件开发将会处于混乱无序的状态。

项目经理需要有足够的经验和能力来处理与项目开发相关的一系列事务，如：参与制定并审核项目计划、及时把握项目实施的进度、监督项目各阶段产品的质量、充分调动项目组成员的工作积极性、与开发人员进行及时的沟通和交流等。上述事务涉及软件项目实施的各个方面，如果不能很好地处理这些事务，将会影响项目的进度和产品的质量，项目就很难取得成功。

一个优秀的项目经理，应该拥有多方面的综合能力，如：统筹能力、领导能力、交往能力、处理压力、解决问题的能力和技术能力。这些能力都有助于软件项目的顺利实施。反之，就会增加软件项目失败的可能性。项目经理这一岗位所要求的综合素质比较高，既要在项目管理领域有所擅长，又要对软件行业有较深的了解。软件行业的项目管理起步较晚，如何将理论与实践相结合也是一个需要长期探索的过程。这些都造成了现有阶段优秀项目经理的缺乏。

5. 开发流程不规范

软件开发是一项团队合作的工程，要使工程的各个环节之间达到有效的统筹和协调，必须有一个高效规范的开发流程。在软件开发过程中，一个合理的开发流程应该遵循这样的步骤：需求确认→概要设计→详细设计→编码→单元测试→集成测试→系统测试→维护。如果在开发过程中缺乏明晰的开发流程和责任划分，开发人员没有一个统一的标准和规范可以遵循，在工作的过程中势必会失去方向，只能按照各自的喜好和习惯进行软件开发，造成工作的随意性大，最终导致生产过程的各个环节衔接不紧密甚至脱节，各项工作杂乱无序。

人们常常遇到这样的案例：系统设计没有完成，编码人员就已经开始着手甚至完成编码了。表面上看起来，好像节省了开发时间，缩短了项目工期。但是，在这种情况下，一旦系统设计发生改变，程序员就不得不对代码进行重新修改以适应新的设计方案，造成人力资源浪费、进度拖延等问题，同时也增加了软件产品的出错几率。开发流程不规范，或者没有一个有效的机制保证开发人员严格遵循开发流程，都会带来产品开发能力不足、成本高、产品质量差、生产率低等问题，最终导致软件项目的失败。

 引例

秦军强大的根源在哪里？

冶金专家对秦军箭头做了金属分析，结果发现它们的金属配比基本相同，数以万计的箭头竟然是按照相同的技术标准铸造出来的，这就是说，不论是在北方草原，还是在南方丛林的各个战场，秦军射向对手的所有箭头，都具有同样的作战质量。难道地处秦国各地的兵器作坊都在有意识地甚至是强制性地按照某个固定的技术标准生产兵器吗？如果真是这样的话，秦人就远远地超越了自己的时代。

考古工作者还发现，秦军使用的弩机，由于制作十分标准，它的部件之间可以互换。在战场上，秦军士兵可以把损坏的弩机中仍旧完好的部件重新拼装使用，大大提高了弩机的重复利用率。专家推测，秦人的标准化应该还有更重要的目的：秦人将优秀兵器的技术标准固定，国家再通过法令将这些技术标准发放到所有的兵工厂，保证秦国众多的兵工厂能够按照统一标准大批量制作高质量兵器。当世界上大部分地方仍被荒蛮和蒙昧包围时，秦人就以独特的思维方式和智慧，创造出了那个时代最强大的兵器制造业。"标准化"给秦军带来了强大的武器，增强了秦军的战斗力，进而推进了秦军的强大进军步伐，为秦始皇统一六国奠定了基石。

标准化在软件开发的过程中同样重要。

6. 开发队伍不稳定

软件本身是一个逻辑实体，是非实物性的，是不可见的。软件开发是一个"思考"的过程，是人脑智力活动的结果。所以人的因素在软件项目实施中的地位至关重要。开发团队缺乏稳定性、人员的流动性高，项目的实施效果就会受到影响。开发人员在项目进行过程中突然离开，其交接工作需要经过相当长的时间，势必会拖延项目进度；更有甚者，在离开项目的时候不打招呼，没有进行妥善的离职交接，导致相关技术资料丢失，对项目造成损害。而临时加入项目组的技术人员，对项目背景和相关技术缺乏了解，需要很长一段时间进行适应和成长、处理交接工作。这些现象都会影响工程进度。所以，人员的不稳定因素对项目实施的危害也是很大的。

7. 分工不明确

在很多软件公司中，由于缺乏人手或是为了节约人工成本，开发人员往往没有明确的分工，每个人都承担着多个角色的任务。比如一个开发人员既是系统设计师，又要负责编写代码，还要进行系统测试。一个人的精力是有限的，如果开发人员承担多个角色，或承担多项任务，则会导致牵扯精力过多，每项工作都很难做得十分到位。再者，工作过程中缺乏他人的检查和监督，造成多个开发环节存在开发人员"既是运动员，又是裁判员"的现象，非常不利于错误的发现和纠正，最终导致软件质量难以保证。

8. 缺乏恰当的开发工具以及环境

"工欲善其事，必先利其器"，在软件开发过程中，软件开发工具与环境对软件生产过程的支持颇为重要，它为软件开发提供了支持需求分析、设计、编码、测试、维护等各阶段的开发工具和管理工具，其质量与效率直接决定着项目的质量与成本。如果缺乏恰当的开发工具与环境，人们也很难顺利地完成一个系统。太过超前的软件工具，软件开发人员难以理解、难以掌握，自然也就不乐意使用；功能落后的软件工具，功能不齐全、可靠性差，会增加开发人员的劳动量，甚至引入不必要的错误，降低生产效率和产品质量。

软件开发工具和环境要完成以下活动：存储与管理开发过程中的信息，代码的编写与生成，文档的编写与保存，软件项目的管理。这些活动在项目实施过程中的地位可以说是举足轻重的，可见，如果没有一个有力、恰当的软件开发工具和环境，开发机构很难保证这些活动的顺利进行，也就很难大幅度提高软件的开发效率和软件的质量，一系列问题(如开发费用超支和工期延长)在所难免，项目的实施也就很难成功了。

9. 忽视项目开发的管理

过去，很多人都认为，软件开发就是编写代码。时至今日，虽然软件工程与软件项目管理的观念已经深入人心，但在项目实施的过程中，仍然有不少"重技术、轻管理"的现象存在。经研究表明，70%的项目是因为管理不善造成失败的，而并非技术原因。要取得一个项目的成功，就必须重视软件开发中的各项管理。如果缺乏对项目开发的管理，就会大大降低项目的成功率：开发人员不能有效利用项目的可用资源；生产过程没有统一的规范和标准可以遵循，整个项目开发处于无序的混沌状态；软件项目的进度、成本、质量无法管理和控制；各项目小组之间缺乏有效的交流和协同，致使整个项目实施的进度不协调。这些都会间接或直接地导致整个软件项目的失败。

软件项目的开发涉及很多方面，比如项目的范围管理、费用管理、进度管理、质量管理、沟通管理、人力资源管理、合同管理、风险管理。同时，在软件工程的理论中也涉及了项目管理的绝大部分的内容，遗憾的是，开发人员对软件项目管理的关注远远低于对软件技术的关注，而在进行软件工程的学习时，对软件项目管理的相关问题(比如范围、进度、风险管理等)的重视也远远不够。

10. 缺乏有力的评估措施

软件生存周期各个阶段所产生的工作结果都要进行严格的审查和评估，只有评审通过，才能交给其他阶段，作为后续工作的前提和基础。如果这个基础本身就是错误的，或是带有缺陷的，那么最终软件产品的质量是不能够得到保证的。所以，坚持进行阶段评审是保证软件质量和项目成功的一个有力手段。统计结果显示：软件大部分错误是在编码之前造成的，大约占63%。再者，错误发现得越晚，改正它要付出的代价就越大。因此，软件的质量保证工作不能等到编码结束之后再进行，应在项目的每个阶段都实施质量保证活动，坚持进行严格的阶段评审，以便尽早发现错误。软件是一种看不见、摸不着的逻辑产品。软件开发小组的工作进展情况可见性差，难于衡量、评价和管理。为了更好地进行管理，应根据软件开发的总目标及完成期限，尽量明确地规定开发小组的责任和产品标准，确定出量化的衡量标准，从而使所得到的数据能够被精确地审查。

11. 工期估计不足

软件开发的工期估计是一项很重要的工作，必须综合软件开发的阶段、人员的生产率、工作的复杂程度、历史经验等因素，将一些定性的内容定量化。对工期估计的重要性认识不足，经常套用以前类似项目的工期和进度，没有具体分析就认为这次项目估计也差不多。另外，软件开发经常会出现一些平时不可见的工作量和突发性的事件，如人员的培训时间、技术资料的准备过程、各个开发阶段的评审时间、人员的突然离职等，经验不足的项目经理经常在设定计划时有所遗漏。在这些情况下估算出来的工期，往往比实际所需要的时间短得多，这使得项目组在实际实施过程中显得尤为被动。开发人员为了加快进度，不得不以牺牲质量为代价，采取一些权宜之计，导致用户对软件产品不满意。

总的来说，软件项目的复杂性高、不确定性强、变动多、各项工作难以量化管理等特性，注定软件项目的开发是一项非常复杂的任务。影响软件项目成败的因素很多，但是如果在项目初期就能很好地把握用户需求、约束项目范围，在实施过程中采用有效的项目管理方法及恰当的技术手段，进行设计、编码和测试，通过有效措施避免上述问题的发生，软件项目的开展肯定会顺利很多，同时也会提高项目的成功率，使企业能够提高管理水平，创造经济效益。

1.4　软件项目失败与成功案例

软件行业处于软件危机的时期，失败的软件项目屡见不鲜。人们经过长期的研究和探索，引入了软件工程的概念，用以缓解和排除软件危机带来的危害。借助软件工程的理论和方法，成功的软件项目越来越多，软件生产率也得到了大幅度的提高。本节列举了软件开发行业中的一些成功和失败的案例，读者可以从中吸取失败的教训、借鉴成功的经验。

1.4.1　软件项目失败的案例

1. 案例 1

软件项目的失败案例，历史上最著名的莫过于 IBM 公司开发的 OS/360 系统了。

该系统由 4000 多个模块组成，共约 100 万条指令，人力花费为 5000 人年(1 人年等于 1 个人工作 1 年的工作量)，耗费资金达数亿美元。该系统投入运行后发现了 2000 多个错误，经过修改后，不仅不能很好地改正错误，却引入了新的错误，每个更新版本均有 1000 多个大大小小的错误存在。由于从未有过开发这种大型软件的经验，系统开发陷入了僵局，最终也没能实现当初的设想。

这个软件开发史上的著名失败案例，却恰恰推动了软件工程方法与技术的诞生。OS/360系统的负责人弗雷德里克·布鲁克斯(Frederick P. Brooks)后来根据这次开发任务的经验，写出了一本名为《人月神话》(The Mythical Man-Month)的著作。该书堪称软件工程领域内的经典著作，而布鲁克斯更在 1999 年获得了计算机领域的最高奖——"图灵奖"。

2. 案例 2

美国国税局(Internal Revenue Service，IRS)税收现代化系统可能是历史上电子政务项目中最为昂贵的一次惨败。该系统的检查和维护，每年会花费美国财政部 500 亿美元。IRS的信息系统管理和开发部门有 8500 名雇员，而其中 2000 人被派来进行税收系统现代化项目。项目中的每个 IRS 雇员，都有 10 个外部承包商在为税收系统现代化项目(TSM)工作。比如，IRS 的电子填充汇票的 CyberFile 项目，在签订了合同一年、花费了 1700 万美元后，由于管理失当而崩溃。根据政府和私人企业对 IRS 系统所做的调查和分析，这个部门在如下几个关键领域的错误，导致了整个项目的失败。

(1) 在系统开发之前，没有做足够的业务流程的重新设计。

(2) 忽略了开发总体系统构架和蓝图。

(3) 使用了原始的、无序的软件开发方法学。

(4) 忽略了信息安全性。

1.4.2 软件项目成功的案例

案例：用友软件为中国人民财产保险股份有限公司提供人力资源管理信息系统。

1. 需求背景

中国人民财产保险股份有限公司(PICC)的 IT 建设经历了几十年的发展历程,过去 PICC 还没有统一的人力资源信息管理系统。部分单位购买或开发的系统功能相对比较陈旧、简单，主要完成人员的档案管理。与信息管理实现整合、共享、先进、实用、规划分析、激励开发的目标要求相距甚远。因此必须利用最新的信息技术和管理技术,建立一套有 PICC 特色的现代人力资源管理信息系统，解放各级人力资源管理人员，转变工作模式，建立长期适应企业发展变化的动态开发的信息系统。此次"人力资源信息管理系统"的开发，是 PICC 人力资源管理的创新和信息技术建设的继续。

2. 应用方案

用友金融针对 PICC 的企业特点，按照其需求提出了"业务集中、硬件分布"的人力资源管理信息系统的建设方案。从硬件布局上，采用"各省分布、总部集中"的格局，满足数据"一省一集中、总部大集中"的分布式技术需求。从软件布局上，首先，整合原来分散的人事系统内的数据，形成数据集中、数据项齐全、数据共享的人力资源基础信息；其次，对于一些人力资源事务进行流程管理、记录过程数据；最后，建立全员参与的绩效管理体系。

1) 整合原数据，形成大而全的基础信息

根据目前 PICC 行政机构设置，用友金融提供机构岗位管理功能，帮助中国人保规范公司类别、公司层级、标准部门、标准岗位等重要信息，梳理全国各级机构。提供员工信息管理功能，将原人事系统中的信息有所取舍地纳入新系统，并根据中国人保新的管理统计需要增加新信息。员工信息管理功能具有良好的扩展性，能随着将来管理的需要而增加新的信息项。为了帮助它更快更有效地整合信息，用友金融专门开发出导入工具，并提供详细的操作说明，使用过该工具的员工纷纷表示该导入工具节省了他们大量的时间。

2) 进行流程管理，管理过程数据

提供员工调配管理功能，对员工从调动申请开始，直至审批执行的过程进行管理；提供员工离职管理功能，对员工从离职申请开始，直至审批执行的过程进行管理；根据 PICC 咨询后确定的薪酬福利制度，提供薪酬福利标准管理和发放管理功能。对于在上述人力资源业务处理过程中产生的数据，在相应的功能模块内记录，对于处理完毕之后形成的结果数据，体现到相应的员工信息中。在该系统中支持对所有数据的查询和统计，其中对查询出的结果进行分组统计后还能反查明细数据。对于固定格式的统计结果能保存在系统中，用于以后的对比分析。

3) 建立全员参与的绩效管理体系

绩效管理是 PICC 此次应用人力资源系统的重点所在。用友金融为此定制开发绩效管理功能，业务范围涵盖业绩考核和行为能力考核，人员范围涵盖普通员工和各级经理，使每位员工都真正参与到考核中，使各级经理也在该信息系统上处理绩效考核的事务，使人力资源部的人员直接在系统上进行绩效管理。摆脱前两年绩效考评时大量的手工劳动和纸面操作，大大地提高了工作效率，节约了人力物力成本。

3. 应用效果

从 2004 年 11 月—2005 年 7 月开始需求调研、分析、产品设计、开发，到 2005 年 8 月—11 月进行的试点单位培训、运行和全面推广培训，从试点运行和培训时试点单位人员和全国各省学员的反馈来看，用友金融对中国人保人力资源信息系统的实施，使中国人保的人力资源管理更加规范、更能发挥人力资源管理的力度。实现了"业务集中、硬件分布"的目标，满足第一期的业务需求和技术需求，为全面推广应用和二期需求的实现奠定了良好的基础。

本 章 小 结

本章主要介绍了软件危机的产生及其原因。软件危机的根本原因在于软件系统的复杂度高，开发人员缺乏适当的开发方法和有效的开发技术。要解决软件危机，就必须总结软件开发的经验教训，借鉴工程技术的原理、技术和方法，用软件工程来指导计算机软件开发和维护过程。软件生命周期描述了软件产品的整个生存过程。使用"软件开发模型"来描述软件开发各个阶段之间的关系，常用的有瀑布模型、演化模型、原型模型、螺旋模型。

软件项目管理是为了保证软件项目能够按照预定的成本、进度、质量要求顺利完成，而对成本、人员、进度、质量、风险等因素进行分析、控制和管理的活动。本章介绍了软件项目管理的特点和目标，并列举了影响项目成功的一系列因素。

习 题

一、选择题

1. 软件是一种_____产品。

    A. 数据　　　　　　B. 逻辑　　　　　　C. 工具　　　　　　D. 程序

2. 软件生存周期中，消耗成本最高的阶段是_____。

    A. 需求分析　　　　B. 总体设计　　　　C. 编码　　　　　　D. 软件维护

3. 具有风险分析的软件生存周期模型是_____。

    A. 瀑布模型　　　　B. 演化模型　　　　C. 原型模型　　　　D. 螺旋模型

4. 瀑布模型的特点是_____。

    A. 线性顺序　　　　B. 线性迭代　　　　C. 螺旋迭代　　　　D. 螺旋顺序

5. "软件需求规格说明书"是_____阶段的工作结果。

    A. 问题定义　　　　B. 需求分析　　　　C. 可行性研究　　　D. 概要设计

二、简答题

1. 什么是软件危机？
2. 什么是软件工程？
3. 什么是软件生存周期模型？简述几个软件生存周期模型的基本思想和优缺点。
4. 简述文档在软件工程中的作用。
5. 什么是软件项目管理？与一般的项目管理有何不同？
6. 简述影响软件项目成功的因素。

第 2 章　计算机系统工程

教学目标

了解什么是基于计算机的系统。初步认识计算机系统内的系统元素以及元素的特性、系统元素与计算机系统工程的关系。了解人机工程、软件工程、硬件工程及数据库工程的工作内容。

教学要求

知 识 要 点	能 力 要 求	关 联 知 识
基于计算机的系统	了解基于计算机系统的各个组成元素	元素、系统工程
人机工程	了解人机工程的内容	人机交流
软件工程	了解软件工程的内容及过程	软件、软件定义、开发、维护
硬件工程	了解硬件工程的开发过程	标准化、硬件规格、样机
数据库工程	掌握数据库工程阶段的任务	数据库分析、设计

引例

20 世纪 60 年代，计算机硬件技术日益进步，存储容量、运算速度和可靠性明显提高，制造成本却不断降低。在这样的情况下，计算机应用到各行各业中，用户迫切要求计算机软件完成更为复杂的业务功能。但在这些大型项目开发的过程中，出现了复杂程度高、研制周期长、正确性难以保证这 3 大难题。这个时期的大型项目往往都由于找不出解决这 3 个问题的办法，致使问题堆积起来，最后形成了人们难以控制的局面。

科学家们在研究这些问题时发现，这些问题的根源早在项目的设计阶段就存在了，只是它的问题表现可能因问题本身的内容不同而出现在不同的方面。因此，对一个基于计算机系统工程的项目开发，在设计和需求分析阶段就需要有更为合理和科学的方法来完成这个工作。

本章将通过对计算机系统工程的介绍，从理论的角度初步阐述在系统设计和需求分析阶段，如何认识一个项目，如何分析一个项目，如何合理分配系统资源。

2.1 基于计算机系统

软件工程这门学科主要研究的是一个合理有效的工作方法。它的应用对象就是一个基于计算机的系统。从软件工程的角度来说，所有完成的计算机系统都会被进行一个合理有效的抽象的划分。通过这样的一个抽象划分的过程，找出这些基于计算机的系统中的一些必要的元素，并对这些元素再进行标准化、规范化的规定。

对于每一个已存在的和即将开发的计算机系统来说，它们的具体形态、功能规模都有着非常大的差别，但是从系统分析的角度去研究，通常可以把这些基于计算机的系统定义成若干个元素的集合。这些元素是具有普遍性的，一个基于计算机的系统都是由这些元素所组成；每个元素既是一个相对独立的系统，同时又和其他元素之间有紧密的联系。

一个基于计算机的系统当中应该包含："人"、"软件"、"硬件"、"数据库"、"过程"和"文档"这几个元素。图 2.1 是对基于计算机系统中元素的描述。这里把一个大的系统处理过程抽象成为最简单的"输入—处理—输出"(IPO)的过程。

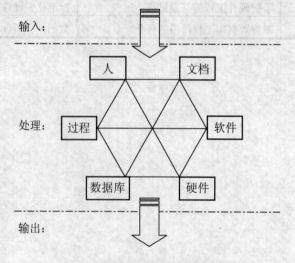

图 2.1　基于计算机系统的元素

在这个系统中："人"指的就是系统的用户和操作人员；"软件"指的就是程序加相关文档；"硬件"指的是提供给系统的所有的电子和机电设备，或者可以理解为计算机及其相关的外部设备；"过程"指的是定义每种元素功能和使用的规范化的步骤；"文档"指的是描述系统使用和操作的详细信息，它和"软件"中的文档在定义上有一些是重叠的部分，但是差别也是很明显的，这里的"文档"是系统级的，更侧重用户的应用和维护。而"软件"中的文档是开发级的，侧重于开发人员的使用。"数据库"指的是收采数据以便软件进一步加工的数据集合。

还可以通过一个例子来理解一下。比如，在一个公司的考勤系统中，假设它的考勤管理是通过计算机系统来实现的，那么首先它是一个基于计算机的系统，其次在这个系统中可以找到它所包含的元素。"人"就是该公司负责管理和操作考勤系统的行政人员和对考勤管理系统进行维护的技术人员；"软件"就是具体的管理程序及相关的文档；"硬件"就是承载软件的计算机及外接设备，如指纹考勤机等；"数据库"就是统计考勤的数据管理系统；"过程"就是生成这些元素的步骤和建立的系统环境；"文档"就是考勤系统的相关使用和维护的文档和表格等。

通过对这个考勤管理系统的分析，可以在系统中划分出这些元素。而在其他任何一个计算机系统中也都可以做出这样的分析。不难发现，其实这样的一个考勤管理系统是属于办公自动化系统(OA 系统)的一个子系统。而整个 OA 系统又与如企业资源管理系统(ERP 系统)这样的子系统一起组成了一个更大企业电子商务系统。因此可以得出这样的结论：基于这种元素划分所生成的计算机系统还可以成为一个更大的计算机系统的"元素"。正是通过若干个这样的"元素"的建立，形成了解决实际问题的综合系统。这就好像是太阳系，它本身有一个完整的系统，有恒星、行星、卫星及尘埃等物质，而这个太阳系仅仅是银河系中无数星系中的一个小元素，而无数个像银河系这样的大星系组成了浩瀚的宇宙。

在一个基于计算机的系统中，对于组成元素的分析是非常必要的。软件工程研究的是当人们面对一个复杂的计算机系统工程时"如何做"的问题，因此首先就应该有一个明确的概念和方法可以有效地把一个复杂的系统划分成若干个子系统，再通过对每个子系统的合理分析划分出具体的元素，然后再通过软件工程的科学方法，针对每个元素制定相应的计划和规范要求，从而进行有效的工作。

俗话说得好："磨刀不误砍柴功"。软件工程就是在基于计算机系统的开发中起到"磨刀"的作用，而对于系统元素的认识则是"磨刀"的第一步。

2.2 计算机系统工程概述

 引例

盲人摸象的故事已经流传很久了。人们都知道，不会全面地看问题绝对是愚蠢的，这是一个最简单、最朴实的道理。虽然道理简单，但在现实的工作中人们却不一定可以做到全面地认识和看待某些问题，特别是当这个问题是一个复杂的大系统的时候。

20 世纪 90 年代初，我国某研究所受命开发一个战斗机操作和火控的电子控制系统。经过几年的设计开发，终于完成了软件控制系统，为了保证该系统的质量，特别委托国外的某家著名的软件质量评估公司对软件系统做了一次评估。经过外国专家一个月的评估，得到的建议是，这些代码及相关文档可以"马上烧掉"，这个系统完全不符合质量标准和开发标准。在实际的使用实验中，该软件系统的表现也有很多问题。外国专家给出的评估结果是，由于软件在需求分析和设计阶段缺乏统一的思想和方法，过于注重细节的实现而忽略了整体的协调，使得该系统本身存在较大的缺陷，不能完成设计目标中的功能。也就是说，最根本的问题是出在开始的需求分析和系统设计阶段。

在一个项目开发的初始阶段，开发人员对该项目还处于一个非常陌生的阶段，对于项目的各方面要求和功能都是非常不清楚的状态。通过计算机系统工程，将使开发人员对于项目的了解逐步加深。

项目开发组当中的系统分析员应该与用户进行深入的沟通，展开对项目的认识。这样的认识过程类似于自顶向下的模式，从了解用户的使用目标开始，通过这些应用了解项目所包含的功能、系统应具备的性能、数据处理的规则和标准以及模块之间的接口等。

在这个分析的过程中，系统分析员不是简单地分析出功能和接口，更重要的是划分出不同的层次，一个项目往往包括几个子系统，子系统下可能还需要更详细的划分，最终的目的是要把项目当中所有的功能和接口都可以分配到最基本的系统元素：人、软件、硬件、数据库、文档及过程当中。

这个过程是一个从模糊到详细定义的过程。在描述某个功能、条件及接口时，必须做出明确和详细的定义。这样做一方面是为后面的开发做出一个详细的目标；另一方面是可以明确地体现出该部分的系统角色。仍然以考勤管理系统为例，用户要求对于多次迟到的员工应该予以一个严重警告，在系统分析的时候，这个应用就需要一个严格的定义。

(1) "多次迟到"的标准是什么，如设迟到次数为 l，$l \geq 3$/月，且 l 按月计算，下月不累计等。

(2) 迟到的数据来源及接口。

(3) "严重警告"的具体形式及响应接口等。

在完成定义以后，这时就需要考虑，如何把这些定义好的功能分配到系统的元素当中。具体的划分形式是可以有多种选择的，有可能是多个元素，也有可能是一种元素。虽然形式可以有多种，但是分配的原则是一定的，那就是选择最有效的分配。在具体分配的过程当中，可能会提出不同的候选方案，这就可以通过评估的方式，对候选方案进行评价，最终选择出最合理的结果。

一般来说，对方案的评价应该考虑以下几个问题。

(1) 项目的成本问题。这里要考虑的是候选方案中的配置，从整体项目成本的角度有没有超出这个范围，配置的时间成本是否符合项目的预计进度等。项目的成本问题是从整体的角度去评价是否具体方案符合整体的原则。

(2) 项目的技术问题。这里包括两个方面的含义：一方面，候选方案中所涉及的系统元素可否在技术上能够达到实现的要求，相关的性能是否可以达到预期的目标；另一方面，相关的开发人员是否具备了必要的技术水平，是否需要进一步的培训。

(3) 标准接口问题。每一个候选的方案都是项目中很小的一部分，因此要考虑完成这个方案配置后，所提供的接口是否符合系统的外部环境，或者说是否符合系统的接口。在接口标准上保持严格的一致。

(4) 安全性问题。要考虑到候选方案中是否存在安全的漏洞和设计缺陷。

(5) 其他问题。如设备的市场供应、方案是否违反政策法规及版权问题等。

通过对候选方面的严格评价，可以得到一个相对合理的配置方案。接下来需要解决的问题就是如何在这样的方案中实施系统元素的分配，也就是对于"软件"、"硬件"、"数据库"、"人"、"过程"及"文档"的具体分配了。

在这里，"文档"是贯穿于整个开发过程的工作，"过程"是规范化工作的步骤要求，也是贯穿于整个项目开发过程的。针对项目具体的工作，相应地产生了人机工程、软件工程、硬件工程及数据库工程。这些工程的作用就是对于制定好的功能和接口等方案进行具体的细化和实现。最终目的是生成一个可靠的合适的系统元素，并可以和其他元素相配合发挥实际作用。

 引例

一位外国的著名管理学大师曾经说过，如果让他来管理中国的餐馆，一定不会出现"走一位大师傅，菜的味道就变"的情况。他用了一个很有趣的例子来阐述他的方法。那就是：把一道鱼香肉丝的制作过程分解细化成 12 道工序，并对每个工序进行标准化的规定。通过这样的管理方法就可以保证不会因为走了某位大师傅而影响菜品的味道了。如果把这种化标准化的管理方法应用到每个菜的制作上，将使得他们的菜始终都可以有一个纯正的味道。

不难发现，在软件项目的开发过程中，最需要的就是类似上面这样的管理方法。通过标准化的处理使开发的过程尽量合理，避免个人的因素对项目产生不利的影响。这样的标准化并不是只在开发的过程中要求，从项目开始的需求分析阶段就已经开始了，特别是在做系统分析和设计的阶段，这样的标准化更是保证项目设计合理性的一个重要手段。在基于计算机系统的工程项目中，抽象出的 6 个基本元素就正是标准化开发方法中的一个体现。下面将对这几个元素进行具体的介绍。

2.2.1　人机工程

毫无疑问，所有基于计算机的系统最终的目的都是为人服务的，系统所有的功能是通过人的操作来实现的，系统的日常维护和升级也是由人来控制的。因此，在系统工程中，人机工程是很重要的一个部分。

然而，在早期的软件开发当中，由于受当时的硬件、软件技术的限制，人们往往在开发的过程中，有意或无意地以硬件和软件作为开发的中心。比如，为了节省速度有限的硬件资源提高软件的效率，使用低级的程序语言编写尽量短而难懂的代码。几乎所有的项目都以如何便于实现系统功能放在第一位。这样做出来的系统常常是需要人或用户花费很大的精力和成本来适应系统的工作方式，甚至因此需要改变用户常规的工作流程和业务规范。这似乎给人的感觉是，系统越难以被常人理解和学习，就越先进。结果造成用户掌握困难，培训成本增大，系统难于维护和升级。

随着人们在软件危机时期思考把软件工程作为一门科学来研究以及计算机硬件、软件技术的迅速提高，现在已经把系统工程中的人的因素放在了中心的位置。如何给用户提供一个友好的界面成为系统开发是否成功的第一要素。

人与人日常的交流是需要通过特定的约束才可以通畅进行的。比如在中国，全国各地的人们都以普通话作为交流的工具。在表达意思传达指示的时候，是完全符合普通话的语法规则的。同样的，在人机对话时，也需要制定一套严谨、规范的约定，才可以保证人机交流的顺利进行。

一般来说，人机工程的过程中应该包括以下内容。

1) 分析系统活动，创建外部模型

在系统设计的过程中，除了人机活动外，还有其他系统元素所涉及的活动。从不同的方面会得出差异很大的设计结果。这就需要在人机设计时考虑其他设计之间的差异，中和这些差异，通过分析创建合理的外部模型。

2) 精确分析语义，定义人机任务

通过对用户每一个要求的分析，逐步分解出用户对系统的每一个动作。这些动作需要进行精确的定义和分解。通过精确地分析，确定出人和机(计算机及相关外部设备)应该各自完成的任务。

3) 根据任务设计软、硬件的实现

通过明确的人机任务、具体标识动作和命令的形式，为这些任务的实现做好软件和硬件的设计。

4) 构造原型，完成设计模型

对系统元素分配后，将逐渐形成一个比较明确的系统环境，在这个环境下，构造出最初的一个人机界面原型。通过用户和系统设计人员的检查，在这个原型的基础上逐步进行修改，最终达到系统设计的预期目标，完成设计模型。

5) 质量评估

主要是对原型的评估，这样的评估是主动并且反复进行的。此外在其他活动内容中，也需要对一个阶段的工作进行及时的评估。

另外一个需要考虑的问题是人本身的认知水平，也就是说必须要考虑到将成为"人"这个元素的人自身的素质情况。比如知识背景、思考和表达能力、理解和学习能力、逻辑判断和推理能力等。

2.2.2 软件工程

在整个系统工程中，大部分的控制、管理及应用几乎都是由软件来完成的。软件工程这个部分就是把用户提出的功能和性能进行合理的分配。虽然软件是看不到、摸不着的东西，但是仍然需要把它看成是这个系统中的一个组成部件。

这个部件中需要考虑的是一个涉及软件生产和软件管理的工程问题，其中的内容包括：市场调研、可行性分析、项目订立、需求分析、项目策划、概要设计、详细设计、编程、测试、产品运行、用户培训及生产维护等。

从软件本身形式的角度去考虑，一般说来，基于计算机系统的软件元素是由程序、文档和数据组成的。从功能的角度去考虑，还可以分为用来实现具体信息处理功能要求的应用软件和负责保证应用软件与其他系统元素进行有效互交控制功能的系统软件。

以"输入—处理—输出"模型来表示整个系统，软件在这个系统中完成的是处理的功能，是系统功能的处理算法。系统通过其他的系统元素，把相关的信息输入到软件元素中，在这个元素中将完成所有的处理算法，包括进行必要的人机互交，引导用户完成对信息处理的表达，最终产生信息处理结果，通过其他系统元素输出给用户。在具体处理的过程中，软件也会根据需要不断调用硬件、数据库等其他系统元素功能，完成处理过程。

在整个软件工程的开发中，必须建立统一的软件部件的标准，而软件模型的形式和种类是非常多的，如何统一标准是一个比较难的问题。不过通过软件事件流的角度去分析，几乎所有的软件工程都包括 3 个阶段：软件定义阶段，软件开发阶段和软件检验、交付与维护阶段。

通过对这 3 个阶段的标准化控制，将有效地保证软件工程的开发过程。

1. 软件定义阶段

这个阶段主要完成以下任务。

(1) 完成项目可行性分析。

(2) 确定软件开发目标。

(3) 完成项目开发计划，明确各阶段目标。

(4) 完成项目的需求分析与风险评估。

(5) 完成项目成本估算，制定工程进度表。

具体的工作流程如图 2.2 所示。注意在这个过程中评审所起到的作用，这是在开发过程中非常重要的环节，它将贯穿于整个系统开发中。

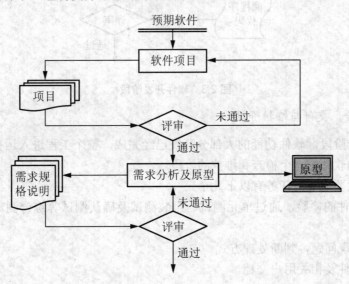

图 2.2 软件定义阶段

2. 软件开发阶段

这个阶段主要完成以下任务。

(1) 完成数据与结构设计，生成概要设计。

(2) 完成详细设计。

(3) 根据详细设计及项目计划，完成程序编码。

(4) 进行各阶段的软件测试。

在上个阶段设计的原型基础上，在这个阶段继续完善，最终生成符合用户使用的外部模型。

具体工作流程如图 2.3 所示。

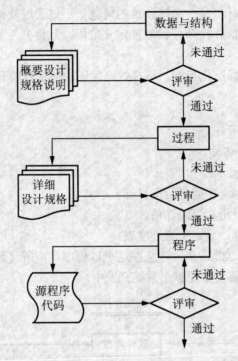

图 2.3　软件开发阶段

3. 软件检验、交付与维护阶段

进入到这个阶段，软件功能的大部分开发已经完成，整个工程进入运行阶段。这个阶段是对开发出的软件的一个检查和维护的阶段。

这个阶段主要完成的任务有以下几个。

(1) 进行软件的检验，通过单元测试、组装测试及确认测试等综合测试的方法检验调试软件。

(2) 确认出现问题，判断处理方式。

(3) 交付软件及相关用户文档。

(4) 维护软件，修改源代码。

(5) 生成相关维护文档。

注意： 在软件开发阶段，软件测试已经开始，本阶段的测试是对上阶段测试的一个延续。但是从出发点来说，本阶段更侧重于对软件应用的测试，是对软件的检验。软件的维护也不是一次就可以完成的，根据用户使用的状况，还会不定期地进行。一般对软件的维护时期不再进一步进行阶段的划分。

具体工作流程如图 2.4 所示。

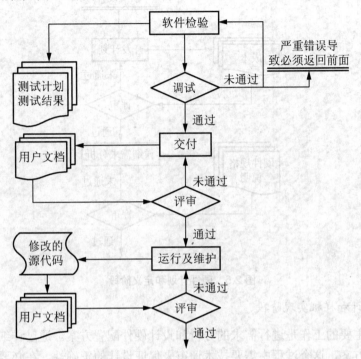

图 2.4 软件检验、交付与维护阶段

2.2.3 硬件工程

硬件作为基于计算机系统的组成部分来说，是整个系统的支撑，也是很重要的部分。不过，由于目前硬件科技的突飞猛进，主机及相关的外部设备在性能上有了长足的进步，并且形成了高度的标准化。因此，相对来说，现在的硬件工程也变得简单一些。

硬件工程师设计和选择硬件的依据来自需求。除了需要考虑系统需要硬件提供的功能和性能外，还需要考虑硬件之间的标准化问题，也就是接口的问题，此外还有成本、维护、升级等问题。相对于软件工程，硬件工程比较简单的是硬件的标准化程度高，种类相对少一些，更容易设计硬件方案。

和软件工程类似，硬件工程也分为 3 个阶段，它们分别是：硬件计划和定义阶段、硬件设计和样机实现阶段及生产、硬件制造、销售和售后服务阶段。

1. 硬件计划和定义阶段

这个阶段硬件工程师需要完成硬件的需求分析及规格说明。一方面，需要明确硬件的工作职责，确定硬件的类别、规格、接口情况、成本及可能存在的问题；另一方面，需要做出硬件设计和实现具体计划安排，精确地确定硬件元素中所有硬件部件的功能和接口，建立标准规格，制定出硬件规格说明。

具体工作流程如图 2.5 所示。

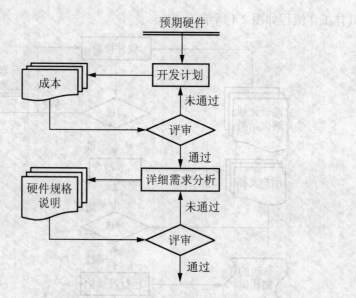

图 2.5　硬件计划和定义阶段

2. 硬件设计和样机实现阶段

这个阶段主要的工作是进行需求的分析和设计硬件配置方案。通过详细的规格说明，逐步细化配置方案，这个过程中需要技术评审来保证设计的正确性。在必要的情况下，可能还要做出样机原型和与之配套的制造规格说明，并对这个样机原型进行技术测试和评估，这里的评估也是通过评审的方式进行。样机的规格说明将作为以后选择硬件或制造设备时的一个技术指标，因此是必不可少的。

具体工作流程如图 2.6 所示。

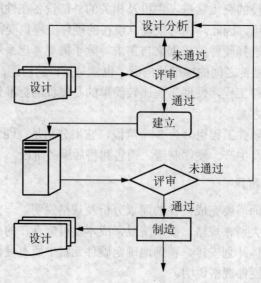

图 2.6　硬件设计和样机实现阶段

3. 硬件制造、销售和售后服务阶段

在一般的基于计算机的系统中，硬件的制造和销售占的比重并不大，但在一些大型项目中，硬件的制造销售是常常会遇到的问题。至于制造管理，相对内容比较简单，主要是严格依照制定好的规格说明和质量保证计划的内容进行就可以了。销售和售后服务更多是管理方面的问题。具体工作流程如图 2.7 所示。

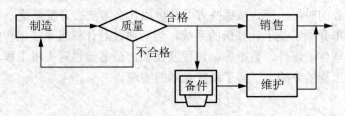

图 2.7　硬件制造、销售和售后服务阶段

2.2.4　数据库工程

对于现在的基于计算机的系统中，数据库往往都是实现所有功能最核心的支持。在系统设计中，数据库工程主要完成的就是在定义好数据域后，完成数据库的分析、设计和实现。数据库系统的开发方法主要有：结构化周期法、原型法及面向对象的开发方法等。

数据库工程主要完成的任务有以下几个方面。

(1) 确定系统目标，制订开发计划。

在数据库工程的开始阶段，主要完成系统目标、性能和资源配制的设计，并且需要制定系统的实施计划和总体设计原则及技术方向的选择等。

(2) 数据库的设计与实现。

这部分是数据库工程最复杂的过程，其中包括对数据库从概念设计、逻辑设计到物理设计等数据库的所有设计。在反复评审之后，再进行数据库的实施。

(3) 数据库的管理与维护。

类似于软件工程的最后阶段，在数据库实现后还要对数据库进行管理与维护。这里包括：对数据库的日常管理与操作人员的培训；通过数据库运行收集的维护信息和用户的反馈，对数据库进行进一步的完善和升级。从这个角度来看，数据库的管理与维护是对数据库设计和实现的一个优化。

另外，随着网络技术的发展和计算机的网络化趋势，网络技术在基于计算机的系统中所占的比重越来越大。在大部分的系统设计中，都把网络技术分解成软件、硬件等现有的系统元素来进行设计。目前也有一些软件工程的系统设计，把网络工程作为一个独立的元素来进行分析。

从一个系统元素的角度去考虑，网络工程也包括需求分析与计划、系统设计与实现、网络管理与维护等一些内容。

本 章 小 结

本章介绍了软件工程中计算机系统工程的基本概念。在实际软件项目当中，系统工程是保证项目实现的一个非常重要的理论支持。通过对系统的分析，可以了解当面对一个庞大的系统开发任务的时候，应该从哪些方面及运用什么方法去开发系统。

本章首先简单介绍了基于计算机的系统，然后通过对计算机系统工程的概述，了解了系统元素：人、软件、硬件、数据库、过程及文档，最后通过对人机工程、软件工程、硬件工程及数据库工程的介绍，了解了系统元素的实现。

习 题

一、填空题

1. 一个基于计算机的系统当中应该包含："人"、"软件"、_____、_____、_____和_____6 个元素。

2. 在人机工程中的质量评估，主要是对_____的评估，这样的评估是主动并且_____进行的。

3. 一般来说，软件工程包括 3 个阶段：软件_____阶段、软件_____阶段和软件检验、交付与维护阶段。

4. 硬件作为基于计算机系统的组成部分来说，是整个系统的_____，硬件工程师设计和选择硬件的依据来自_____。

二、简答题

1. 从软件工程的角度去考虑，一个基于计算机的系统一般包括哪几个元素？
2. 人机工程的内容一般包括哪些？
3. 在软件工程中，软件检验、交付与维护阶段的主要任务有哪些？
4. 数据库工程主要完成的任务有哪些？

三、思考题

软件工程这个概念，与本章所述的在计算机系统工程中的软件工程之间有什么区别和联系？

四、讨论题

计算机系统工程中的 6 个元素的划分，是否适用于任何规模和类型的软件项目开发？

第**3**章　软件需求分析管理

教学目标

掌握软件需求分析的任务、方法和过程，熟练掌握面向数据流的分析方法——结构化分析方法。初步具备小型系统的分析能力，并能编写软件需求规格说明书。

教学要求

知 识 要 点	能 力 要 求	关 联 知 识
需求分析的目标、原则、过程	理解获得需求的几种技术	功能域、问题域
结构化分析方法	掌握结构化分析方法相关技术	结构化、模块化

引例

有这样一个笑话：一个旅客走进硅谷的一家宠物店，浏览展示的宠物。这时，走进一个顾客，对店主说："我要买一只 C 猴。"店主点了点头，走到商店一头的兽笼边，抓出一只猴，递给顾客，说："总共5000 美元。"顾客付完款，然后带走了他的猴子。这位旅客非常惊讶，走到店主跟前说："那只猴子也太贵了！"店主说："那只猴子能用 C 编程，非常快，代码紧凑高效，所以值那么多钱。"这时，旅客看到了笼子中的另一只猴子，它标价 10000 美元。于是又问："那只更贵了！它能做什么？"店主回答："哦，那是一只 C++ 猴，它会面向对象的编程，会用 Visual C++，还懂得一点 Java，是非常有用的。"旅客又逛了一会儿，发现了第三只猴子，它独占一个笼子，脖子上的标价是 50000 美元。旅客倒抽一口气，问道："那只猴子比其他所有猴子加起来都贵！它究竟能做什么？"店主说："它一种语言也不会，不过它是系统分析师。"

系统分析师为什么这样重要，在本章中就能找到答案。本章将讲解进行需求分析的原理、技术、方法。

3.1　软件需求分析概述

软件需求分析也称为需求分析工程，是软件生命期中重要的一步，也是决定性的一步。从根本上说，需求来源于用户的"需要"和"要求"，这些"需要"和"要求"被分析、整理、确认后形成完整的文档，该文档详细地说明了产品"应该"实现的功能。

大多数的需求分析人员都是从开发人员成长起来的。大家生活在一个数字的世界中，当中可能很多人从来没有和任何一个客户接触过。可是突然有一天，大家发现自己不得不面对一大群用户，更加糟糕的是这些人竟然不懂什么是 C++，也没有听说过互联网。天呐，自己能和他们说什么啊？

用户真正需要的是什么？每一个需求分析员在进行需求分析的过程中都应该不断地问自己。要记住一个事实，事情往往比它看起来复杂。只有真正地融入用户当中，成为用户团体中的一员，才能发现问题背后的问题，才能做出真正让用户满意的产品来。

3.1.1　软件需求分析的目标

在需求分析阶段，仍然不是具体地解决问题，而是准确地定义系统要解决什么问题，弄清楚系统究竟要"做什么"，任务是确定目标系统必须具备哪些功能。

软件需求分析的目标是深入描述软件的功能和性能要求，确定软件设计的约束条件和软件同其他系统的关系，定义软件的其他有效性需求。

3.1.2　软件需求分析的原则

近几年来已提出许多软件需求分析与说明的方法，每一种分析方法都有独特的观点和表示方法，但无论哪种分析方法都适用下面的基本原则。

1. 能够表达和理解问题的数据域和功能域

所有软件开发的目的最终都是为了解决数据处理问题，也就是将一种形式的数据转化为另外一种形式的数据。其转化过程要经过原始数据输入、中间数据加工和结果数据输出3 个过程。

对于计算机程序处理的数据，其数据域包括数据流，即数据通过一个系统时的变化方式、数据内容和数据结构，而功能域反映上述 3 方面的控制信息。

2. 自顶向下，逐层分解，建立问题的层次结构

一个待开发的软件系统作为一个整体来看，过于复杂和难于理解。我们可以按照日常生活中横向分解方法将一个大的系统分解为同一层次的几个子系统，如果继续分解，又可以将某些子系统分解为更小的几个子系统，这就又使用纵向分解方法了。按照这种"自顶向下，逐层分解"的方法，能够对问题进行分解和不断细化，从而简化系统分析的复杂度。

3. 需要给出系统的逻辑视图和物理视图

系统的逻辑视图给出的是软件要达到的功能和需处理信息之间的关系，而不是实现的细节。例如：一个图书批发系统要从客户那里获得图书订单，系统读取客户图书订单的功能并不关心订单数据的物理形式和采用什么输入设备读入，只关心订单数据的格式和组成。

系统的物理视图给出的是处理功能和数据结构的实际表现形式，这往往是由设备本身决定的。如目前大多数软件靠鼠标、键盘输入，但图像和视频采集系统可能会使用视频采集卡、摄像头、扫描仪等设备，智能卡收费系统采用智能卡、读卡设备。系统分析员必须清楚这些物理设备对软件系统设计方法和软件开发工具的限制。

3.1.3　软件需求分析的过程

需求分析阶段的工作，可以分为 4 个方面：问题识别、分析与综合、制定软件需求规格说明书、需求评审。

1. 问题识别

系统分析人员和用户确定问题的综合需求。这些需求包括功能需求(做什么)，性能需求(要达到什么指标)，环境需求(如机型、操作系统等)和用户界面需求，另外还有可靠性、安全性、保密性、可移植性和可维护性等方面的需求。

2. 分析与综合

逐步细化所有的软件功能，找出组成系统各元素间的联系，接口特性和设计上的限制，分析它们是否满足需求，去除不合理部分，增加需要部分。最后，综合成系统的解决方案，给出要开发的系统的详细逻辑模型。

3. 制定软件需求规格说明书

即编制文档。描述需求的文档称为软件需求规格说明书。编写"需求说明书"，就是把双方共同的理解与分析的结果用规范的方式以书面形式描述出来。请注意，需求分析阶段的成果是需求规格说明书，是软件设计阶段的依据。

4. 需求评审

作为需求分析阶段工作的验证手段，应该对功能的正确性、完整性和清晰性，以及其他需求给予评价评审通过才可进行下一阶段的工作，否则重新进行需求分析。

3.2 结构化分析方法

需求分析是软件工程中的一个阶段，同样拥有软件工程的 3 个要素：过程、方法和工具。前面讲解了需求分析的 4 个过程，这里对需求分析方法中常用的传统方法，结构化分析方法的原理、工具结合实例加以讲解。

3.2.1 结构化分析方法概述

结构化分析方法(Structured Analysis，SA)是一种面向数据流的需求分析方法，适用于分析大型的数据处理系统。由于利用图形来表达需求，使得文档清晰、简明，易于学习和掌握，是一种传统的、软件分析人员仍在广泛使用的、喜闻乐见的分析方法。

结构化方法的基本思想是按照功能分解的原则，自顶向下，逐层分解，逐步求精，直到找到满足功能要求的所有可实现的软件为止。

结构化分析方法的几个常用工具是：数据流图、数据字典、判定表与判定树。其中，数据流图用来描述系统内数据的运动情况，数据字典定义系统中的数据，判定表与判定树都用来描述数据处理逻辑。

3.2.2 数据流图

数据流图(Data Flow Diagram，DFD)是描述数据处理过程的强有力工具。数据流图描述的是系统的逻辑模型，仅仅描述数据在系统中的流动和处理情况，并不涉及具体的物理元素。由于其具有图形的直观性，即使不是计算机软件人员也很容易理解，所以是极好的用户需求表达工具，设计数据流图时只需考虑系统必须完成的基本逻辑功能，而不需要考虑如何具体地实现这些功能。

1. 数据流图中的符号

数据流图采用 4 种基本的图形符号，见表 3-1。

表 3-1 数据流图基本符号

符　号	含　义	说　明
○	加工	在圆中写上加工的名字与编号
→	数据流	在箭头边给出数据流的名称和编号
＝	数据存储文件	文件名称为名词或名词性短语
□	数据源点或汇点	在方框中注明数据源点或汇点的名称

加工用圆来表示，又称数据处理，表示输入数据在此进行处理产生输出数据，加工的名字通常是一个动词短语，简明扼要地表明要完成的数据处理过程。

数据流用箭头表示，由一组固定的数据项组成，箭头方向表示数据的流向。大多数据流在加工之间流动作为数据在系统内的命名数据通道，也有在数据存储文件和加工之间的非命名数据通道。虽然这些数据流没有命名，但在连接的加工和数据存储文件的名称以及流向可以确定其含义。

数据存储文件用双杠表示，在数据流图起保存数据的作用，可以是数据库文件或任何形式的数据组织方式。流向数据存储的数据流可以理解为写入文件或查询文件请求，从数据存储流出的数据可以理解为从文件读出或得到查询结果。

数据源点或汇点用方框表示，表明数据流图中要处理数据的输入来源或处理结果要送到哪里，在图中仅作为一个符号，是系统外部环境中的实体，故也称为外部实体。它们作为系统与外部环境的接口界面，在实际的问题中可以是人、组织、其他软件或硬件系统等。一般只出现在分层数据流的顶层图中。

2. 设计数据流图的步骤

数据流图的画法有很多种，不同的系统分析员在画数据流图时可能会采取不同的画法，但一般的原则是自外向内，自顶向下，逐层细化，逐步求精，这符合人们自然、条理清晰的思考过程。

下面介绍由外向内画数据流图的具体步骤。

1) 确定系统的输入和输出

第一步应先确定系统的输入和输出。此时，应该向用户了解"系统从外界接收了什么数据"、"系统向外界发送了什么数据"，这里的外界就是系统的源点和汇点，它们是外部实体，由它们确定系统与外界的接口，由外部实体来确定系统的范围和其他系统的关系。

2) 由外向内画系统的顶层数据流图

首先，将系统的输入数据和输出数据用一个或多个加工连接起来。可以从输入数据流逐步画到输出数据流，也可以逆向由输出数据流逐步追溯到输入数据流。在数据流的值发生变化的地方就是一个加工。接着，给各个加工命名。加工的名字应反映该加工的全部功能。

3) 自顶向下，逐层分解，给出分层数据流层

对于一个大型软件系统，用一张数据流图画出所有的数据流和处理逻辑，这张图将极其复杂和庞大，难免会有绘制错误，又难以理解。为了降低复杂性，便于理解，需要采用自顶向下逐层分解的方法进行，用分层的方法将一个大的数据流图分解为几个小的数据流图表示。一套分层的数据流图由顶层、中间层和底层的数据流图组成。顶层数据流图只有一张，抽象地描述出系统的组成情况。中间层数据流图则描述某个加工的分解，可以根据问题的层次细分为多个层次。底层数据流图则由一些功能最简单、不必再分解的基本加工组成。

有些简单系统可能只有顶层数据流图，较复杂的系统的中间层数据流图可能会达到五六层之多。在分层的数据流图中，上层数据流图称为下层数据流图的"父图"，下层数据

流图称为上层数据流图的"子图"。

3. 数据流图设计要点

(1) 自外向内，自顶向下，逐层细化，完善求精。

(2) 保持父图与子图的平衡。也就是说，父图中某个加工的输入输出数据流必须与它的子图的输入输出数据流在数量和名字上是相同的。

(3) 保持数据守恒。也就是说，一个加工所有输出的数据必须能从该加工的输入数据流中直接获得，或者输出数据是通过该加工能产生的数据。

3.2.3 数据字典

字典的用途是供人查阅所关心的概念的解释，软件工程中数据字典(DD)的作用是在软件分析和软件设计的过程中给人提供关于数据的详细描述信息。数据字典是软件中所有数据信息的集合，也就是对数据流图中所有元素的定义。

1. 数据字典的组成元素

数据字典由以下 4 类元素的定义组成。

(1) 数据流。

(2) 数据元素(数据流分量)。

(3) 数据存储。

(4) 处理。

为了保证信息描述得完整和准确，数据字典中还应该包括数据的一些其他信息。数据在数据字典中应有必须的信息，如名字、别名、含义等，还应包括数据类型、长度、取值范围、数据来源、使用限制等。数据元素的别名是该元素的等价名字，在命名时应尽量减少缩写，如果名字使用了缩写，应该注明这个缩写是它全称的别名。如"学生成绩统计"简称为"成绩统计"，那么"成绩统计"就是"学生成绩统计"的别名。

2. 数据字典的定义

复杂事物都是由简单事物按照一定的关系组合而成的。数据字典的定义是对数据构成的说明，同样遵循一定的关系。由数据元素组成的数据的方式有下述 3 种类型。其符号表示法见表 3-2。

(1) 顺序：以先后次序连接两个或多个分量。如图书发票包括书号、单价、数量和总价等信息。

(2) 选择：从两个或多个可能的元素中选取一个，如图书类型可以从计算机、外语、文学等类型中选取一个。

(3) 重复：把指定的分量重复零次或多次。如一次销售的图书类型可以有多种，客户一次订购的商品可以有多种。

表 3-2　数据结构定义式符号

符　　号	含　　义	举　例　说　明
=	定义为	学生成绩=学号+姓名+各科成绩
+	连接两个分量	学生=学号+姓名，表示学生由学号和姓名组成
[…, …]或[…|…]	或	用户=[教师, 学生]，表示用户可以是教师或学生
{…}	重复	学号=5{数字}5，表示学号为 5 位数字
(…)	可选	选修课=(音乐)，表示选修课可以为音乐或没有

3. 数据字典的实现

数据字典的实现有 3 种常用方式：全人工方式、全自动化方式(利用数据字典生成软件)和混合方式(用正文编辑程序，报告生成程序辅助人工实现)。不论使用哪种方式实现，数据字典都应具备如下特点。

(1) 通过数据名字可以准确查阅数据的定义。

(2) 没有冗余。

(3) 避免重复定义含义已清晰的信息。

(4) 容易修改和更新。

(5) 包括所有数据元素的信息。

(6) 定义的书写方法简单、易理解、无二义性。

一般情况下，可以使用开发人员和用户都比较熟悉的环境来编写数据字典。比较常见的优秀编辑处理软件(微软的 Office)，可以在文档中方便地查找和修改每个数据元素的信息。每条数据字典都应该包括名字、别名、描述、定义和位置等信息。

下面以学生成绩管理系统中的两个数据元素的数据字典描述为例，具体说明数据字典的主要内容。左面方框中为成绩单的数据字典，右面方框为学号的数据字典。

名字：成绩单
别名：学生成绩单
描述：每个班级对应课程的学生和成绩信息
定义：成绩单=班级+课程+学号+姓名
位置：输出到打印机

名字：学号
别名：无
描述：唯一标识学生清单中一个特定学生的关键域
定义：学号=6{字符}6
位置：学生信息报表，成绩单

3.2.4　处理说明

在数据设计时，光用数据字典的数据说明有时候不直观，很多加工仍然含糊不清；这往往让程序员在阅读时感到无所适从，所以人们常常要对这些加工进行单独说明。

处理说明就是加工逻辑说明。对数据流图的每一个基本加工，必须有一个基本加工逻辑说明，基本加工逻辑说明必须描述基本加工如何把输入数据流变换为输出数据流的加工规则。加工逻辑说明必须描述实现加工的策略而不是实现加工的细节，同时加工逻辑说明中包含的信息应是充足的、完备的、有用的、没有重复的多余信息。

下面以图书管理系统中的读者查询处理说明为例，具体描述处理说明的主要内容。左面方框中为处理说明的主要内容，右面方框中为读者查询处理说明实例。

加工名：
加工编号：反映该加工的层次
简要描述：加工逻辑及功能简述
输入数据流：
输出数据流：
加工逻辑：简述加工程序，加工顺序

加工编号：3.2
加工名：读者查询
输入流：查询读者情况，读者文件
输出流：读者情况
加工逻辑：根据查询读者的情况从读者文件中读
出读者记录

3.3 如何做好需求分析

真正的"需求"实际上在人们的脑海中，这个"人们"主要是指客户，但一般情况下，用户并不能明确、详细地描述自己的需要。当需求分析人员收集到用户的意见后，必须分析、整理这些需求意见，直到理解它为止，并写成文档，然后与用户一起探讨，这是一个反复的过程，并且需要花费时间。如果不在这一方面花时间，对预期产品看法未达成共识，最终的后果可能是返工，并且产品不尽人意。

下面着重从需求分析的阶段和成功项目中所使用的分析方法来说明如何做好需求分析。

3.3.1 需求分析的 5 个阶段

在一个项目进行到三分之二的时候，客户怀疑所开发软件的功能，说一些诸如此类的话："为什么要花 400 个小时来创建一个全自动的销售软件？我们只需要一个记录销售信息的电子制表软件而已。"

当回忆项目需求分析会议和手头的需求规格说明时，你会认为自己是无辜的，因为那是开发团队的意思。的确，这是一个严峻的事实，但是它是项目开发中经常出现的情况。你可以将这个问题追溯到需求管理规范上来谈。需求分析过程描述为反复连续的 5 个阶段，这 5 个阶段的目的是在整个项目生命周期中对开发需求的获取、归档、跟踪和移交进行管理。以下就是这 5 个阶段的简要概述。

第 1 阶段：开始——这个阶段从项目申请开始到项目被批准结束。该阶段的目的是确定本项目是否值得开发，如果值得的话，与其他项目相比较它有什么优点。这一步可以总结为：最初的项目要求、初步的经费估算、成本效益分析。

第 2 阶段：确认与引导——这个阶段是对详细需求的组织和构造工作。它包括：初始的项目需求的评价、项目主管的初步确认、引导计划的完成(包括会见、调查或者是其他方法在内的需求引导步骤的反复执行)、最初的需求列表、书写文档(包括功能的和非功能的需求)。

第 3 阶段：协商——这一步是选择和优化包含在项目中最终的功能和非功能需求的反复过程。协商通常包括：确认项目成功必需的基本和重要成分，确认在后一时期不一定但有可能包含的重大需求，确认那些很容易引起争端的地方。即采用需求分析中的 4 象限原则，把要实现的功能分为 4 类：最重要最紧迫、最重要但不紧迫、不重要但紧迫、不重要不紧迫，并且按照这 4 个顺序进行分析和设计。

第 4 阶段：书写文档——这一步是项目需求文件最终和最完整的记录。它主要包括了前面每个阶段的所有项目文档。一个确定为需求列表的最终文档，它包括了在协商阶段达成的一切功能性和非功能性元素。

第 5 阶段：管理——一旦开发团队已经协商出了最终的需求文档，开发者的责任就是确保实现所有的要求。这里一个关键的地方是开发团队要满足这些要求而不是回避这些问题。如果往项目中添加额外的功能或特性，那么整个项目的开发成本会提高，相应的经济效益会降低。

实际上，这 5 个阶段的任何一个都包含了反复的工作。例如，当开发团队为一个给定的需求作数据流图时，可能又发现了新的需求，需要另外再建立其他数据流图。这对大多数阶段来说都是正确的，在协商阶段可能出现的问题会使更多需求成为必要需求。

分析人员或客户理解有误都会使软件项目面临失败命运。有个外星人间谍潜伏到地球刺探情报，它给上司写了一份报告："主宰地球的是车，它们喝汽油，靠 4 个轮子滚动前进。嗓门极大，在夜里双眼能射出强光……有趣的是，车里住着一种叫做'人'的寄生虫，这些寄生虫完全控制了车。"

软件系统分析人员不可能都是全才。对于客户表达的需求，不同的分析人员可能有不同的理解。如果分析人员理解错了，可能会导致开发人员白干活，吃力不讨好。读中学时候最怕写作文跑题，如果跑题了，不管作文写得多长，总是零分。所以分析人员写好需求说明书后，要请客户方的各个代表验证。如果问题很复杂，双方都不太明白，就有必要请开发人员快速构造软件的原型，双方再次论证需求说明书是否正确。

因此，一个基本原则是：每个阶段都必须出现并且按以上顺序进行。许多软件公司都有自己关于如何处理、由谁来处理需求收集的标准。虽然如此，开发人员还是应该按照以上的标准过程来进行需求分析。

引例

一个路口，交通很拥挤，经常发生事故，一年死伤约 10 人。交通局准备花大笔经费改善状况。某公司想做这个项目。那么，可选方案有：立交桥、红绿灯、地下通道、环岛……

选哪个？

项目计划首先要满足客户的需求。那么这个项目是否合格由谁说了算？交通局长。路况要改善到什么地步算项目合格就需要问他。

接下来，路口的现状是怎么样的？这个局长也不会很清楚，问交警最可能得到满意答案。

最后，项目的最终用户有什么想法？去随便拉来个路人调查一下，也许他只是偶尔路过，不关心这个问题。路口附近有银行、医院、超市等，去超市调查很可能得到不错的效果。

进行需求分析要围绕 3 个问题"应该了解什么"，"通过什么方式去了解"，"如何描述需求"，只有这样才能做好需求分析，下面是做好需求分析要遵循的几个方法。

3.3.2　需求分析的重要性

(1) 让用户畅所欲言，罗列出所有的需求。

让用户将所有的想法尽可能地阐述清楚，并把所有的要求罗列出来，不要遗漏。这时不要害怕用户说出太多潜在需求而害怕增加设计开发的工作量，因为日后用户无止境的需求变化会将开发者拖入泥潭。将系统中各类用户的需要全部收集后，用归纳、分类的方法将用户最原始、最完整的要求准确地记录下来，就完成了第一步的工作。

显然，假如用户的需求不完整，随时可能会产生意想之外的变更，甚至这个变更会破坏已经确定的模型及结构，那么这个项目从开始就注定了会失败的命运。例如一个站点所有的功能都实现了，本地测试起来也没有什么问题了，但是却不知道用户的系统是每天承受 100 万个独立 IP 的访问流量，而原来想当然地认为最多就是 1 万个独立 IP 访问的流量，稍微有经验的开发人员都会明白这样的设计是个灾难，无论是应用服务器、数据库还是程序全部要重新开发！大家不会忘记中央电视台春节晚会第一次网上直播时那几台服务器的命运吧？

(2) 需求分析文档化。

需求的定义包括从用户角度，以及从开发人员角度来阐述需求。关键的问题是一定要编写需求文档。曾经有一个项目中途更换了所有的开发人员，用户被迫与新的需求分析人员坐到一起。系统的分析人员说："我想与你谈谈你们的需求。"用户第一反应便是："我已经将我的要求都告诉你的前任了，现在我要的就是你给我编一个系统。"而实际上，需求并未编写成文档，因此新的分析人员不得不从头做起。所以如果只有一堆邮件、会谈记录或一些零碎的未整理的对话，你就确信你已明白用户的需求，那完全是自欺欺人。

(3) 透过现象看本质。

用户并非专业人士，在他们滔滔不绝的描述中不能指望他们帮助我们整理出主要功能和技术难点，这需要我们帮助用户分析、归纳和整理，尤其是在客户谈得不多却又是技术上实现难度和强度很高的地方特别值得注意。

比如在为客户设计办公自动化系统的时候，也许就要为客户预留将来与他们的业务单位进行交互的通道；在设计邮件系统的时候，要考虑可能会需要广告管理服务器；设计网络电子商店时，要考虑今后增加库存产品进销存统计分析；等等。限于时间财力的考虑，客户通常能够接受分阶段实施的开发过程，在需求分析时，提早为客户设想到今后的需求变更除了使项目开发更加顺利以外，也为今后业务的进一步深入打下了更好的基础。

(4) 使用图形化工具描述需求。

需求分析无论文字上怎么样表述都是比较抽象的，很难想象用户会聚精会神地将几十页内容读完，并全部理解。图文并茂是需求描述成功的经验，在写需求分析文档时，也可以使用数据流图等图形工具来简化和加深用户对文档的理解。当然使用专业化的工具(如Visio)制作流程图，图形会更标准。

(5) 建立需求变更日志，制作新版本的需求分析报告。

尽管人们花费了许多工夫在需求分析上进行了最大可能的努力，但几乎可以肯定的是，这份需求分析文档在开发过程中一定会发生变化，也许是出自客户的遗漏，也可能是在开发过程中发现的。这种变更有时是如此的频繁和琐碎，以至于往往不能将变更及时反馈到项目的各个角色中，那么做好需求变更日志就显得非常重要。

一点启示： 要获得有用信息，需要找对询问对象，弄清楚需求可以明确目标，进而明白为什么选用当前的方法，或者可以找到更好的方法。

3.4　图书管理系统需求分析

案例说明

本节为"图书管理系统"需求分析案例。

传统方式下，图书馆的日常管理工作以手工方式为主，图书的查询使用索引卡片，读者借阅用登记本记录，日常报表一般使用手工统计汇总。随着图书馆图书种类、数量的不断扩大，图书检索速度慢、统计工作量大，难以满足图书馆现代化管理的要求。因此，建立一套图书管理软件，科学地对图书馆数据进行管理，方便图书的管理和读者借阅工作。

需求分析最根本的任务是要搞清楚为了满足用户的需要，系统必须做什么事情。具体地说，应该确定系统必须具备的功能和性能，系统要求的运行环境，并且预测系统发展的前景。

通过对图书馆领导、馆员和业务人员进行调研，可以确定该系统应该具备以下要求。

1. 功能要求

1) 购入新书

购入新书时需要为所购图书编制图书卡片，包括分类目录号、流水号(要保证每本书都有唯一的流水号，即使同类图书也是如此)、书名、作者、内容摘要、价格和购书日期等信息，写入图书目录文件中。

2) 读者借书

读者借书时填写借书单，包括读者号、分类目录号。系统首先检查读者号是否有效，若无效，则拒绝借书；否则进一步检查该读者已借图书是否超过最大限制数(假设每位读者同时最多借阅 5 本书)，若已达到最大限制数(5 本)，则拒绝借书；否则读者可以借出该书，登记分类目录号、读者号和借阅日期等，写回到借书文件中去。

3) 读者还书

读者还书时，根据图书流水号，从借书文件中读出和该图书相关的借阅记录，标明还书日期，再写回借书文件中，如果图书是逾期还书，则处以相应罚款。

4) 图书注销

在某些情况下，需要对图书馆的图书进行清理工作，对一些过时或无继续保留价值的图书要注销，这时可以从图书文件里删除相关记录，或加上删除标记。

2. 系统存储方案

考虑到用户实际情况，大多数人已经学习过数据库的基本知识，因此采用数据库方式来保存整个系统应该保存的数据。

3. 性能要求

(1) 保证查询时的查全率和查准率。借还图书所记录的时间是直接采用系统时间，而所涉及的罚款金额精确到角。

(2) 系统响应时间的要求。一般操作的响应时间应在 1～2s 内。登录界面在 2～3s 之间，启动程序在 5s 之内。

(3) 出错处理机制。正常使用时不应出错，对于用户的输入错误应给出适当的改正提示。若运行时遇到不可恢复的系统错误，也必须保证数据库完好无损。

4. 其他要求

本系统大量的参数及数据全部放于图书数据库中，所以数据不应被修改、破坏，万一参数受到破坏也不应影响源程序。系统应提供数据库备份与恢复功能。用户登录需要输入用户名和密码，且访问数据库也必须有权限，使用分级权限保证系统的安全。

系统运行在 Windows 平台上，它还应该有一个友好的图形用户界面。

系统应该有很好的扩展性，随时可以增加新的功能。

这里讲述的功能、性能要求是针对系统的主要功能来进行的，这样便于讲明问题，了解相关的开发流程，但具体到实际的图书馆会有不同的实际需求，可以根据需要增加相应的功能。

通常定义了系统的功能和性能需求后，要定义详细的系统逻辑模型。数据流图由于其自身形象直观的特点，是描述一个软件系统信息流动的有效工具。数据字典是数据定义的集合。处理则定义了数据从输入变换到输出的算法。

通常需求分析工具是从数据流图出发，这里也用数据流图这个强大的图形描述工具来定义系统的逻辑模型。

下面是图书系统数据流图分析。

1) 顶层数据流图

顶层数据流图如图 3.1 所示。

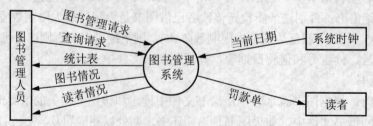

图 3.1　顶层数据流图

2) 分层数据流图

顶层分层数据流图如图 3.2 所示。

图 3.2 中加工 2 的 1 层数据流图如图 3.3 所示。

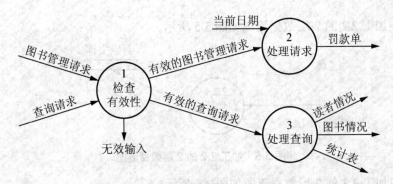

图 3.2　顶层分层数据流图

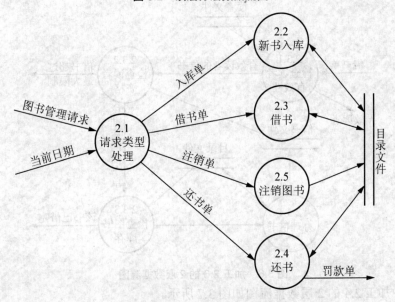

图 3.3　加工 2 的 1 层数据流图

图 3.2 中加工 3 的 1 层数据流图如图 3.4 所示。

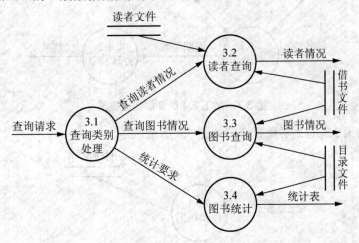

图 3.4　加工 3 的 1 层数据流图

图 3.3 中加工 2.2 的 2 层数据流图如图 3.5 所示。

图 3.5　加工 2.2 的 2 层数据流图

图 3.3 中加工 2.3 的 2 层数据流图如图 3.6 所示。

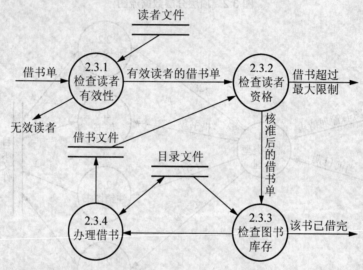

图 3.6　加工 2.3 的 2 层数据流图

图 3.3 中加工 2.4 的 2 层数据流图如图 3.7 所示。

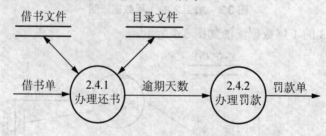

图 3.7　加工 2.4 的 2 层数据流图

图 3.3 中加工 2.5 的 2 层数据流图如图 3.8 所示。

图 3.8　加工 2.5 的 2 层数据流图

图书系统的子功能还可以分解，所以还有一些加工的分层流图没有画。这里画了一些数据流图，其他根据自己系统的需要，可以参照示例自己完成。

在数据流图中，每一个加工框中只简单地写上了一个加工名和加工的编号，这显然不能表达加工的全部内容，至少大家不了解这个加工的逻辑功能。大家可以结合前面学过的处理说明来表达这些加工是做什么的。下面结合上面数据流图中的部分加工给出相应的处理说明。

加工编号：1
加工名：检查有效性
输入流：图书管理请求，查询请求
输出流：有效的图书管理请求，有效的查询请求
加工逻辑：检查输入请求的有效性

加工编号：2.1
加工名：请求类型处理
输入流：图书管理请求，当前日期
输出流：入库单，借书单，还书单，注销单
加工逻辑：根据图书管理请求的类别选择
case 1：新书入库，输出入库单
case 2：借书，输出借书单
case 3：还书，输出还书单
case 4：注销图书，输出注销单

加工编号：3.1
加工名：查询类别处理
输入流：查询请求
输出流：查询读者情况，查询图书情况，统计请求
加工逻辑：根据查询类别选择
case 1：查询读者情况
case 2：查询图书情况
case 3：统计请求

加工编号：3.2
加工名：读者查询
输入流：查询读者情况，读者文件，借书文件
输出流：读者情况
加工逻辑：从读者文件中读出读者记录，并从借书文件中读出该读者的借书记录，综合输出该读者的借阅情况

在数据流上描述了系统由哪几部分组成、各部分之间的联系等，但并未说明各个元素的含义和包含的内容。数据字典的作用是在软件分析和设计的过程中，给人提供关于数据的描述信息，下面结合上面的数据流图介绍部分数据流和存储文件的数据字典定义。

图书管理请求＝[入库单 ｜ 借书单 ｜ 还书单 ｜ 注销单] 　　入库单＝分类目录号+数量+书名+作者+内容摘要+价格+购书日期+流水号 　　借书单＝读者号+分类目录号+借阅日期 　　还书单＝图书流水号+还书日期	注销单＝图书流水号 统计表＝{图书情况} 　　查询请求＝[读者情况 ｜ 图书情况 ｜ 统计表] 　　读者情况＝读者号+姓名+所在单位+{借书情况}
借书情况＝书名+分类目录号+图书流水号+借阅日期 　　图书情况＝书名+作者+分类目录号+总数+库存数	文件名：目录文件 　　组成：{分类目录号+书名+作者+内容摘要+价格+入库日期+总数+库存数+{图书流水号} 　　组织：按分类目录号的字母顺序排列
文件名：借阅文件 　　组成：{借书记录+还书记录} 　　组织：按借阅日期顺序排列	文件名：读者文件 　　组成：{读者号+姓名+所在单位} 　　组织：按读者号递增顺序排列

　　通过分析，大家已经对系统必须具备的功能和性能有了明确的认识。对系统中的数据及处理数据的主要算法有了准确的描述。最后，为了清晰起见，同时方便与用户的交流，需要把分析的结果用正式的文档记录下来，并作为最终软件配置的一个组成部分。根据需求分析阶段的基本任务，应该完成下面 4 个文档。

　　(1) 需求规格说明书：主要描述目标系统的整体状况、所有功能需求、所有性能需求以及运行要求和将来可能提出的要求。数据流图和处理说明是规格说明书的重要组成部分。此外，文档中还应包括用户需求和系统功能之间的对应关系，以及设计约束等。

　　(2) 数据定义说明书：主要包括数据字典以及描述数据结构的一些图表，包括数据流和存储文件两部分。

　　(3) 用户手册：从用户使用系统的角度描述系统，内容包括对系统功能和性能的简要描述，使用系统的主要步骤和方法。该手册随着开发过程可能要作适当的修改。

　　(4) 修正的开发计划：包括成本预算、软/硬件资源、人员组成和开发进度等。

本 章 小 结

　　软件需求分析是软件开发周期中最关键的一步，只有通过软件需求分析，才能把软件功能和性能的总体要求描述为具体的软件需求规格说明书，进而建立软件开发的基础。本章主要介绍需求分析的目标和过程、结构化分析方法、快速原型模型，最后通过一个具体的图书管理系统实例说明了需求分析的方法。

习　　题

一、填空题

1. 当采用结构化分析方法时，需求说明通常由_____、_____和_____等一整套文档组成。

2. 数据流图的基本符号包括数据输入的源点和数据输出的汇点，_____，数据流，_____。

3. 数据字典由 4 类元素的定义组成：_____、_____、数据存储和_____。

二、选择题

1. 软件需求分析阶段的工作可以分为以下 4 个方面：问题识别、分析与综合、制定软件需求规格说明书以及(　　)。

　　A. 总结　　　　B. 阶段性报告　　　　C. 需求评审　　　D. 以上答案都不正确

2. 在结构化分析方法中，用以表达系统内数据的运动情况的工具有(　　)。

　　A. 数据流图　　B. 数据词典　　　　C. 结构化英语　　D. 判定表与判定树

三、判断题

1. 需求分析阶段主要是决定系统"怎么做"。　　　　　　　　　　　　　　(　　)

2. 结构化分析方法是一种面向数据流的需求分析方法。　　　　　　　　　(　　)

四、思考题

1. 需求分析在软件开发过程中的地位如何？

2. 需求分析的过程是什么？

3. 结构化分析方法的描述工具有哪些？

五、操作题

1. "软件技术大赛管理系统"的功能需求如下。

(1) 数据录入：如参赛作品、参赛人员等信息登记。

(2) 数据查询：如查询比赛作品和获奖情况等。

(3) 统计与报表输出：如统计参赛人数、参赛人员地区分布。

写出软件需求分析说明书。

2. 选择一个系统(如人事管理系统、学生成绩管理系统、库存管理系统等)，用 SA 方法对它进行分析，画出系统数据流图，并建立相应的数据字典。

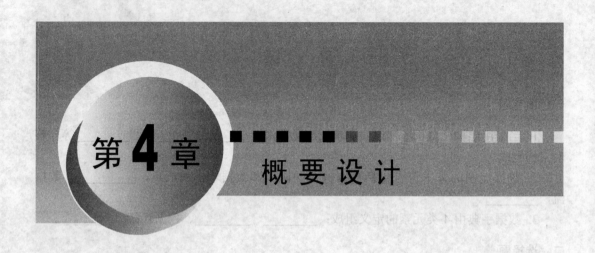

第**4**章　概要设计

教学目标

教学目标

深刻理解软件概要设计的基本任务与过程，理解模块化、抽象、信息隐蔽、模块独立性等概念，明确衡量独立性的标准——耦合性与内聚性。掌握结构化设计方法，能够划分数据流的类型，将其转换成软件结构图，并能根据优化准则将其优化。

教学要求

知 识 要 点	能 力 要 求	关 联 知 识
概要设计的任务和过程	理解概要设计的任务和过程	需求规格说明书、数据流程图、数据字典、数据库设计
概要设计的原则	掌握概要设计的原则	模块化、耦合性、内聚性
结构化设计方法	掌握结构化设计方法、技术	软件结构图

引例

概要设计就好比建造房屋，如果仅仅为了有个容身的一席之地，只需搭建一间茅屋就可以了，但简陋的产物在任何时候都不可能给使用者一个好的应用感受。相反，比如苏州著名的拙政园就是设计的产物，它能名留千古，也就在于能做到曲径通幽、亭台楼廊、布局合理、设计精巧。同样，在软件概要设计时，除必须驯服数量巨大且频繁变化的需求外，还必须建立完美的软件架构来实现这些需求。这样，不但能满足用户的使用，而且开发人员根据设计蓝图开发，能极大地降低开发风险。

本章介绍软件蓝图开发阶段——概要设计任务、过程、方法等知识。

4.1 概要设计的任务与过程

4.1.1 概要设计的任务

概要设计的主要任务是解决系统总体结构上如何实现用户需求，并将需求分析建立的描述功能的逻辑模型转化为基于计算机系统说明的物理模型。

需求分析阶段生成的"需求分析规格说明书"，明确了用户对目标系统的需求，即目标系统要"做什么"，并建立了系统的逻辑模型。概要设计阶段将生成《概要设计说明书》，明确了如何实现用户需求，即目标系统要"怎么做"，并建立系统的物理模型，如图 4.1 所示。

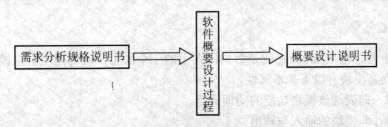

图 4.1　软件概要设计任务示意图

4.1.2 概要设计的过程

概要设计的过程分为以下 3 个阶段。

1. 软件模块结构设计

通过系统分析员对用户提出的功能性需求和性能需求进行分析建模，生成了描述系统功能的数据流程图(DFD)和数据字典(DD)。系统设计人员根据结构化设计方法，采用自顶向下的模块化思想，按照概要设计原则，将数据流程图转化为软件模块结构，用最优化的架构来实现用户需求。

2. 数据库设计

数据库设计阶段主要任务是依据数据字典，以及数据流程图完成数据库模型的建立。数据库设计包括 3 个阶段：概念设计、逻辑设计、物理设计。

3. 物理配置方案设计

物理配置方案设计的主要任务是完成计算机硬件配置方案设计、网络规划与设计等。

由于数据库设计和物理配置方案设计在其他学科中都详细介绍，也是两门独立课程，本书不对其进行介绍。

 引例

某城市要将某业务的全部历史档案卡片扫描存储起来，以便可以按照姓名进行查询。需求阶段客户说卡片大约有 20 万张，需要调研者对数据进行查证。由于是中小型数据量，并且今后数据不会增加，经过计算 20 万张卡片总体容量之后，决定使用一种可以单机使用也可以联网使用的中小型数据库管理系统。等到系统完成开始录入数据时，才发现数据至少有 60 万，这样使用那种中小型数据库管理系统不但会造成系统性能的问题，而且其可靠性是非常脆弱的，不得不对系统进行重新设计。

从这个小小的教训可以看出，需求阶段不仅对客户的功能需求要调查清楚，对于隐含非功能需求的一些数据也应当调查清楚，并作为构架设计的依据。

4.2   概要设计原则

软件概要设计的主要任务就是软件结构的设计，为了提高设计质量，必须按照软件设计的模块化原则、自顶向下原则、高内聚低耦合原则等划分模块，并且按照这些原则对软件结构进行优化。

4.2.1   模块化

从逻辑上看，模块(module)就是数据流图上的一个加工；从物理上看，模块就是一组程序。一般而言模块有以下基本属性。

(1) 名称：即表达该模块功能的动词词组。

(2) 接口：即模块的输入与输出。

(3) 功能：即模块实现的功能。

(4) 逻辑：即模块内部实现功能所需的数据。

(5) 状态：即模块的调用与被调用关系。

模块化(modularization)是指将系统划分成相对独立模块的过程。把一个复杂系统分解为若干子系统，再把一个子系统分解为若干模块，模块化可以将复杂问题化简，节约解决问题的成本，如图 4.2 所示。

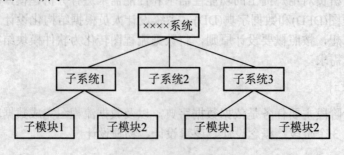

图 4.2   模块化示意图

是不是将软件分解的模块越多，越节省开发成本呢？

由图 4.3 可知，模块划分数量越多，虽然每个模块的开发成本降低了，但模块接口成本又上升了。在 n_1 个和 n_2 个模块之间，模块开发成本才能相对较低。实际上要想知道最小成本是多少或模块数量 n_1、n_2 是不可能的，该图定性地帮助大家分析模块数量与开发成本之间的关系。

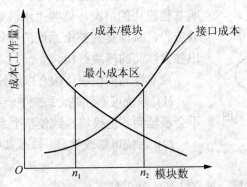

图 4.3　模块数量与成本之间的关系

4.2.2　自顶向下，逐步求精

这是结构化设计方法的中心思想，这其中包含两个主要原理：抽象和分解。

抽象是人们认识复杂事物时经常使用的思维方式，先抽出事物本质，而暂不考虑它的细节。比如，提炼出一篇文章的中心思想、用算式描述数学应用题的解法等都属于抽象的思想。对于图书管理系统，可以先从图书管理员的角度抽象出系统有读者管理、图书管理、借还管理等主要功能。

分解是在抽象的基础上，先抓住并解决主要问题，然后分阶段逐步深入考虑局部的细节。比如，在抽象出总体功能的基础上，考虑读者管理应该分解为读者信息的输入、查询、修改等，图书管理应该分解为图书信息的输入、查询、修改等，借还管理应该分解为借书处理、还书处理等。

4.2.3　模块的低耦合性和高内聚性

开发大型软件的实践表明，好的软件结构对软件质量的影响是相当大的。软件开发各阶段所花费的人力和时间分布如图 4.4 所示。

<table>
<tr><td rowspan="4">开发阶段</td><td>需求分析：30%</td></tr>
<tr><td>系统设计：15%</td></tr>
<tr><td>编程：　5%</td></tr>
<tr><td>测试：　50%</td></tr>
<tr><td>运行维护：</td><td>80%</td></tr>
</table>

图 4.4　软件开发各阶段所花费的人力和时间分布

由图 4.4 可知软件的维护和测试费用占到整个软件开发费用的 90%，所以提高可测试性、可维护性对软件成本降低起着决定性作用。测试和维护工作都是对软件的修改，因此提高可修改性是非常有必要的。修改一个模块必然会影响到其他模块，这种模块之间的关系如图 4.5 所示。

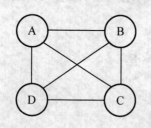

图 4.5　"水波效应"示意图

修改 A 模块会影响到 B、C、D，修改任一模块都会影响其他模块的情况，就叫"水波效应"。如何避免"水波效应"，从而提高整个系统的可修改性呢？答案是应设计出独立性高的模块结构。

独立性高的模块结构有以下好处。

(1) 系统可靠性高。系统中一个模块出现错误，该错误不会蔓延到其他模块，致使整个系统瘫痪。

(2) 系统可修改性好。修改其中任何一个模块，对其他模块都没有影响。

(3) 系统便于分工管理。独立性高，分工越容易。

模块独立性是通过两个定性指标来衡量的：模块耦合和模块内聚。

模块耦合是指两个模块间联系的紧密程度。模块内聚是指一个模块内各组成部分联系的紧密程度。设计出低耦合、高内聚的模块是概要设计的另一个重要原则。

1. 模块耦合

模块间耦合度由低到高可分为以下几类。

低 ————————————————————————————→ 高

　　数据耦合　　　标识耦合　　　控制耦合　　　公共耦合　　　内容耦合

(1) 数据耦合：它是指两个模块间是通过简单变量传递联系起来的，则它们之间的联系称为数据耦合，如图 4.6 所示数据耦合是耦合度最低的，是模块结构最应保持的耦合。

(2) 标识耦合：它是指两个模块间是通过结构变量(如记录名、数组名、文件名等)的传递联系起来的，则它们之间的联系称为标识耦合。

这种耦合的缺点是：由于无法控制对数据的访问，易导致对数据的非法访问等。

(3) 控制耦合：它是指两个模块间是通过控制信息的传递联系起来的，则它们之间的联系称为控制耦合。

如何判断模块间传递的是数据信息还是控制信息呢？关键是看该信息是否会控制被调用模块的执行逻辑。如果模块 A 调用模块 B，当 B 的返回标志只是表明 B 不能完成任务时，则传递的是数据；如果 B 的返回标志不仅表明不能完成任务，还要求 A 必须做一件事情(如打印出错信息)，则传递的就是控制信息。还有，控制信息通常是指 if…then(如果……则)之类的信息，如图 4.7 所示。

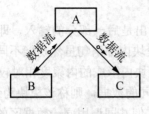

图 4.6 数据耦合

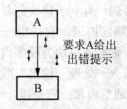

要求A给出
出错提示

图 4.7 控制耦合

控制耦合的缺点是两个模块之间不是独立的，被调用模块必须知道调用模块的内部结构和逻辑，降低了模块的独立性。

(4) 公共耦合：它是指两个模块都能够访问同一公共数据环境，则它们之间的联系称为公共耦合。

公共数据环境指全局数据结构、共享通信区、共享内存区、任何存储介质上的文件等。例如，两个模块可以访问同一个数据库并且读写同一条记录是比较常见的公共耦合。但是，如果两个模块对数据库的访问都是只读方式，则不是公共耦合。

公共耦合的缺点是难以理解，难以维护，难以复用，因无法控制数据的访问而易于导致计算机犯罪等。只有需要在模块间传递大量数据且不便于通过参数传递时，才使用公共耦合。

(5) 内容耦合：它是指两个模块中一个模块可以直接引用另一非调用模块的内容，则称它们之间的联系为内容耦合，如图 4.8 所示。

图 4.8 中，D 模块并不在 B 模块的调用范围内，但 B 模块在运行时需要用到 D 模块的数据，那么 B 和 D 之间就存在内容耦合。内容耦合有以下表现。

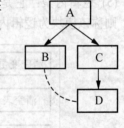

图 4.8 内容耦合

① 一个模块直接引用另一模块的内部数据。

② 两个模块有相同的程序段。

③ 一个模块直接进入另一模块内部，调用其中程序。

④ 一个模块有多个入口，即模块有多个功能。

内容耦合是耦合度最高的一种，应坚决消除内容耦合。

综上所述，在设计模块结构时，应尽量使用数据耦合，少用标识耦合和控制耦合，避免使用公共耦合，坚决消除内容耦合。

2. 模块内聚度

模块内聚度由高到低可分为以下几类。

高 ⟶ 低

　功能内聚　　顺序内聚　　通信内聚　　时间内聚　　逻辑内聚　　偶然内聚

(1) 功能内聚：它是指一个模块内部各组成部分只完成同一功能，则称该模块为功能内聚。功能内聚是内聚度最高的。

例如：借书处理、还书处理这两个模块都只完成单一功能，所以它们与其他模块之间耦合度最弱，有利于模块的复用，提高了开发效率。

(2) 顺序内聚：它是指一个模块内，前一部分的输出是后一部分的输入，即按顺序依次执行，则称该模块为顺序内聚。如图 4.9 所示，A 模块内部语句虽然功能不同，但是它们按"输入—处理—输出"顺序组织起来的，这样该模块内形成的内聚度相对较强。

(3) 通信内聚：它是指一个模块内，各部分引用共同的数据，则称该模块为通信内聚。如图 4.10 所示，打印模块内部语句虽然功能不同，但它们共同调用同一数据区的数据，这样形成的内聚度比顺序内聚要弱一些。

图 4.9　顺序内聚

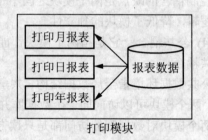

图 4.10　通信内聚

(4) 时间内聚：它是指一个模块内，各组成部分不是执行同一功能，但各部分必须同时执行，则称该模块为时间内聚。如图 4.11 所示，初始化模块内部语句虽然功能不同，但它们要求同一时间执行，这对其他许多模块都有影响，加大了和外部模块的耦合度。

(5) 逻辑内聚：它是指一个模块内，各组成部分不是完成同一功能，但各部分功能相似，则称该模块为逻辑内聚，如图 4.12 所示。

图 4.11　时间内聚

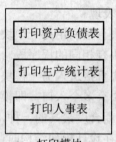

图 4.12　逻辑内聚

(6) 偶然内聚：它是指一个模块内，各组成部分完成各自不同功能，且功能完全不相关或关系很松散，则称该模块为偶然内聚。

偶然内聚一般是程序员在编程时，发现一组语句分别在多个子程序中出现，于是将这组语句单独组成一个模块，这样就产生了偶然内聚。它只起到节省存储空间的作用，但对模块独立性而言，是极为不利的。偶然内聚是内聚度最低的。

综上所述，在设计模块时，就尽量设计出功能内聚、顺序内聚、通信内聚模块，尽可能避免过程内聚、时间内聚、逻辑内聚，坚决消除偶然内聚。只有这样设计出的模块，结构独立性才能更强。

4.2.4　其他原则

除了按照模块化原则、自顶向下原则、高内聚低耦合原则划分模块外，还应按照下列原则才能确保软件开发成本最低而且结构最优。

(1) 遵循信息隐蔽原则。什么是"信息隐蔽"呢？著名软件工程学家 Parnas 定义为"模块中所包含的信息对不需要这些信息的其他模块是不可访问的"。具体做法是：先将可能发生变化的因素列出，划分模块时，尽量设法将可能改变的因素隐蔽在一个或几个局部模块内，而使其他模块与这些可变因素无关。这样可避免软件维护时错误的传递，使得可变因素的任何一个变化，仅影响与其相关模块，而不会影响其他模块，从而提高软件的可维护性。

(2) 模块大小适中。一般一个模块的程序行数，正好能容纳在一张打印纸内(50 行左右)。

(3) 上层模块分解为下层模块时，最多分解 7 个为宜。Miller 法则规定，人类认识问题最多一次只能准确认识到 7 个知识点，所以在模块划分时上层模块可以划分为 7 个左右的子模块，但不要超过 9 个。

(4) 模块的深度、宽度、扇入和扇出系统要适当。深度指软件模块结构中的层数；宽度指软件模块结构中同一层次的最多模块数量；扇入系数指该模块被多少模块调用；扇出系数指一个模块调用下层模块的数量。在图 4.2 中子模块 1 的扇入系数为 2，子系统 1 的扇出系数为 4。

深度过深或宽度过宽都说明上层模块分解得不合适，应重新分解。调整到扇出数量为 3～4 为宜，最多不要超过 7 个，扇入数量可以适当多一些。

4.3　软件结构图

4.3.1　软件结构图符号

软件结构图是描述软件系统层次结构的模型，它表达了应该用什么样的结构来实现用户的需求。在软件工程中，通常采用 20 世纪 70 年代中期美国 Yourdon 等提出的结构图 (Structure Chart，SC)。软件结构图符号见表 4-1。

表 4-1　软件结构图符号

符　号	名　称	作　用
模块名	模块	用于描述功能模块
→	调用线	用于描述模块之间调用关系
o→	数据流	用于描述模块之间数据传递关系
●→	控制流	用于描述模块之间控制信息传递关系
◇	选择判断调用	用于描述选择判断调用
↺	循环调用	用于描述循环调用

4.3.2 软件结构图绘制步骤

软件结构图的设计是以结构化分析产生的数据流图为基础，按一定的步骤映射成软件结构。要把数据流图(DFD)转换成软件结构，必须经过的步骤如下。

(1) 确定 DFD 类型：分为变换型和事务型。

(2) 依据 DFD 类型，映射出相应的软件结构图。如果是变换型，确定变换中心和逻辑输入、逻辑输出的界线，映射为变换结构的顶层和第一层；如果是事务型，确定事务中心和加工路径，映射为事务结构的顶层和第一层。然后分解上层模块，设计中下层模块结构。

(3) 根据前面讲到的概要设计原则对软件结构优化求精。

4.3.3 数据流图的类型

各种软件系统，不论 DFD 如何庞大与复杂，一般可分为变换型数据流图和事务型数据流图两类。

1. 变换型数据流图

变换型 DFD 是由输入、变换(或处理)和输出 3 部分组成的，如图 4.13 所示，虚线为标出的流界。

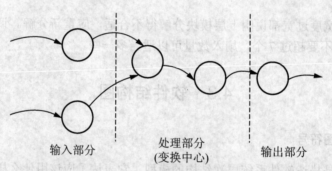

输入部分　　　处理部分　　　输出部分
　　　　　　　(变换中心)

图 4.13　变换型数据流程图

变换型数据处理的工作过程一般分为取得数据、变换数据和给出数据。这 3 步体现了变换型 DFD 的基本思想。变换是系统的主加工，变换输入的数据流为系统的逻辑输入，输出端为逻辑输出。而直接从外部设备输入的数据称为物理输入，反之称为物理输出。外部的输入数据一般要经过输入正确性和合理性检查、编辑及格式转换等预处理，这部分工作都由逻辑输入部分完成，它将外部形式的数据变成内部形式，送给主加工。同理，逻辑输出部分把主加工产生的数据的内部形式转换成外部形式然后物理输出。因此变换型的 DFD 是一个顺序结构。

2. 事务型的数据流图

若某个加工将它的输入流分离成许多发散的数据流，形成许多平行的加工路径，并根据输入的值选择其中一个路径来执行，这种特征的 DFD 称为事务型的数据流图，这个加工称为事务处理中心，如图 4.14 所示。

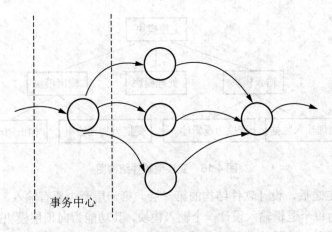

图 4.14　事务型数据流程图

一个大型的软件系统的 DFD，既具有变换型的特征，又具有事务型的特征，如事务型 DFD 中的某个加工路径可能是变换型。

4.3.4　变换分析设计

当 DFD 具有较明显的变换特征时，则按照下列步骤设计。

1. 确定 DFD 中的变换中心、逻辑输入和逻辑输出

如果设计人员经验丰富，则容易确定系统的变换中心，即主加工。如几股数据流的汇合处往往是系统的主加工。若不能立即确定，则要从物理输入端开始，沿着数据流方向向系统中心寻找，直到有这样的数据流：它不能再被看做是系统的输入，而它的前一个数据流就是系统的逻辑输入。同理，从物理输出端开始，逆着数据流方向向中间移动，可以确定系统的逻辑输出。介于逻辑输入和逻辑输出之间的加工就是变换中心，用虚线划分出流界，DFD 的 3 部分就确定了，如图 4.15 所示。

图 4.15　确定变换中心

2. 设计软件结构的顶层和第一层——变换结构

变换中心确定以后，就相当于决定了主控模块的位置，这就是软件结构的顶层，如图 4.16 所示。其功能是主要完成所有模块的控制，它的名称是系统名称，以体现完成整个系统的功能。

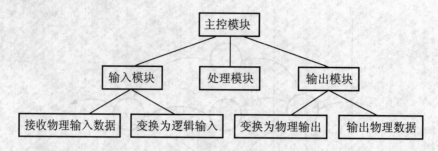

图 4.16 变换型软件结构图

主控模块确定之后，设计软件结构的第一层。第一层至少要有输入、输出和处理 3 种功能的模块，即为每个逻辑输入设计一个输入模块，其功能为向顶层模块提供相应的数据；为每个逻辑输出设计一个输出模块，其功能为输出顶层模块的信息；为变换中心设计一个处理模块，它的功能是将逻辑输入进行变换加工，然后逻辑输出。这些模块之间的数据传送应该与 DFD 相对应。

3. 设计中、下层模块

对第一层的输入、变换及输出模块自顶向下、逐层分解。

1) 输入模块的下属模块的设计

输入模块的功能是向它的调用模块提供数据，所以必须要有数据来源。这样输入模块就由接收数据和变换成调用模块所需的信息两部分组成。

因此，每个输入模块可以设计成两个下属模块：一个接收，一个变换。用类似的方法一直分解下去，直到物理输入端。

2) 输出模块的下属模块的设计

输出模块的功能是将它的调用模块产生的结果送出，它由将数据转换成下属模块所需的形式和发送数据两部分组成。

这样每个输出模块可以设计成两个下属模块：一个转换，一个发送，直到物理输出端。

3) 变换模块的下属模块的设计

根据 DFD 中变换中心的组成情况，按照模块独立性的原则来组织其结构，一般对 DFD 中每个基本加工建立一个功能模块。

软件结构的求精带有很大的经验性。往往形成 DFD 中的加工与 SC 中的模块之间是一对一的映射关系，然后再修改。但对于一个实际问题，可能把 DFD 中的两个甚至多个加工组成一个模块，也可能把 DFD 中的一个加工扩展为两个或更多个模块，根据具体情况要灵活掌握设计方法，以求设计出由高内聚和低耦合的模块所组成的、具有良好特性的软件结构。

4.3.5 事务分析设计

对于具有事务型特征的 DFD，则采用事务分析的设计方法。具体步骤如下。

(1) 确定 DFD 中的事务中心和加工路径，如图 4.17 所示。

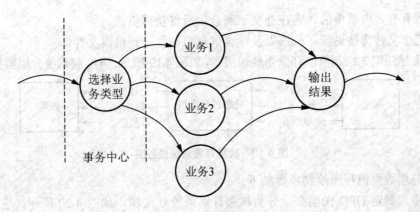

图 4.17　确定事务中心

当 DFD 中的某个加工明显地将一个输入数据流分解成多个发散的输出数据流时，该加工就是事务中心。从事务中心辐射出去的数据流为各个加工路径。

(2) 设计软件结构的顶层和第一层——事务结构，如图 4.18 所示。

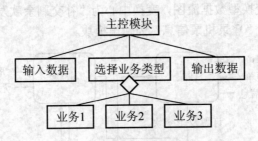

图 4.18　事务型软件结构图

① 输入、输出分支：负责接收或输出数据，它的设计与变换型 DFD 的输入、输出部分设计方法相同。

② 事务分支：通常包含一个调度模块，它控制管理所有的下层的事务处理模块。当事务类型不多时，调度模块可与主模块合并。

③ 事务结构中、下层模块：其设计、优化等工作同变换结构。

4.3.6　软件结构图绘制实例

通过下面某航空公司机票订票系统来学习软件结构图的绘制，某航空公司机票订票系统功能如下。

1) 顾客将订票单交给预订系统

(1) 如是不合法订票单，则输出无效订票信息。

(2) 对合法的订票以及预交款要登录到一个记账文件中。

(3) 系统有航班目录文件，根据填写的旅行时间和目的地为顾客安排航班。

(4) 在获得正确航班信息和确认已交了部分预付款时发出取票单，并记录到票单文件中。

2) 在指定日期内顾客用取票单换取机票

(1) 系统根据票单文件对取票单进行有效性检查，无效的输出对应无效的取票信息。

(2) 持有有效取票单的顾客在补交了剩余款后将获得机票。

(3) 记账文件将被更新，机票以及顾客信息将被登录到机票文件。

根据上述功能先绘制机票订票系统顶层图，如图 4.19 所示。再绘制系统分层数据流程图。

图 4.19 机票订票系统顶层图

系统分层数据流程图绘制步骤如下。

第一步：确定 DFD 图类型。分析机票订票系统 0 层图，如图 4.20 所示，它具有订票处理和取票处理功能，这两项工作不可能同时处理，应视为平行工作，因此从整体上应分析为事务型数据流程图。机票订票系统 1 层图——订票处理过程如图 4.21 所示，由输入、处理、输出 3 部分组成，所以应为变换型数据流图，变换中心为"安排航班"加工，"检验订票单"和"登录记账文件"为输入模块，"打印取票单"为输出模块；取票处理过程如图 4.22 所示，也为变换型数据流图，变换中心为"补交剩余款发放机票"模块，"检验取票单"为输入模块，"登录机票信息"为输出模块。

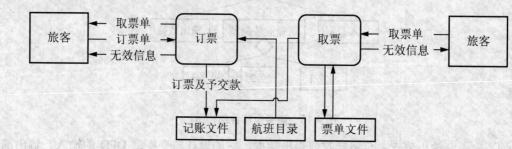

图 4.20 机票订票系统 0 层图

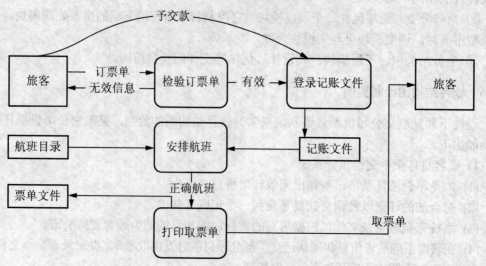

图 4.21 机票订票系统 1 层图——订票处理

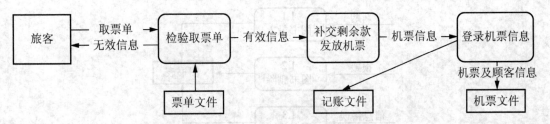

图 4.22　机票订票系统 1 层图——取票处理

第二步：依据 DFD 类型，映射出相应的软件结构图，如图 4.23 所示。

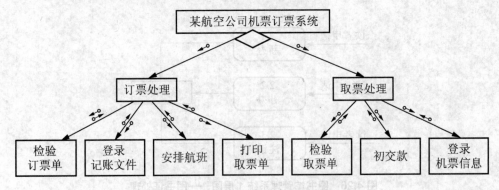

图 4.23　机票订票系统软件结构图

4.4　案例：图书管理系统的概要设计

4.4.1　图书管理系统的结构设计

1. 图书馆管理系统处理流程

根据对业务的调查和分析，图书馆管理系统应采用的数据流程如图 4.24～4.28 所示。

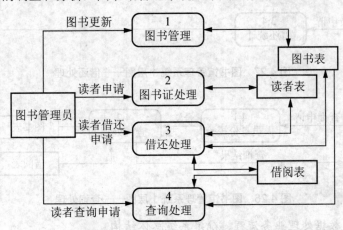

图 4.24　图书馆管理系统 0 层图

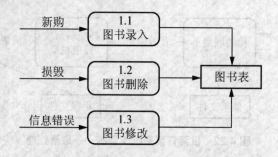

图 4.25 图书馆管理系统 1 层图——图书管理

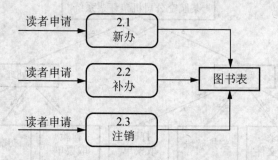

图 4.26 图书馆管理系统 1 层图——图书证处理

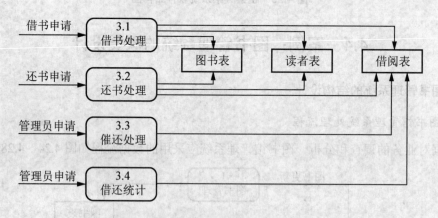

图 4.27 图书馆管理系统 1 层图——借还处理

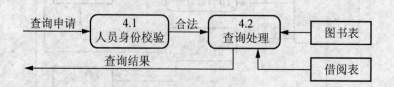

图 4.28 图书馆管理系统 1 层图——查询处理

2. 通过用户数据处理业务流程，确定系统总体结构

图书馆管理系统总体结构如图 4.29 所示。

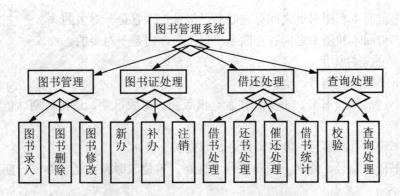

图 4.29　图书馆管理系统总体结构图

4.4.2　图书管理系统的接口设计

1. 外部接口

根据系统功能结构图和模块分析，提供用户操作软件的输入输出界面如下。

(1) 系统总控界面。

(2) 系统管理界面。

(3) 图书管理界面。

(4) 图书证办理界面。

(5) 图书借阅管理界面。

2. 内部接口

各个系统元素之间的接口的安排如下。

(1) 系统管理模块为图书管理系统提供操作员和系统参数等基础数据。必须先设置操作员后才能使用其他模块。

(2) 图书管理模块为图书统计模块和图书查询模块提供基础数据。必须先有图书数据后，才能使用统计模块和查询模块。

(3) 图书管理模块和借书证办理模块为图书借阅模块提供基础数据。必须先有图书和读者后，才能使用借阅模块。

(4) 在借阅模块中可以使用查询模块查询读者和图书的信息。

(5) 在图书证中可以使用查询模块查询读者的借阅信息。

4.4.3　图书管理系统的数据结构设计

1. 逻辑结构设计

经过对图书馆的调查分析，本系统中的实体类型有：图书类别、图书、借书证、借阅登记本、图书管理员。这些实体之间的相互联系有以下几种。

(1) 图书书类和图书之间存在联系"拥有"，它是一对多的。

(2) 图书管理员和图书证之间存在联系"办理"，它是一对多的。

（3）图书借阅本和图书证之间存在联系"记录"，它是一对多的。

（4）图书借阅本和图书之间存在联系"记录"，它是一对多的。

每个实体的属性如下。

（1）图书书类：类别号、类别名。

（2）图书：书号、书名、书类、作者、出版社、出版日期、进馆日期、单价、存放位置、图书状态。

（3）图书管理员：编号、姓名、口令、职位。

（4）图书证：编号、姓名、身份证号、性别、单位、联系电话、办证日期、办理人、押金、有效否。

（5）借阅记录本：借书证号、书号、借阅日期、归还日期、催还日期、联系电话、办证日期、赔偿金额。

2. 物理结构设计

本设计系统采用的 DBMS 为 SQL Server 2000，数据库命名为"book"。该数据库是由若干个二维表组成的，其表名的中英文对照见表 4-2。

由于图书馆要存储内容的差异性，这里列举了一些必要的物理表，至于表的数据结构，这里不再赘述。

表 4-2　表名的中英文对照

编　号	表　名　称	说　明
1	Book	图书表
2	Borrow	图书借阅信息表
3	Login	登录表
4	Punishment	罚款信息表
5	user	读者信息表

4.4.4　图书管理系统的出错处理设计

要求本系统在出现故障时尽可能给出较为明确的出错提示及解决办法，本系统应有必要的错误保护机制。

应编写全局通用出错处理界面，提示错误的信息、解决方法。在各个模块的操作事件中书写必要的提示信息，提示用户系统处理的步骤、出错的位置。

对于保存数据时出错，提示用户查询记录，并在程序中用数据库日志处理函数，恢复数据到保存前状态。

本 章 小 结

在软件生命周期中，软件设计分为概要设计和详细设计。概要设计的任务是解决系统总体结构上如何实现用户需求，并将需求分析建立的描述功能的逻辑模型转化为基于计算机系统说明的物理模型，同时还要设计数据库以及人机接口等。

概要设计还要求遵守相应的设计原则，如模块化、信息隐蔽、抽象、高内聚低耦合等。设计出的结构还应该按照优化准则优化，如扇入、扇出、深度、宽度、大小要适中等。

概要设计使用的方法为结构化设计方法，中心思想是"自顶向下、逐层分解"。使用的描述物理模型的工具是软件结构图，产生的文档是概要设计说明书。

对于实际项目中，主要应用 Power Designer、Erwin 等工具软件来对数据库建模。除此之外，还可以用 Microsoft Office Visio、亿图等工具来绘制软件结构图。

习　题

一、选择题

1. 结构化软件设计是(　　)。
   A. 面向数据结构的　　　　　　　　B. 面向数据库的
   C. 面向数据流的　　　　　　　　　D. 面向对象设计的

2. 以下软件生存周期的活动中，要进行软件结构设计的是(　　)。
   A. 测试用例设计　　　　　　　　　B. 概要设计
   C. 程序设计　　　　　　　　　　　D. 详细设计

3. 在软件设计中，为解决一个大而复杂的问题，把软件系统划分成一个个完成某一特定的子功能的方法称为(　　)。
   A. 细化　　　　　　B. 结构化　　　　　　C. 模块化　　　　　　D. 抽象化

4. 结构化方法在建立软件系统的结构模块时按照以下(　　)方法进行。
   A. 由底向上　　　　B. 自顶向下　　　　　C. 随机　　　　　　　D. 回归

5. 信息隐蔽概念与(　　)这一概念直接相关。
   A. 模块的独立性　　　　　　　　　B. 模块类型的划分
   C. 软件结构定义　　　　　　　　　D. 软件生命周期

6. 为高质量地开发软件项目，在软件结构设计时，必须遵循(　　)原则。
   A. 信息隐蔽　　　　B. 质量控制　　　　　C. 程序优化　　　　　D. 数据共享

7. 以下几种模块内聚类型中，内聚性最低的是(　　)。
   A. 时间内聚　　　　B. 逻辑内聚　　　　　C. 顺序内聚　　　　　D. 功能内聚

8. 模块中所有成分结合起来完成一项任务，该模块的内聚性是(　　)。
   A. 功能内聚　　　　B. 顺序内聚　　　　　C. 通信内聚　　　　　D. 逻辑内聚

9. 以下(　　)项对模块耦合性没有影响。
   A. 模块间接口的复杂程度　　　　　B. 调用模块的方式
   C. 通过接口的信息　　　　　　　　D. 模块内部各个元素彼此之间的紧密结合程度

10. 数据库的设计一般要进行 3 个方面的设计：概念设计、逻辑设计和物理设计，其中逻辑设计对应于系统开发的( )部分。

    A. 可行性分析   B. 需求分析   C. 概要设计   D. 详细设计

11. 模块的内聚性可以按照内聚程度的高低进行排序，以下排列中属于从低到高的正确次序是( )。

    A. 偶然内聚，时间内聚，逻辑内聚   B. 通信内聚，时间内聚，逻辑内聚

    C. 逻辑内聚，通信内聚，顺序内聚   D. 功能内聚，通信内聚，时间内聚

12. 在建立软件系统的模块结构时，评价系统模块划分质量的根据为( )。

    A. 数据独立性   B. 程序独立性   C. 模块独立性   D. 设备独立性

13. 两个模块之间传递的是同一个数据结构的地址，这种耦合方式称为( )。

    A. 控制耦合   B. 公共耦合   C. 标记耦合   D. 数据耦合

14. 详细设计与概要设计衔接的图形工具是( )。

    A. DFD   B. 程序图   C. PAD   D. SC 图

二、填空题

1. _____的设计是概要设计关键的一步，直接影响到下一阶段详细设计与编码的工作。

2. 结构化设计以_____为基础，按一定的步骤映射成软件结构。

3. 软件结构图的宽度是指一层中_____的模块个数。

4. 如果一个模块可调用 n 个模块，其中直接的下属模块的个数是 m 个($m \leqslant n$)，那么该模块的扇出数是_____个。

5. 在软件结构的设计中，各个模块之间要力求降低耦合性，提高_____。

6. 一个模块通过传递开关、标志对某一模块的多种功能进行选择，则这两个模块之间的耦合方式是_____。

三、简答题

1. 软件概要设计阶段的基本任务是什么？

2. 什么是模块化？软件结构设计的优化准则是什么？

3. 模块间的耦合性有哪几种？它们各表示什么含义？

4. 模块的内聚性有哪几种？它们各表示什么含义？

5. 试述"变换分析"、"事务分析"的设计步骤。

四、操作题

某个银行的存取款业务处理系统有以下功能。

储户将填好的存/取款单和存折交给银行工作人员，银行工作人员将存／取款单输入系统，系统要求进行以下处理。

(1) 业务分类处理：系统审查存/取款单，不合格则退回；合格则确定本次业务的性质(存

款或取款)。

(2) 存款处理：系统将存款单上的存款金额分别记录在存折和账目文件中；记录现金账；打印存款通知单给储户；最后将存折还给储户。

(3) 取款处理：系统将取款单上的取款金额分别记录在账目文件和存折中；修改现金账；打印取款通知单给储户；最后将现金和存折交给储户。

试根据要求画出该系统的分层数据流图，并将其转换为软件结构图。

第 **5** 章 详 细 设 计

教学目标

了解软件详细设计阶段的内容、方法和过程，初步具备根据需求分析和概要设计文档进行详细设计的能力，并能编写软件详细设计说明书。

教学要求

知 识 要 点	能 力 要 求	关 联 知 识
详细设计原则	理解详细设计原则	结构化设计相关技术
详细设计内容	掌握详细设计内容及相关技术	编码规范化、数据库设计、人工界面、网络工程、
程序流程图设计	掌握表达算法的相关技术	N-S 图、PAD 图、PDL 描述语言

引例

2001 年 7 月 13 日是中国人应该永远记住的日子。这一天，在莫斯科举行的国际奥委会第 112 次全会上，北京获得 2008 年奥运会主办权，令华夏儿女无不欢心鼓舞。2003 年 8 月 3 日，北京 2008 年奥运会会徽在北京天坛公园揭开面纱。从申奥成功至 2003 年 8 月，北京奥运会的筹备工作在两年间卓有成效。北京奥运的申办成功，归功于组委会制定了详细的申办计划。而软件的成功，也取决于有良好的详细设计。

这一章讲解详细设计的任务、内容及工具技术。

5.1　详细设计的目标和原则

详细设计又叫过程设计，是编码的前一个阶段，是在概要设计的基础上，将已划分好的功能模块进一步细化，细化到便于每一步的编程实现。这个阶段产生的设计文档的质量直接影响到编码的质量。为了提高文档的质量和可读性，下面先对详细实际的目标和原则进行说明，只有明确了该阶段的任务，才能保证该阶段能够保质保量地完成。

5.1.1　详细设计的任务和目标

1. 详细设计的任务

详细设计的主要任务是设计出程序的"蓝图"，供程序员日后根据这个蓝图编写出实际的程序代码。包括以下设计的内容。

1) 算法设计

用某种图形、表格、语言等工具将每个模块处理过程的详细算法描述出来。

2) 数据结构设计

对于需求分析、概要设计确定的概念性的数据类型进行确切的定义。

3) 物理设计

对数据库进行物理设计，即确定数据库的物理结构。

物理结构主要指数据库的存储记录格式、存储记录安排和存储方法，这些都依赖于具体所使用的数据库系统。

4) 其他设计

根据软件系统的类型，还可能要进行以下设计。

(1) 代码设计：为了提高数据的输入、分类、存储及检索等操作的效率，以及节约内存空间，对数据库中的某些数据项的值要进行代码设计。

(2) 输入输出格式设计：按照用户要求简化输入，提高输出数据的质量。

(3) 人机对话设计：对于一个实时系统，用户与计算机频繁对话，因此要进行对话方式、内容及格式的具体设计。

5) 编写测试用例

要为每一个模块设计出一组测试用例，以便在编码阶段对模块代码(即程序)进行预定的测试。模块的测试用例是软件测试计划的重要组成部分，通常应包括输入数据、期望输出等内容。

6) 编写详细设计文档

在详细设计结束时，应该把上述结果写入详细设计说明书，并且通过复审形成正式文档，作为交付给下一阶段(编码阶段)的工作依据。主要包括细化的系统结构图及逐个模块的描述，如功能、接口、数据组织、控制逻辑等。

7) 评审

对文档及处理过程的算法和数据库的物理结构都要评审。

2. 详细设计的目标

详细设计阶段的根本目标是确定怎样具体地实现所要求的系统，也就是说，经过这个阶段的设计工作，应该得出对目标系统的精确描述，从而在编码阶段可以把这个描述直接翻译成用某种程序设计语言书写的程序。

5.1.2 详细设计的原则

 引例

父子俩住在山上，每天都要赶牛车下山卖柴。老父较有经验，坐镇驾车，山路崎岖、弯道特多，儿子眼神较好，总是在要转弯时提醒道："爹，转弯啦!"

有一次父亲因病没有下山，儿子一人驾车。到了弯道，牛怎么也不肯转弯，儿子用尽各种方法，下车又推又拉，用青草诱之，牛一动不动。

到底是怎么回事?儿子百思不得其解。最后只有一个办法了，他左右看看无人，贴近牛的耳朵大声叫道："爹，转弯啦!"

牛应声而动。

牛用条件反射的方式活着，而人则以习惯生活。一个成功的人晓得如何培养出好的习惯来，当好的习惯积累多了，自然会有一个好的人生。详细设计的过程，每个公司每个设计人员根据自己已有的习惯来进行，所以有必要从学习详细设计开始就遵循良好的设计原则。

下面给出设计人员须遵守的一些习惯、原则。

(1) 模块的逻辑描述要清晰易读、正确可靠。

(2) 选择恰当描述工具来描述各模块算法。

(3) 采用结构化设计方法，改善控制结构，降低程序的复杂程度，从而提高程序的可读性、可测试性、可维护性。其基本内容归纳如下。

① 程序语言中应尽量少用 GOTO 语句或带标号的跳转语句，以确保程序结构的独立性。

② 使用单入口单出口的控制结构，确保程序的静态结构与动态执行情况相一致。保证程序易理解。

③ 程序的控制结构一般采用顺序、选择、循环 3 种结构来构成，确保结构简单。

④ 用"自顶向下、逐步求精"方法完成程序设计。结构化程序设计的缺点是存储容量和运行时间增加 10%~20%，但可读性和可维护性好。

5.2 详细设计的内容

概要设计方案是结构化系统分析得到的逻辑模型到结构化系统设计的详细设计中所得到的具体的物理模型中间的一个桥梁。

在详细设计中，应完成系统平台的具体软硬件设备的详细结构和具体选型，并在此基础上，具体地完成模块的流程设计、数据结构具体实现的构架设计及其所使用的代码系统设计，得到可以直接安装、建库、编程、调试直至运行的物理模型。详细设计的主要包括以下内容：代码设计、数据库设计、界面设计和网络结构设计。

5.2.1 代码设计原则

代码是按照一定的规律，用字母、数字和其他符号的序列来代替被处理的对象。严格地讲，代码设计应该从编制数据字典开始。详细设计阶段，在进行数据库设计和输入输出设计之前，必须设计出适合新系统要求的代码体系。代码设计的结果应形成编码文件，作为详细设计与编程的标准。代码设计中应遵循下列几个主要的原则。

(1) 唯一确定性：每一个代码都只代表唯一的实体或属性。

(2) 标准化与通用性：国内外有关编码标准是代码设计的重要依据。另外，系统内部使用的同一种代码应做到统一，代码的使用范围越大越好。

(3) 简单性：代码必须简单明了，短小精悍。但必须以有利于对数据统计、汇总、分析等操作为宜。

(4) 稳定性和可扩展性：一般考虑 3～5 年的使用期限。同时也要考虑系统的发展和变化，当增加新的实体或属性时，直接利用原代码加以扩展。

(5) 容易修改：当某个代码在条件、特点或所代表的实体关系改变时，要容易修改，也要方便系统的初始化。

(6) 易用性：便于记忆和使用。例如，会计科目(一级科目)的代码国家已统一规定，明细科目(二级、三级科目等)的编码位数及方法，则要根据业务处理要求、核算方法、报表需要、管理要求以及计算机处理特点和会计人员的记忆等因素全盘考虑，从而满足新系统的要求。如果代码含有逻辑意义，则有利于记忆。

以上原则要灵活运用，统筹兼顾，权衡利弊，仔细推敲，并逐步优化。切忌脱离实际，草率行事和随意改变。

5.2.2 数据库设计

数据库设计是应用软件的重中之重，所以必须遵循设计原则。

事务处理是计算机应用的主要领域。各种信息系统，如管理信息系统(MIS)、决策支持系统(DSS)、办公室自动化系统(OAS)以及计算机集成生产系统等的发展，使数据库成为数据的核心存储形式。设计一个在整体性、完整性和共享性方面性能良好的数据库，是这些应用系统取得成功的必要条件。

数据库设计是指对特定的应用环境，提供一个反映最优数据模型与处理模式的逻辑设计，以及一个反映合理存储结构与存取方法的物理设计，使得用某个 DBMS 建立起能反映客观信息及其联系、满足用户要求的数据库。

数据库设计有两种方法。一种是以处理需求为主，兼顾信息需求，称为面向过程的方法；另一种是以信息需求为主，兼顾处理需求，称为面向数据的方法。前者在过去使用较多，后者在现在使用较多。原因是近年大型系统的特点是数据结构复杂而处理流程相对简单。本节的设计主导思想采用的方法是后者。

1. 数据库设计问题

1) 基本问题

为应用领域给出优化的数据库逻辑结构和物理结构，使之满足用户的信息管理要求和数据操作要求，支持应用系统的开发和运行。

2) 设计目标

为用户和应用系统提供高效率的运行环境。效率是指数据库的存取效率和存储空间的利用率。

3) 约束条件

约束条件包括计算机软硬件环境、数据库管理系统的能力、用户操作要求和信息要求、完整性和安全性约束。

2. 数据库的生命周期

数据库的生命周期模型是观察数据库演变过程的重要工具。数据库的生命周期各阶段的工作如图 5.1 所示。

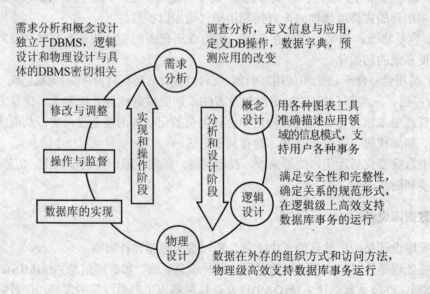

图 5.1　数据库的生命周期模型

3. 数据库的设计过程

数据库的设计过程如图 5.2 所示。设计的前两阶段，即需求分析和概念设计，可以独立于 DBMS。后两阶段，即逻辑设计和物理设计，与具体的 DBMS 密切相关。

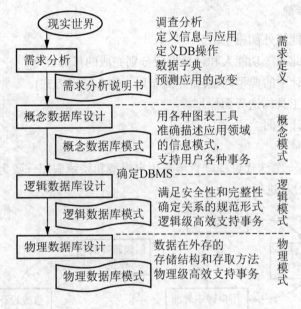

图 5.2　数据库设计过程

5.2.3　界面设计

人类是贪恋美的，美丽的事物常常会让人无法抗拒。这就是产品出色的外观设计对于电脑、汽车、日用品、家具、食品、服装等几乎所有商品的销售与推广都有着举足轻重的作用的原因。

可以想象一下，在挑选手机的时候，如果有两款手机，性能相同，而第一款比第二款要美观很多，那么您将选择哪一款呢？当然是美观的那一款了。

同样的道理，对于软件公司来说，软件产品就是他们的商品，而软件界面就是他们产品的外观，界面的美观与否，直接关系到了软件产品的营销成败。

用户界面就如同人的外表，最容易让人一见钟情或一见恶心。像人类追求心灵美和外表美那样，软件系统也追求(内在的)功能强大和(外表的)界面友好。界面对于开发人员而言，仅仅是部分，甚至被认为是皮毛之类的无关痛痒的部分，但对最终用户来讲，用户界面就代表了系统本身。随着生活节奏的加快，人们已经很少有时间去品味深藏不露的内在美。UNIX 系统这个健壮的汉子毕竟比不了界面友好的 Windows，任其占据操作系统的半壁江山。

美的界面能消除用户由感觉引起的乏味、紧张和疲劳，大大提高人们的工作效率。程序员容易犯错位的错误，认为自己设计的界面大家一定喜欢，应该避免这种本位思想，站在用户的角度考虑问题。

界面的设计经历了两个界限分明的时代。第一代是以文本为基础的简单交互，考虑人的因素太少，用户操作复杂，记忆工作量大，用户使用兴趣不高。第二代大量使用图形、语音、鼠标等交互媒介，充分考虑到软件的易用性和人们对美的需求。所以，目前大多数软件采用图形界面设计技术。

1. 界面设计的步骤

(1) 创建系统功能的外部模型。

(2) 确定为完成此系统功能人和计算机应分别完成的任务。

(3) 考虑界面设计中的典型问题(如界面布局、输入输出方式)。

(4) 借助 CASE 工具构造界面原型。

(5) 真正实现设计界面。

(6) 评估界面质量。

用户界面设计是一个迭代过程，直至与用户模型和系统假想一致为止。可以参照如图5.3 所示的界面设计过程进行。

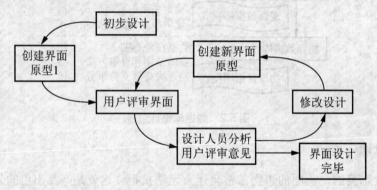

图 5.3　界面设计过程

2. 界面设计的典型问题

设计人机界面，必须考虑 4 个方面：系统的响应时间、用户求助机制、错误信息处理、命令方式。

1) 系统的响应时间

系统响应时间指当用户执行了某个控制动作后(如点击鼠标等)，系统做出反应的时间(指输出信息或执行对应的动作)。

系统响应时间过长、不同命令在响应时间上的差别过于悬殊，用户将难以接受。

2) 用户求助机制

用户都希望得到联机帮助。联机求助系统有两类：集成式和叠加式。

集成式求助一般都与软件设计同时考虑，上下文敏感，整个求助过程快捷而友好；叠加式求助一般是在软件完成后附上一个受限的联机用户手册。

此外，还要考虑诸如帮助范围(仅考虑部分还是全部功能)、用户求助的途径、帮助信息的显示、用户如何返回正常交互工作及帮助信息本身如何组织等一系列问题。

3) 错误信息处理

出错信息应选用用户明白、含义准确的术语描述，同时还应尽可能提供一些有关错误恢复的建议。此外，显示出错信息时，若辅以听觉(如铃声)、视觉(专用颜色)刺激，则效果更佳。

4) 命令方式

键盘命令曾经一度是用户与软件系统之间最通用的交互方式，随着面向窗口的点选界面的出现，键盘命令虽不再是唯一的交互形式，但许多有经验的熟练的软件人员仍喜爱这一方式，更多的情形是菜单与键盘命令并存，供用户自由选用。

3. 界面设计的原则

1) 一般交互性

(1) 在同一用户界面中，所有的菜单选择、命令输入、数据显示和其他功能应始终保持同一种形式和风格。

(2) 通过向用户提供视觉和听觉上的反馈，保持用户与界面间的双向通信。

(3) 对所有可能造成损害的动作，坚持要求用户确认，例如，提问"你确实要删除……？"。

(4) 对大多数动作应允许恢复(UNDO)。

(5) 尽量减少用户记忆的信息量。

(6) 最大可能地减少击键次数，缩短鼠标移动的距离，避免使用户产生无所适从的感觉。

(7) 用户出错时采取宽容的态度。

(8) 按功能分类组织界面上的活动。

(9) 提供上下文敏感的求助系统。

(10) 用简短的动词和动词短语作为提示命令。

2) 信息显示

(1) 仅显示与当前上下文有关的信息。

(2) 采用简单明了的表达方式，避免用户置身于大量的数据中。

(3) 采用统一的标号、约定俗成的缩写和预先定义好的颜色。

(4) 允许用户对可视环境进行维护，如放大、缩小图像。

(5) 只显示有意义的出错信息。

(6) 用大小写、缩进和分组等方法提高可理解性。

(7) 用窗口(在适合的情况下)分隔不同种类的信息。

(8) 用"类比"手法，生动形象地表示信息。

(9) 合理划分并高效使用显示屏。

3) 数据输入

(1) 尽量减少用户输入的动作。

(2) 保证信息显示方式与数据输入方式的协调一致。

(3) 允许用户定做输入格式。

(4) 采用灵活多样的交互方式，允许用户自选输入方式。

(5) 隐藏当前状态下不可选用的命令。

(6) 允许用户控制交互过程。

(7) 为所有输入动作提供帮助信息。

(8) 去除所有无实际意义的输入，尽量采用默认值。

5.2.4　网络结构设计

计算机网络系统的设计主要包括中小型主机方案与微机网络方案的选取，网络拓扑结构、互连结构及通信介质的选型，网络计算模式、网络操作系统及网络协议等的选择。

网络计算模式原来一般采用客户机/服务器(C/S)模式，但随着 Internet 技术的发展和广泛应用，MIS 的网络计算模式开始更多地采用浏览器/Web 服务器/数据库服务器(B/W/D)模式。

1. 系统环境的配置

(1) 确定系统的网络结构体系(网络设计)。

(2) 网络拓扑结构、传输介质、组网方式、网络设备、网络协议、网络操作系统等。

(3) 硬件的配置。对 C/S、B/S 服务器和工作站的机型、性能指标、数量、涉及的机构(或部门)、外围设备的配置。

(4) 软件的选择(系统软件和工具软件)。对 C/S、B/S 服务器和工作站上的软件选择，对操作系统，网络管理软件、数据库系统，开发平台与工具，中间件的选择。

2. 系统的平台设计结果

应提交如下材料。

(1) 硬件网络结构图。

(2) 服务器：硬件、软件选型。

(3) 工作站：硬件、软件选型。

(4) 硬件配置清单等表格。

3. 公司网络系统设计案例

A 公司是服务于客户与航空公司、轮船公司之间的国内货运代理公司，其服务的内容是为客户代办托运、报关手续。建立 A 公司管理信息系统的目的是缩短货运周期、提高服务质量和增强竞争力量。

1) 网络建设需求

(1) 提供信息通道。A 公司网络信息系统连接该公司在全国的 30 个城市的分公司和办事处，要求提供通信通畅、无断点、无瓶颈的信息通道。

(2) 提供 Internet 信息服务。在总公司/北京分公司设一主出口，与互联网联网。在 Internet 上，建立公司的 WWW 主页，提供 E-mail、Telnet、FTP、WWW 等信息服务功能。

(3) 提供智能化电子邮件功能。能使网上用户通过电子邮件相互访问，并能够通过总部的 Internet 电子邮件网关与国外进行电子邮件通信。

(4) 提供全局命名服务功能。全网统一的命名服务系统可方便网络管理与使用。

(5) 提供信息安全功能。在企业网范围内提供信息的安全保密功能，不仅能控制用户对网络和文件访问，还能对网上的所有资源提供保护，对非法入侵者进行防范和跟踪。

2) 网络系统设计

系统设计的出发点是为用户提供一个既切合实际又具有扩展升级能力的方案，使用户能够获得最大的经济效益。在设计中遵循了以下原则。

(1) 切实可行：符合当今通信技术的发展现状，能够利用所有成熟的通信手段灵活地构造网络系统。

(2) 开放性：遵循主流的接口规范和协议标准，不基于特定机型、操作系统或厂家的体系结构，从而保证将来系统扩展与升级以及与其他系统互联的方便可行，避免"今天的投资成为明天的浪费"。

(3) 整体优化：不片面追求单机、子系统的高性能，而是以保证子系统有较高的整体性能为目的，整个系统在用户界面上应是一个透明的完整体。

(4) 技术先进：所选的技术与设备应是成熟的、先进实用的、稳定可靠的。

(5) 设计周密：操作系统及网络结构应充分考虑到将来联网的要求。

5.3　程序流程图设计

在详细设计阶段，要决定各个模块的实现算法，并精确地表达这些算法。模块的算法就是模块为完成其功能所需要的处理步骤。表达过程规格说明的工具叫做详细设计工具，目前常用的描述方式一般有 3 类，即图形描述、语言描述和表格描述。图形描述包括程序流程图、盒图、问题分析图等；语言描述，即用某种高级语言(称之为伪码)来描述过程的细节；表格描述包括判定表等。由于程序流程图在编程语言里面已有介绍，下面主要介绍其他常用的 3 种方法：N-S 图、PAD 图及 PDL 描述语言。

5.3.1　N-S 图

N-S 图由 Nassi 和 Shneiderman 提出，又称为盒图。5 种基本控制结构由 5 种图形构件表示。

图 5.4 列出了 N-S 的基本符号，图 5.4(a)、图 5.4(b)、图 5.4(d)分别对应结构化程序的 3 种经典程序结构：顺序结构、选择结构和循环结构，图 5.4(c)是分支结构。图 5.4(e)是嵌套结构，椭圆 A 表示子程序或函数，它被方框描述的程序体所调用。

1. N-S 图的特点

(1) 图形清晰、准确。

(2) 没有箭头，控制转移不能任意规定，必须遵守结构化程序设计原则。

(3) 很容易确定局部数据和全局数据的作用域。

(4) 容易表现嵌套关系和模块的层次结构。

2. N-S 图的基本符号

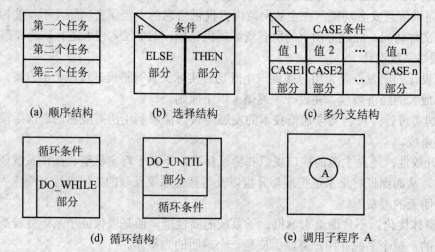

(a) 顺序结构　　　　(b) 选择结构　　　　(c) 多分支结构

(d) 循环结构　　　　　　(e) 调用子程序 A

图 5.4　N-S 图的基本符号

3. N-S 图应用举例

【例 5.1】 有 3 个整数 A、B、C，求其中的最大数，并把它赋值给 Z。

算法分析：定义 4 个变量 A、B、C、Z，先把 B 和 A 比较，取大数赋给 Z，然后把 Z 和 C 比较，取大数赋给 Z，最后输出 Z 的值就可以了。为了说明 N-S 图，将大家比较熟悉的程序流程图也一并画出，其中图 5.5 为求 3 个数中最大数的程序流程图，图 5.6 为求 3 个数中最大数的 N-S 图。

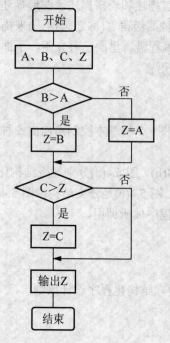

图 5.5　求最大数的程序流程图

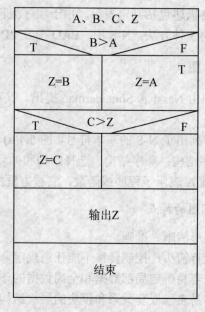

图 5.6　求最大数的 N-S 图

5.3.2　PAD 图

PAD 是 Problem analysis diagram 的英文缩写，它是日本日立公司提出的。它是用结构化程序设计思想表现程序逻辑结构的图形工具。

1. PAD 图的基本符号

PAD 图也设置了 5 种基本控制结构的图示，并允许递归使用。

(1) 顺序结构。按顺序先执行 A，再执行 B。如图 5.7 所示，用方框表示处理。

(2) 选择结构。图 5.8 给出了判断条件为 C 的选择型结构。当 C 为真值时执行上面的 A 框，C 取假值时执行下面的 B 框中的内容。如果这种选择型结构只有 A 框，没有 B 框，表示该选择结构中只有 THEN 后面有可执行语句 A，没有 ELSE 部分。

(3) 多分支选择结构。图 5.9 中条件对应多个取值。当条件 C_1 值为 1 时执行上面的 P_1 框中的内容，当条件 C_2 值为 2 时执行下面的 P_2 框中的内容，当条件为值 n 时执行 P_n 框中的内容。

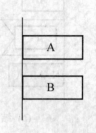

图 5.7　顺序结构

(4) 循环结构。有两种形式，一是图 5.10 中的 WHILE(当型)，当条件 C 为真值时执行循环 P，否则，什么都不做；另外一种是图 5.11 中的 UNTIL(直到型)，当条件 C 为真值时退出循环 P，否则，执行循环 P。这两种循环结构的区别是 WHILE 在条件不满足时，循环一次都不执行，而 UNTIL 不论条件取何值，至少执行一次循环 P。

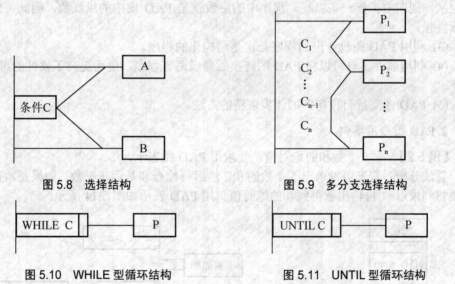

图 5.8　选择结构　　　　　　　　　图 5.9　多分支选择结构

图 5.10　WHILE 型循环结构　　　　　图 5.11　UNTIL 型循环结构

(5) PAD 图的扩充结构。为了反映增量型循环结构，在 PAD 图中增加了对用于表示 FOR 循环结构的 PAD 图例。例如下面的 FOR 循环语句。

```
FOR i := n1 to n2 step n3 do
```

该语句的循环控制结构如图 5.12 所示。其中，n_1 是循环初值，n_2 是循环终值，n_3 是循环增量，S 是循环体。

（6）PAD 图的扩充结构。为了程序的层次关系，下面介绍 PAD 图的另外一种扩充形式。PAD 所描述程序的层次关系表现在纵线上。每条纵线表示一个层次，具体表示如图 5.13(a)所示。把 PAD 图从左到右展开，随着程序层次的增加，PAD 逐渐向右展开，有可能会超过一页纸，这时，对 PAD 增加了一种扩充形式，具体表示如图 5.13(b)所示，将左侧图形有些类似数据流图中父图和子图的概念。

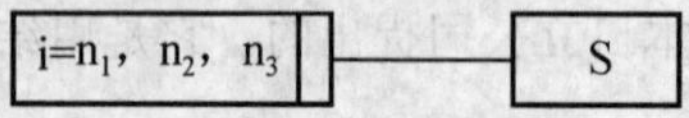

$i=n_1, n_2, n_3$ —— S

图 5.12 增量型循环结构

中的 NAME 处理，用右图来表示，

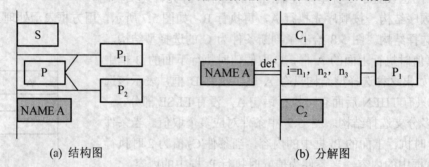

(a) 结构图   (b) 分解图

图 5.13 PAD 层次结构图和分解示例图

2. PAD 图的特点

（1）PAD 图的结构化程度高。

（2）PAD 图中的第一条纵线是程序的主干线，即程序的第一层结构。其后，每增加一个层次，则向右扩展一条纵线。程序中的层数就是 PAD 图中的纵线数。因此，PAD 图的可读性强。

（3）利用 PAD 图设计出的程序必定是结构化的程序。

（4）利用软件工具可以将 PAD 图转换成高级语言程序，进而提高了软件的可靠性和生产率。

（5）PAD 图支持自顶向下的逐步求精的方法。

3. PAD 图应用举例

【例 5.2】求 5 个数和的绝对值，要求用 PAD 图表示。

算法分析：首先可以求出 5 个数的和，然后再检查和是否是正数，如果是，直接输出，否则将和乘以-1 再输出就得到和的绝对值。用 PAD 表示如图 5.14 所示。

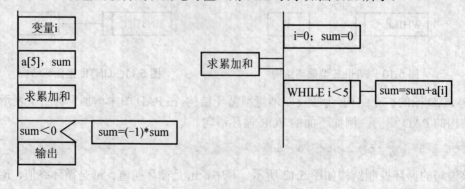

图 5.14 求 5 个数和绝对值的 PAD 图

5.3.3　PDL(结构化语言)

PDL(Procedure Design Language)是过程设计语言的英文缩写，于 1975 年由 Caine 与 Gordon 首先提出。PDL 是所有非正文形式的过程设计工具的统称，到目前为止已出现多种 PDL 语言。

1. PDL 的特点

(1) 关键字采用固定语法并支持结构化构件、数据说明机制和模块化。

(2) 处理部分采用自然语言描述。

(3) 可以说明简单和复杂的数据结构。

(4) 子程序的定义与调用规则不受具体接口方式的影响。

2. PDL 描述选择结构

利用 PDL 描述选择结构如下。

```
IF  <条件>
    一条或数条语句
ELSEIF  <条件>
    一条或数条语句
ELSEIF  <条件>
    一条或数条语句
ELSE
    一条或数条语句
ENDIF
```

3. PDL 描述循环结构

利用 PDL 描述循环结构如下。

```
                    DO WHILE <条件描述>
WHILE 循环结构          一条或数条语句
                    ENDWHILE
------------------------------------------------------------
                    REPEAT UNTIL <条件描述>
UNTIL 循环结构          一条或数条语句
                    ENDREP
------------------------------------------------------------
                    FOR <循环变量>=<取值范围，表达式或序列>
FOR 循环结构            一条或数条语句
                    ENDFOR
```

4. PDL 描述子程序

利用 PDL 描述子程序如下。

```
PROCEDURE  <子程序名> <属性表>
    INTERFACE <参数表>
    一条或数条语句
    END
```
　　其中，属性表指明了子程序的引用特性和利用的程序语言的特性。

5. PDL 描述输入输出

```
READ/WRITE TO <设备> <I/O表>
```

6. PDL 评价

1) 优点

(1) 可以作为注释直接插在源程序中。

(2) 可以使用普通的文本编辑工具或文字处理工具产生和管理。

(3) 已经有自动处理程序存在，而且可以自动由 PDL 生成程序代码。

2) 缺点

　　不如图型工具形象直观，描述复杂的条件组合与动作间对应关系时，不如判定表、判定树清晰简单。

7. PDL 应用举例

【例 5.3】 用 PDL 描述一个系统主控模块详细设计说明。

```
PROCEDURE  模块名()
清屏;
显示系统用户界面;
PUT("请输入用户口令: ", PASSWORD);
GET(PASSWORD);
IF  PASSWORD<>系统口令
    提示警告信息;
    退出系统;
ELSE
    显示系统主菜单;
    DOWHILE (TRUE)
        接收用户选择 ABC;
        IF ABC="退出"
            BREAK;
        ELSEIF ABC=值 1
            进入下层模块 1;
        ELSEIF ABC=值 2
            进入下层模块 2;
            …
        ELSEIF ABC=值 n
            进入下层模块 n;
        ENDIF
    ENDWHILE
ENDIF
```

5.4 案例分析

案例说明

在图书馆管理系统中，核心功能是借书、还书功能，这个例子要对数据库进行访问，包括对图书表、读者表和借阅表的访问，存取的就是数据库表及其各记录项。下面根据详细设计的内容和方法讲解如何对借书、还书功能进行设计。

1. 代码设计

图书馆管理系统中代码设计主要有 3 个：图书编号、读者编号、出版社编号。

1) 图书编号

图书编号设计为：×-××-××××××。

将图书编号分为 3 部分，第 1 位为图书大类。根据中图法，把图书分为 22 个大类，A：马克思主义、列宁主义、毛泽东思想、邓小平理论；B：哲学、宗教；C：社会科学总论；D：政治、法律；E：军事；F：经济；G：文化、科学、教育、体育；H：语言、文字；I：文学；J：艺术；K：历史、地理；N：自然科学总论；O：数理科学和化学；P：天文学、地球科学；Q：生物科学；R：医药、卫生；S：农业科学；T：工业技术；U：交通运输；V：航空、航天；X：环境科学、安全科学；Z：综合性图书。每个大类又各分了小类用 2 位编码表示，最后 6 位为书籍编号，书籍编号取值范围为：000001～999999。

2) 读者编号

读者编号设计为：××-××-××-××。

将读者编号设计分为 4 部分，每部分用 2 位数字来表示。分别对应级别、系别、班号、学号。

系别代码如下：计算机信息与技术系 01，机电信息系 02，信息管理系 03，电子信息系 04，国际经济与贸易系 05，艺术设计系 06，建筑工程系 07，光电信息系 08，社科系 09，数学系 10，中文系 11，外语系 12，物理系 13，化学系 14，机械系 15。

各部分取值范围分别为：级别 00~99，系别 01~15，班号 01~13，学号 01~40。

3) 出版社编号

出版社编号设计为：××-×××。

将出版社编号设计分为两部分，第一部分为地区号，第二部分为出版社序号。

其编码规则为：用 5 位数字编码，前 2 位代表地区号，后 3 位代表由国家标准书号中心分配的出版社序号。取值范围分别为：地区号 01~32，出版社序号 001~999。

其地区代码号见表 5-1。

表 5-1　地区号码表

·北京市 01	·天津市 02	·河北省 03	·山西省 04	·内蒙 05
·辽宁省 06	·吉林省 07	·黑龙江省 08	·上海市 09	·江苏省 10
·浙江省 11	·安徽省 12	·福建省 13	·江西省 14	·山东省 15
·河南省 16	·湖北省 17	·湖南省 18	·广东省 19	·广西 20
·海南省 21	·重庆市 22	·四川省 23	·贵州省 24	·云南省 24
·西藏 26	·陕西省 27	·甘肃省 28	·宁夏 29	·青海省 30
·新疆 31				

2. 数据库设计

数据库设计要经历概念设计、逻辑设计和物理设计 3 个步骤。

1) 概念设计

用概念模型将用户的数据要求明确地表达出来。可以用 E-R 图或类图来设计。下面给出用类图设计的实体类图，如图 5.15 所示。

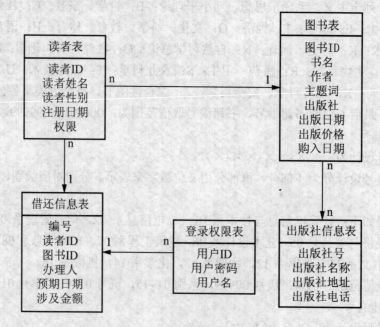

图 5.15　图书馆管理系统实体类图

2) 逻辑设计

逻辑设计的任务是将概念模型转换为与选用的数据库管理系统所支持的数据模型相符的逻辑数据模型，同时属性考虑系统扩展性因素，可增加一些。因为表比较多，这里只以借还信息表为例说明，见表 5-2。

表 5-2　借还信息表信息

编　号	数　据　名	含　义	数 据 类 型	长　度	key	空　值
1	c_card_id	读者 ID	varchar	12	是	否
2	c_book_id	图书 ID	varchar	13	是	否
3	c_borrow_date	借阅日期	datetime			否
4	c_return_date	归还日期	datetime	10		否
5	c_lend_man	借书经办	varchar	8		否
6	n_yf	押金	number	5，2		是
6	c_note	备注	varchar	10		是

3) 物理设计

数据库物理设计阶段的任务是根据具体计算机系统(DBMS 和硬件等)的特点，为给定的数据库模型确定合理的存储结构和存取方法。数据库的物理结构设计大致包括：确定物理设备、确定数据的存取方法、确定数据的存储结构。

(1) 物理设备：本设计系统采用的 DBMS 为 SQL Server 2000，数据库命名为"book"。

(2) 确定数据库的存取方法：确定建立哪些存储路径以实现快速存取数据库中的数据。最常用的是索引法。例如：借还信息表可以按照借阅日期来排序，以方便管理员察看当日图书借阅信息。

3. 界面设计

界面设计主要指人机界面设计。人机界面是指计算机系统与用户交互的界面。在人机系统(人、机器和环境)模型中，人与机之间存在一个相互作用的"面"，称为人机界面，人与机之间的信息交流和控制活动都发生在人机界面上。要求界面风格一致、易懂易读。图 5.16 为图书馆管理系统的主界面图。

图 5.16　图书馆管理系统主界面图

4. 输入输出设计

输入设计包括对输入方式的设计，输入界面的设计，还有输入验证的设计。为了使用户正确简洁地输入必要的信息。

1) 输入方式设计

用户采用键盘输入必要信息包括读者信息、图书信息和出版社信息,当系统显示出信息后可以用鼠标进行选择信息和事件的触发。

2) 输入差错控制设计

为了让用户能正确地输入内容,应尽可能少地让用户输入内容,可以让系统自动添加借还时间,并且加上验证功能和差错异常提示信息。比如:可以用下拉列表让用户选择一些信息(如日期、系别等)。当用户输入用户名和密码错误时给出必要的信息提示,如图 5.17 所示。

图 5.17 出错信息提示图

3) 输入界面设计

当用户需要添加用户信息、添加图书信息和添加出版社信息的时候就需要有简单明了的输入界面让用户进行输入,本系统提供的输入界面主要有添加读者界面、添加出版社界面和添加图书界面。用户可以根据界面提示输入信息。

4) 输出设计

当用户汇总、月终阶段需要做总结工作时,或者需要查询信息时,就要有一定的输出功能让用户得到一些报表清单。本系统主要提供借书一览表和逾期一览表这两个报表。

5. 网络结构设计

图书馆管理系统采用 C/S 体系结构,网络拓扑采用星型结构,Server 端提供数据库服务,Client 端提供图书馆日常图书借阅和管理工作。图 5.18 所示为图书馆管理系统网络结构设计图。

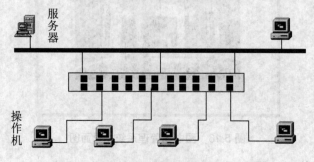

图 5.18 图书馆管理系统网络结构设计图

6. 程序流程图设计

程序流程图设计是详细设计阶段重中之重。下面以图书管理的操作流程为例，使用程序流程图方法描述图书管理的实现步骤。图 5.19 所示为图书管理程序流程图。

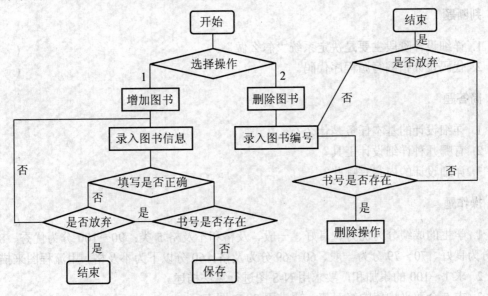

图 5.19　图书管理程序流程图

本 章 小 结

详细设计阶段的任务是确定应该"怎样具体地实现"目标系统，也就是设计出程序的"蓝图"，在进行详细设计时主要是描述程序实现算法，算法除了保证程序的正确性和可靠性外，还要保证程序容易理解、容易维护。程序流程图、N-S 图、PAD 图、PDL 语言等都是详细设计的工具，选择合适的工具并正确使用它们是十分重要的。

习　　题

一、填空题

1. 详细设计阶段使用的图形工具有程序流程图、_____、问题分析图。

2. 在国家标准 GB 1526—89 中规定，流程图分为_____、_____、系统流程图、程序网络图、系统资源图 5 种。

3. PAD 图是_____公司推出的问题分析图，有_____种基本控制结构。

二、选择题

1. 详细设计又叫(　　)。

A. 过程设计 　　　　B. 概要设计 　　　　C. 算法设计 　　　　D. 流程设计

2. 下面哪些属于详细设计阶段的内容？(　　)

A. 数据库设计 　　　　B. 代码设计 　　　　C. 界面设计 　　　　D. 程序流程设计

三、判断题

1. 详细设计阶段主要是决定系统"怎么做"。　　　　　　　　　　　　　　(　　)
2. 代码设计指编写源程序代码。　　　　　　　　　　　　　　　　　　　(　　)

四、简答题

1. 详细设计的基本任务是什么？
2. 有哪几种详细设计工具？
3. 详细设计的内容有哪些？

五、操作题

1. 学生的成绩分为优秀、良好、一般、及格和不及格 5 类：90～100 分为优秀、80～89 分为良好、70～79 分为一般、60～69 分为及格、60 分以下为不及格。用流程图来描述。

2. 求 1～100 的累加和，要求用 N-S 图进行算法描述。

3. 求 5 个数平均值的绝对值，要求用 PAD 图表示。

第**6**章

软 件 编 程

📐 **教学目标**

    掌握几种常用的程序设计语言的特点，领会程序设计中应注意的问题，注重培养良好的编程风格，熟练掌握结构化程序设计方法。

📐 **教学要求**

知 识 要 点	能 力 要 求	关 联 知 识
结构化程序设计方法	掌握程序设计方法	顺序、选择、循环控制结构；算法
程序设计语言的特点与应用范围	了解各种高级程序设计语言优点、缺点	低级、高级程序设计语言
冗余程序设计与防错程序设计	掌握冗余程序设计与防错程序设计的方法	软件错误、缺陷

引例

随着软件大规模的应用，程序的开发方法和管理手段逐渐无法跟上软件规模的膨胀，从而导致了软件危机的出现。就拿 1963—1966 年间的 IBM 360 系统来说，该系统有 100 万行的代码量，IBM 每年动用 5000 人来维护该系统，但是，每个版本都是从上一个版本找出 1000 个以上的错误而修订的结果，好像越改错误越多，系统根本没有改善的迹象。有人把 IBM 360 系统形容为一只逃亡的野兽落到泥潭中做垂死的挣扎，越是挣扎，陷得越深，最后仍然无法逃脱灭顶的灾难。人们不得不停下脚步思考，到底哪里出了问题。回想自己，每个人做事情，都是列举重点，然后细化并逐个完成的。比如制造自行车，肯定是先把自行车按照功能分块，先造车架，然后是两个车轮，接着是踏板等传动装置，最后才是坐垫、车铃等零件。而制造车轮，肯定是要分别制造钢圈、钢丝、轮胎，而轮胎又分内外胎。如果软件开发能够遵循这种从大到小、逐步精确的思想，是不是能够解决这个软件危机呢？没错，这种结构化的抽象分析方法，导致了结构化程序设计方法的诞生。

6.1 结构化程序设计方法

结构化程序设计方法是采用顺序结构、循环结构、选择结构 3 种基本逻辑结构来编写程序的方法。它是传统的软件系统开发方法，它的基本思想是把一个复杂问题的求解过程分阶段进行，每个阶段处理的问题都控制在人们容易理解和处理的范围内。这种方法是在具体编程中应采用的方法，能够指导人们用良好的思想方法去设计程序。

6.1.1 结构化程序设计的原则

为了使程序结构清晰、可读性好，程序要实现结构化，其主要原则有以下几点。

(1) 使用语言中的顺序、选择、重复等有限的基本控制结构表示程序逻辑。

(2) 选用的控制结构只准许有一个入口和一个出口。

(3) 程序语句组成容易识别的块，每块只有一个入口和一个出口。

(4) 复杂结构应该用基本控制结构进行组合嵌套来实现。

(5) 语言中没有的控制结构，可用一段等价的程序段模拟，但要求该程序段在整个系统中应前后一致。

(6) 严格控制 GOTO 语句，仅在用一个非结构化的程序设计语言去实现一个结构化的构造，或者在某种可以改善而不是损害程序可读性的情况下才可以使用 GOTO 语句。

【例 6.1】 写出交换两个整数值的程序。

程序 1	程序 2
int a=20，b=30;	int a=20，b=30;
a=a+b;	int c=a;
b=a-b;	a=b;
a=a-b;	b=c;

程序 1 使用加法和减法实现了 a、b 两个数值的交换，程序 2 使用中间变量 c 实现了 a、b 两个数值的交换，此种算法更符合人们日常的逻辑思维方法，可读性更好。

6.1.2　逐步求精设计法

引例

凡是学过一点计算机知识的人大概都知道"数据结构＋算法＝程序"这一著名公式。提出这一公式的瑞士计算机科学家 Niklaus Wirth 由于发明了多种影响深远的程序设计语言，并提出结构化程序设计这一革命性概念而获得了 1984 年的图灵奖。

1971 年，Wirth 基于其开发程序设计语言和编程的实践经验，首次提出了"结构化程序设计(structured programming)"的概念。这个概念的要点是：不要求一步就编制成可执行的程序，而是分若干步进行，逐步求精。第一步编出的程序抽象度最高，第二步编出的程序抽象度有所降低……最后一步编出的程序即为可执行的程序。用这种方法编程，似乎复杂，实际上优点很多，可使程序易读、易写、易调试、易维护、易保证其正确性及验证其正确性。结构化程序设计方法又称为"自顶向下、逐步求精"法，在程序设计领域引发了一场革命，成为程序开发的一个标准方法，尤其是在后来发展起来的软件工程中获得广泛应用。有人评价说 Wirth 的结构化程序设计概念"完全改变了人们对程序设计的思维方式"，这是一点也不夸张的。

在概要设计阶段，已经采用自顶向下、逐步细化的方法，把一个复杂问题的解法分解和细化成了一个由多个功能模块组成的层次结构的系统。在详细设计和软件编码阶段，还应该采用自顶向下、逐步细化的方法，把一个模块的功能逐步分解，细化为一系列具体的步骤，进而翻译成一系列用某种程序设计语言编写的程序。

【例 6.2】　要求输入两个整数，交换它们的值后，输出它们新的数值。

```
/*声明两个整数变量*/
main()
{
  /*清空屏幕内容*/;
  /*输入变量的值*/
  /*打印变量的值*/
  /*交换变量得值*/
  /*打印变量的值*/
}
```

上述框架中的每一个加工注释都可以声明为一个语句或函数。

```
int a, b;
main()
{
  clearScreen();
  input_ab();
  print_ab();
  change_ab();
  print_ab();
}
```

继续对函数细化下去，直到最后每一条语句都能直接用程序设计语言表示为止。

```
int a, b;
```

```
main()
{
  clearScreen();
  input_ab();
  print_ab();
  change_ab();
  print_ab();
}
clearScreen()
{
  clrscr();
}
input_ab()
{
  scanf("%d %d", &a, &b);
}
change_ab()
{
  int c;
  c=a;
  a=b;
  b=c;
}
print_ab()
{
  printf("a=%d b=%d\n", a, b);
}
```

逐步求精方法的优点如下。

(1) 符合人们解决复杂问题的普遍规律,可提高软件开发的成功率和生产率。

(2) 用先全局后局部、先整体后细节、先抽象后具体的逐步求精的过程开发出来的程序具有清晰的层次结构,程序容易阅读和理解。

(3) 程序自顶向下,逐步细化,分解成一个树形结构,如图 6.1 所示。在同一层的结点上的细化工作相互独立,有利于编码、测试和集成。

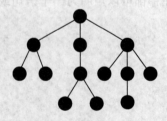

图 6.1　程序的树形结构

(4) 程序清晰和模块化,使得在修改和重新设计一个软件时,可复用的代码量最大。

(5) 每一步工作仅在上层结点的基础上做不多的设计扩展,便于检查。

(6) 有利于设计的分工和组织工作。

6.1.3　结构化程序设计风格

一个程序不可能是绝对完美、以后永远不用修改的。既然要修改，就必然要重读和理解原来的代码。而良好的编程风格，可以使人更方便和迅速理解程序的结构，从而可以最大限度地提高修改的效率。程序员在编写程序的时候应该意识到今后会有人反复地阅读自己编写的程序，并沿着自己的思路去理解和验证程序的功能。所以，应该在编写程序时多花些工夫，讲求编码风格，这将大大减少人们读程序的时间。从自己的角度看，工作量是增加了，但对团队整体来说，效率是大大提高了。

在这一节，将对程序设计风格的 4 个方面，即源程序文档化、数据说明、语句构造和输入输出中值得注意的问题进行概要的探讨，力图从编码原则的角度提高程序的可读性，改善程序质量的方法和途径。

1. 源程序文档化

源程序文档化包括选择好的标识符、清晰的注释和良好的程序书写格式。

程序的书写格式对程序的可读性有很大影响。适当地利用空格、换行和分层次缩进能使程序的逻辑结构变得清晰。

1) 符号名的命名

符号名即标识符，包括模块名、变量名、常量名、标号名、子程序名、数据区名以及缓冲区名等。

这些名字应能反映它所代表的实际东西，应有一定的实际意义。例如，表示次数的量用 Times，表示总量的用 Total，表示平均值的用 Average，表示和的量用 Sum 等。

2) 适当的注释

程序中加入适当的注释，可以增加程序的可读性和可维护性，程序中的注释一般分为两种：序言性注释和功能性注释。

序言性注释通常放在每个程序段的开始部分，说明该段程序的功能。序言性注释是对一块程序的功能说明，有助于对程序的理解。

功能性注释插入在源程序中间，用以描述程序段的处理功能，一般几条语句对应一段功能性注释。注释与对应的程序段一定要准确无误。

3) 空格、空行和移行

(1) 恰当地利用空格，可以突出运算的优先性，避免发生运算的错误。

(2) 自然的程序段之间可用空行隔开。

(3) 移行也叫做向右缩格。它是指程序中的各行不必都在左端对齐，都从第一格起排列。这样做使程序完全分不清层次关系。

对于选择语句和循环语句，把其中的程序段语句向右做阶梯式移行，使程序的逻辑结构更加清晰。例如，两重选择结构嵌套，写成下面的移行形式，层次就清楚得多。

2. 数据说明

在设计阶段已经确定了数据结构的组织及其复杂性。在编写程序时，则需要注意数据说明的风格。为了使程序中数据说明更易于理解和维护，必须注意以下几点。

(1) 数据说明的次序应当规范化。这样容易查找，如按照字母顺序排放。

(2) 说明语句中变量安排有序化。

(3) 使用注释说明复杂数据结构。

【例 6.3】 在 C 程序中数据的说明次序：常量说明、简单变量类型说明、数组说明、结构体说明、文件说明。在类型说明中还可进一步要求。例如，可按如下顺序排列：整型量说明、实型量说明、字符量说明、逻辑量说明。

【例 6.4】 当多个变量名在一个说明语句中说明时，应当对这些变量按字母的顺序排列。带标号的全程数据(如 FORTRAN 的公用块)也应当按字母的顺序排列。例如，把"int size，length，width，cost，price"写成"int cost，length，price，size，width"。

3. 语句构造

语句构造应遵循简单的原则，以人为本，不要为了提高效率而使得程序变得复杂、难以理解。主要注意以下几点。

(1) 不要把多个语句写在同一行。

(2) 使用空格使语句清晰。

(3) 少用复杂的条件判定。

(4) 少用"非"作条件判定。

(5) 尽量避免条件嵌套和循环嵌套。

(6) 多用括号使表达式的运算次序清晰。

4. 输入和输出

输入和输出信息是与用户的使用直接相关的。输入和输出的方式和格式应当尽可能方便用户的使用。一定要避免因设计不当给用户带来的麻烦。

因此，在软件需求分析阶段和设计阶段，就应基本确定输入和输出的风格。系统能否被用户接受，有时就取决于输入和输出的风格。

不论是批处理的输入输出方式，还是交互式的输入输出方式，在设计和程序编码时都应考虑下列原则。

(1) 对所有的输入数据都要进行检验，识别错误的输入，以保证每个数据的有效性。

(2) 检查输入项的各种重要组合的合理性，必要时报告输入状态信息。

(3) 使得输入的步骤和操作尽可能简单，并保持简单的输入格式。

(4) 输入数据时，应允许使用自由格式输入。

(5) 应允许使用默认值。

(6) 输入一批数据时，最好使用输入结束标志，而不要由用户指定输入数据数目。

(7) 在交互式输入输出时，要在屏幕上使用提示符明确提示交互输入的请求，指明可使用选择项的种类和取值范围。同时，在数据输入的过程中和输入结束时，也要在屏幕上给出状态信息。

(8) 当程序设计语言对输入输出格式有严格要求时，应保持输入格式与输入语句的要求的一致性。

(9) 给所有的输出加注解，并设计输出报表格式。

(10) 输入输出风格还受到许多其他因素的影响，如输入输出设备(例如终端的类型、图形设备、数字化转换设备等)、用户的熟练程度以及通信环境等。

6.2　程序设计算法与效率

引例

程序设计的最初始阶段，是讲究技巧的年代。如何能节省一个字节，如何能提高程序运行的效率，这些都是要严肃考虑的问题。而所谓的程序的易读性，程序的可维护性根本不在考虑范围之内。

今天，35 岁以上的学习过计算机的朋友可能都使用过一种个人计算机——APPLE-II(中国也生产过这种计算机的类似产品——"中华学习机")。主频 1MHz，内存 48KB(扩展后，最多可达到 64KB)。当年，类似的个人计算机产品，还有 PC1500、Layser310 等。这种计算机上已经固化了 Basic 语言，当然只是为学习使用。要想开发出真正的商业程序，则必须使用汇编语言，否则的话，程序就比蜗牛还要慢了。所以，程序设计中对于技巧的运用，是至关重要的。

比尔·盖茨是 Basic 的忠实拥护和推动者。当年，他在没有调试环境的状况下，用汇编语言写出了一款仅有 4KB 大小的 Basic 解释器，且一次通过，确实另人信服(不像现在微软出品的程序，动辄几十 MB)。这也许就是盖茨对 Basic 情有独钟的原因，每当微软推出(临摹)一个新技术，他会立刻在 Basic 中提供支持。

程序编写的过程就是利用某种程序设计语言把详细设计书写为计算机可以理解的形式，也是人借助编程语言与计算机通信的过程。

应该说，在软件开发的各个阶段中，编程是最容易，也是人们已掌握得较好的一项工作。但编写一个好的程序需要高水平的编程人员。

运行正确的程序不一定是质量高的程序，用户要求的程序一方面是界面友好，操作简单，功能强大；另一方面就是程序的性能，要像地主要求长工一样吃得少，干得多，对程序来说也就是运行速度快，存储空间占用小。本节针对程序性能的要求，从算法的角度来说明如何提高程序效率。

6.2.1　程序设计算法

算法(algorithm)是对特定问题求解步骤的一种描述，是一组指令的有限集合。研究算法追求的目标是时间和空间的适当和谐。

1. 算法的特性

1) 有穷性
一个算法必须总是在执行有穷步后结束，且每一步都可在有穷时间内完成。

2) 确定性
算法中的每一个指令必须有明确的含义，不能有二义性。

3) 可行性

算法中描述的操作都是可通过已经实现的基本运算、执行有限次实现的。

4) 输入

一个算法应有 0 个或多个输入。

5) 输出

一个算法应有 1 个或多个输出。

图 6.2 所示是用 VB 编写的显示教龄满 30 年的教职工信息的程序和所对应的程序流程图,大家可以看一看是否具备上面的特征。

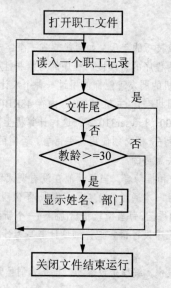

图 6.2　程序流程图

教职工信息输出程序如下。

```
sub command1_click()
open "d:\职工记录.TXT" for input as #1
do while not eof(1)
  input #1, 姓名, 部门, 教龄
  if 教龄 >= 30 Then
    print 姓名,部门
  end if
loop
close #1
end sub
```

2. 算法的评价

一个算法的好坏可以从下面 3 个方面来评定。

1) 正确性

正确性是指保证正确的输入和正确的输出。

2) 时间复杂度

时间复杂度是指在计算机上运行该算法所花费的时间。用"O(数量级)"来表示，称为"阶"。常见的时间复杂度有：常数阶 O(1)、对数阶 O($\log 2n$)、线性阶 O(n)、平方阶 O(n^2)。

3) 空间复杂度

空间复杂度是指算法在计算机上运行所占用的存储空间。

3. 时间复杂度举例

1) 顺序结构为常数阶

```
例如：sum=0；时间复杂度表示为 O(1)
```

2) 单重循环为线性阶

```
例如：for(i=1;i<=100;i++)
        {
sum= sum+i;
        }
```

3) 双重循环为平方阶

```
例如：for(i=1;i<=9;i++)
         {
for(j=1;j<=i;j++)
           {
printf("%d\*%d=%d\t", i, j, j*i);
    }
printf("\n");
         }
```

4. 算法的设计要求

1) 正确性

(1) 程序不含语法错误。

(2) 程序对几组输入数据能够得出满足规格要求的结果。

(3) 程序对精心选择的、典型的、苛刻的、带有刁难性的几组输入数据能够得出满足规格要求的结果。

(4) 程序对一切合法的输入数据都能产生满足规格要求的结果。

2) 可读性

算法的第一目的是为了阅读和交流；可读性有助于对算法的理解；可读性有助于对算法的调试和修改。

3) 健壮性

当输入非法数据时，算法也能适当地做出反应或进行处理；并且，处理出错的方法应该是返回一个表示错误或错误性质的值并中止程序的执行，以便在更高的抽象层次上进行处理。

4) 高效率与低存储量

程序的目标是处理速度快、存储容量小，时间和空间是矛盾的，实际问题的求解往往是求得时间和空间的统一、折中。

6.2.2 程序的运行效率

程序的运行效率是指程序的执行速度及程序所需占用的内存的存储空间。程序编码是最后提高运行速度和节省存储的机会，因此在此阶段不能不考虑程序的运行效率。首先明确讨论程序运行效率的几条准则。

1. 程序运行效率的原则

(1) 效率是一个性能要求，应当在需求分析阶段给出。软件效率以需求为准，不应以人力所及为准。

(2) 好的设计可以提高效率。

(3) 程序的效率与程序的简单性相关。

(4) 一般说来，任何对效率无重要改善，且对程序的简单性、可读性和正确性不利的程序设计方法都是不可取的。

2. 算法对效率的影响

源程序的效率与详细设计阶段确定的算法的效率直接有关。在详细设计翻译转换成源程序代码后，算法效率反映为程序的执行速度和存储容量的要求。设计向程序转换过程中的指导原则有如下几点。

1) 选择适当的算法

算法是影响程序运行效率的主要因素，在编写不同程序时要选择适当的算法。比如同样是查找算法，在处理不同数据时，效率是不同的，这时就要从中选择一个最好的。

2) 善于改进算法

大家一定都学过"冒泡排序"算法，也都会用。不知道有多少人改进过这种"古老"的算法。其实想法很简单，设一个标志位用来表示已经排过序的序列，当下一次比较时跳过这段，就能大大提高排序效率。这只是一个很简单的例子，目的是鼓励大家多多改进已有的算法，这对优化程序是很必要的。

3) 良好的设计方法和数据结构

在编程序前，尽可能化简有关的算术表达式和逻辑表达式；仔细检查算法中的循环语句，减少嵌套循环；尽量避免使用多维数组；尽量避免使用指针和复杂的表。

提高程序效率的根本途径在于选择良好的设计方法、良好的数据结构与算法。除非对效率有特殊的要求，程序编写要做到"清晰第一、效率第二"，不要为了追求效率而丧失了清晰性。事实上，程序效率的提高主要还应通过选择高效的算法来实现。首先要保证程序正确，然后才要求提高速度。反过来说，在使程序高速运行时，首先要保证它是正确的。

6.3　程序设计语言的特点与应用范围

 引例

　　早期计算机都直接采用机器语言，即用"0"和"1"为指令代码来编写程序，读写困难，编程效率极低。为了方便编程，随即出现了汇编语言，虽然提高了效率，但仍然不够直观简便。

　　IBM 公司程序师约翰·巴科斯曾在"选择顺序控制计算机"(SSEC)上工作过 3 年，深深体会到编写程序的困难性。巴科斯的目标是设计一种用于科学计算的"公式翻译语言"(FORmula TRANslator)。他带领一个 13 人小组，包括有经验的程序员和刚从学校毕业的青年人，在 IBM 704 计算机上设计出编译器软件，于 1954 年完成了第一个计算机高级语言——FORTRAN 语言。

　　1957 年，西屋电气公司幸运地成为 FORTRAN 的第一个商业用户，巴科斯给了他们一套存储着语言编译器的穿孔卡片。1966 年，美国统一了它的标准，称为 FORTRAN 66 语言。40 多年过去，FORTRAN 仍然是科学计算选用的语言之一，巴科斯因此摘取了 1977 年度"图灵奖"。FORTRAN 广泛运用的时候，还没有一种可以用于商业计算的语言。1959 年 5 月，五角大楼委托格雷斯·霍波博士领导一个委员会，开始设计面向商业的通用语言(Common Business Oriented Language)，即 COBOL 语言。COBOL 最重要的特征是语法与英文很接近，可以让不懂计算机的人也能看懂程序；编译器只需做少许修改，就能运行于任何类型的计算机。委员会一个成员害怕这种语言的命运不会太长久，特地为它制作了一个小小的墓碑。然而，COBOL 语言却幸存下来。1963 年，美国国家标准局将它进行了标准化。1960 年，国际商业和学术计算机科学家组成的委员会定义了一种新的语言版本——国际代数语言 ALGOL 60，首次引进了局部变量和递归的概念。

　　20 世纪 60 年代中期，美国达特默斯学院约翰·凯梅尼(J. Kemeny)和托马斯·卡茨(T.Kurtz)希望能为无经验的人提供一种简单的语言，于是，他们在简化 FORTRAN 的基础上，研制出一种"初学者通用符号指令代码"(Beginner's All purpose Symbolic Intruction Code)，简称 Basic。由于 Basic 语言易学易用，它很快就成为最流行的计算机语言之一，几乎所有小型计算机和个人计算机都在使用它。经过不断改进后，它一直沿用至今，出现了像 QBasic、VB 等新一代 Basic 版本。1967 年，麻省理工学院人工智能实验室的希摩尔·帕伯特(S.Papert)，为孩子设计出一种叫 LOGO 的计算机语言。他发明的 LOGO 最初是个绘图程序，能控制一个"海龟"图标在屏幕上描绘爬行路径的轨迹，从而完成各种图形的绘制。一些孩子用 LOGO 语言设计出了真正的程序，使 LOGO 成为一种热门的计算机教学语言。

　　1971 年，瑞士联邦技术学院尼克劳斯·沃斯(N. Wirth)教授发明了另一种简单明晰的计算机语言，这就是以帕斯卡的名字命名的 PASCAL 语言。PASCAL 语言语法严谨，层次分明，程序易写，具有很强的可读性，是第一个结构化的编程语言。它一出世就受到广泛欢迎，迅速地从欧洲传到美国。沃尔斯一生还写了大量有关程序设计、算法和数据结构的著作，因此，他获得了 1984 年度"图灵奖"。PASCAL 语言不仅用作教学语言，而且也用作系统程序设计语言和某些应用。PASCAL 语言是一种安全可靠的语言。不过它的后继者 Delphi 已经成为最有生命力的编程语言之一，同时具有 VB 和 C 语言的优点，成为聪明的编程者的必然选择。

　　1983 年度的图灵奖授予了 AT&T 贝尔实验室的两位科学家邓尼斯·里奇(D.Ritchie)和他的协作者肯·汤姆森(K. Thompson)，以表彰他们共同发明著名的计算机语言 C。C 语言的设计哲学是"Keep It Simple,Stupid"，因而程序员可以轻易掌握整个 C 语言的逻辑结构而不用一天到晚翻手册写代码。C 语言现在是当今软件工程师最宠爱的语言之一。里奇最初的贡献是开发了 UNIX 操作系统软件。他说，这里有一个小故事：他们答应为贝尔实验室开发一个字处理软件，要求购买一台小型计算机 PDP-11/20，从而争取到 10 万美元经费。可是当机器购回来后，他俩却把它用来编写 UNIX 系统软件。1970 年，作为 UNIX 的一项"副产品"，里奇和汤姆森合作完成了 C 语言的开发，这是因为研制 C 语言的初衷是为了用它编写 UNIX。这种语言结合了汇编语言和高级语言的优点，大受程序设计师的青睐。1983 年，贝尔实验室另一研究人员比加尼·斯楚士舒普(B.Stroustrup)，把 C 语言扩展成一种面向对象的程序设计语言 C++。如今，数以百万计的程序员用它来编写各种数据处理、实时控制、系统仿真和网络通信等软件。斯楚士舒普说："过去所有的编程语言对网络编程实在太慢，所以我开发 C++，以便快速实现自己的想法，也容易写出更好的软件。"

6.3.1　程序设计语言的发展与分类

1. 程序设计语言的演变

第一代语言指与机器紧密相关的机器语言和汇编语言，其历史可追溯到第一台电子计算机问世，甚至更早。因其与硬件操作一一对应，基本上有多少种计算机就有多少种汇编语言。

第二代语言是 20 世纪 50 年代末 60 年代初先后出现的，它们应用面广，为人们熟悉和接受，有大量成熟的程序库。它们是现代(第三代)程序设计语言的基础和前身。这代语言包括 FORTRAN、COBOL、ALGOL 60 和 Basic 等。

第三代语言(也称为现代或结构化程序语言)的特点是直接支持结构化构件，并具有很强的过程能力和数据结构能力。这代语言本身又可细分为 3 类：通用高级语言、面向对象的语言和专用语言。

第四代语言(4GL)上升到更高的一个抽象层次，尽管它仍像其他人工语言一样用自己的语法形式表示控制和数据结构，但已不再涉及太多的算法性细节。迄今，使用最广的第四代语言是数据库查询语言，它支持用户以复杂的方式操作数据库。

程序生成器(Program Generators)代表更为复杂的一类 4GL，它输入由高级语言书写的语句，自动产生完整的第三代语言程序。

此外，一些决策支持语言、原型语言、形式化规格说明语言，甚至个人计算机环境中的一些工具也被认为属于 4GL 的范畴。

2. 程序设计语言的分类

自 1960 年以来，人们已经设计和实现了数千种不同的程序设计语言，但是只有其中很少一部分得到了比较广泛的应用。现有的程序设计语言虽然品种繁多，但它们基本上可以分为两大类：面向机器语言、高级语言(包括超高级语言 4GL)。

1) 面向机器语言

面向机器语言包括机器语言、汇编语言。

每种汇编语言都是支持该语言的系列计算机所独有的，因此，其指令系统因机器而异，难学难用。从软件工程学观点来看，汇编语言生产率低，容易出错，维护困难，所以现在的软件开发一般不会使用汇编语言。但它的优点是易于系统接口，编码译成机器语言效率高，因而在某些使用高级语言不能满足用户需要的个别情况下，可以使用汇编语言编码。面向机器语言的选择依赖于相应的机器结构，其语句和计算机硬件操作相对应。

2) 高级语言

高级语言的出现大大提高了软件生产率。高级语言使用的概念和符号与人们通常使用的概念和符号比较接近，它的一个语句往往对应若干条机器指令。高级语言目前又分为面向过程的高级语言和面向对象的高级语言。

一般说来，高级语言的特性不依赖于实现这种语言的计算机，通用性强。

6.3.2　程序设计语言的选择

引例

自从 1946 年计算机诞生以来，硬件技术飞速发展，计算机应用的范围日益扩大，各种程序语言层出不穷，呈现出"百花齐放，百家争鸣"的状态。为什么有这么多程序语言呢？一方面是新技术和创新思想的应用，另一方面各种编程语言是为特定的目的而设计的，也就是说编程语言各有特长，正符合了哲学的观点"存在即合理"。

很多人下决心要从事程序编写工作的时候会想"我要学哪种语言？"或者"哪种语言比其他语言更好？"下面是电视里的台词。

问："纽约好还是上海好？"

答："有钱哪都好，没钱哪都不好"。

上海的富人并不见得比纽约的富人少几分幸福感，纽约的乞丐也不见得比上海的乞丐有多少优越感。程序设计是同样的道理，重点不是某种语言，而是能应用某种语言开发了哪些实际的软件，解决了哪些用户的实际问题。C++相对于 VB 要复杂很多，如果你用 C++只能做课后习题，而别的同学已经用 VB 开发了一套企业的人事工资管理系统，你看哪种语言好？C++很牛，Java 很酷，但它们都是面向对象理论的一个具体的表现形式而已。

程序设计语言是人和计算机通信的最基本的工具。程序设计语言的特性不可避免地会影响人的思维和解决问题的方式，会影响人和计算机通信的方式和质量，也会影响其他人阅读和理解程序的难易程度。因此，编码之前的一项重要工作就是选择一种适当的程序设计语言。

例如：在科学与工程计算领域内，FORTRAN 仍然是应用最广泛的语言；在数据处理领域中，可选用 SQL 语言或 PowerBuilder、Delphi 等；在 Web 开发、网络应用时，可采用目前主流的 Java 和.C#；在人工智能领域以及问题求解、组合应用领域，主要采用 LISP 和 PROLOG 语言。

选择语言时，不仅要考虑理论上的标准，还要同时考虑使用方面的各种限制，必须根据实际情况选择使用的程序设计语言。

(1) 系统用户的要求。

使用用户熟悉的语言，因为系统要由用户自己来维护。

(2) 运行平台的要求。

根据目标系统部署的软硬件环境来选择语言。在 MS-DOS 下，就不能使用 Visual C++语言。

(3) 程序员知识。

学习和掌握一门语言是两个完全不同的标准，应尽可能选用程序员熟悉的语言。

(4) 软件可移植性要求。

若目标系统将在几个不同的环境下运行，或使用寿命很长，应该选择标准化程度高、可移植性好的语言，例如 Java 语言。

"工欲善其事，必先利其器"，进行程序设计前，一定要根据目标系统、用户要求、公司技术选择成熟的技术来编写程序，并结合软件开发工具的优势来选择语言，也就是"干什么事，选什么工具"。

6.4 冗余程序设计与防错程序设计

一个好的程序必须具备两个特性：正确性和完备性。正确性指在正确的输入下得到正确的输出。完备性指在不正确输入下也能保证程序继续运行或者不异常退出。错误是不可避免的，通常减少错误的思想的一类是允许错误发生，尽量使错误影响减到最小的技术；另一类在开发过程中回避错误的发生，也叫防错程序设计。

6.4.1 冗余程序设计

冗余是对错误发生后进行事后处理的一种机制。在硬件系统中有两种做法值得借鉴，一是并行冗余，让多个同样设备同时为一个任务工作，一个设备发生错误，其他设备还在正确工作，所以仍能保证系统正常如初地工作，工作人员只是对该设备进行更换就可以了，如：磁盘冗余阵列；二是备用冗余，在日常生活中常可以看到这种冗余的例子，比如：人们出差在外，会为手机带一块备用电池和充电器，开车"自驾游"时会为爱车带一个备用的汽车轮胎。

在软件系统中，可以借鉴硬件实现中的思想，进行冗余程序设计。比如是科学计算的程序，为了保证计算的正确和稳定，可以为这个任务设计两个程序，一个程序对应一个算法，分别让两个不同的程序员编写。进行科学计算的同时运行这两个程序。如果这两个程序执行的结果均在允许的计算误差之间，任选一个结果或取两个结果的平均值作为最终结果；如果两个结果不一致，可使用"错误检测系统"加以纠正。

采用冗余程序设计表面上看开发费用成倍增加，而实际上可能小于 1.5 倍，即使增加了费用，但却使程序的强壮性大大提高，长期效益递增。另外冗余程序设计会增加程序文档的管理任务，程序占用存储空间和运行时间会延长，对策是只在关键部分采用冗余设计技术。

6.4.2 防错程序设计

错误是编程中不可避免和必须要处理的问题，程序处理错误能力在很大程度上影响着编程工作的效率和质量。这些错误有些是设计阶段的问题，有些是编码阶段产生的。为了避免和纠正这些错误，可以在编码过程中有意识地在程序中加进一些错误检查的措施，这就是防错设计的基本思想。防错程序设计可分为主动式和被动式两种。

1. 主动式防错程序设计

主动式防错程序设计是指周期性地对整个程序或数据库进行搜索或在空闲时搜索异常情况。主动式防错程序设计既可以在处理输入信息期间使用，也可在系统空闲时间或等待下一个输入时使用。以下的检查项目均适合于主动式防错程序设计。

1）内存检查

对内存中存放应用系统数据的内存地址内容进行定期的检查。

2）标志检查

对设置程序的标志状态的变量值进行检查，提高安全性和避免错误发生。

3）反向检查

逆向思维的能力。通过输出结果分析输入条件的正确性。

4）连接检查

当程序中使用链表结构时，检查链表的连接是否正确。

5）时间检查

如果知道完成一个任务所需的最大时间，可以采用定时程序进行检查。

2. 被动式防错程序设计

被动式防错程序设计是等待用户输入一定数据后才进行检查，系统资源浪费少，错误发现晚。以下的检查项目均适合于被动式防错程序设计。

(1) 检查外部系统或设备的输入数据，包括：范围、数据类型等。

(2) 数据库中的数据，包括：文件、记录是否正确。

(3) 操作员的输入，包括：输入顺序、数据类型、范围等。

(4) 数组下标是否越界。

(5) 进行除法运算时，分母是否为 0。

(6) 系统是否运行的是正确的发行版本。

(7) 程序输出是否正确。

6.5 软件编码管理

 引例

一个在美国 IBM 工作过 2 年、在印度公司工作了 4 年的项目经理 A 与我国某公司资深软件开发经理 B 有这样一段对话。

项目经理 A 问："你们每月生产多少行代码？"

经理 B 掂量了很久，谦虚地说："人均代码 1 万多行吧，不到 2 万行。"

经理 A 听后，眼睛瞪得圆圆的："喔！你们已经远远超过国际最高水平了。"

经理 B 惴惴不安地反问："你们的呢？"

印方经理 A 很认真地回答："我们公司目前的效率为每人每月 300 行。"

为什么与软件大国有这么大的差距呢？

首先我们没有生产率的概念。大多数人是这么算的，一天编 400～500 行代码还不是小菜一碟。一个月有 30 天，这样每月 1 万多行还不是轻松搞定？殊不知，这个伟大的假设存在下面的问题：首先没有考虑需求分析、概要设计、详细设计、单元测试、集成测试、系统测试的时间，也没有考虑文档的时间，甚至都有可能不知道有这些过程。

软件编码是项目的核心。因此缺少管理的编码工作，就不会做出成功的软件项目。程序开发过程中，程序员根据已有的模块设计文档，理清思路，然后编写程序。但是由于程序员编写程序步骤比较随心，导致可能出现对需求理解不清楚，或者由于本身的水平有限，导致程序本身存有缺陷。同时由于目前软件规模不是一两个程序员能独立完成的，而是需要组成一个开发团队，所以又存在交流沟通和版本控制问题，对软件编码整个过程进行管理是十分必要的。

6.5.1 软件编码过程的管理

软件编码过程的管理实际上是对程序员和源代码的管理。下面根据编码过程来说明相应管理的内容。

(1) 开发团队组建。

根据软件开发任务组建开发团队，分配相应的软、硬件资源和人员。可以按照主程序员形式进行组织和管理。

(2) 制定内部开发计划。

根据软件开发计划书结合实际编码任务制定更为详细的开发计划，召开小组会议，并将进度下发到相关的开发人员，每日进行进度检查，并根据实际情况来调整开发计划。

(3) 质量检查和评估。

每个程序员要必须清楚自己所做部分的需求；清楚自己与其他人所做模块的衔接点及其应该注意的地方。程序员在开发前最好编写一个开发的步骤文档。通过代码走查、代码评审、代码复查等手段保证程序员代码的质量。同时根据代码行数或功能点由程序组长统计各个程序员的工作量和开发效率。

6.5.2 编码后的管理

软件开发完成后的源代码交付用户使用后，必定会发生各种各样的问题，比如：各种运行错误、软件需求变化，或经过一段时间的使用，有必要根据用户新的需求增加或改进现有软件功能。所以，源代码不是一成不变的，软件的版本变更势必会造成源代码版本的变更，多个源代码版本同时存在，发生错误或更新时，又要进行修改和测试工作，所以一个软件编码完成后，要进行有效的管理，以避免造成软件由于版本问题而造成运行的混乱。

编码后的管理主要有两方面：一是源代码和文档的配置管理，二是源代码的验证与确认管理。

(1) 源代码和文档的配置管理是编码过程管理的核心。既然是协同开发，就要找一个源代码控制软件来进行开发中的源代码管理和版本控制，因为程序的修改是不可避免的，程序组可能随时调用某一个版本的源代码和文档。可以使用 Visual SourceSafe 软件。

(2) 源代码的验证与确认管理是保证软件编码质量的关键，软件源代码的每一次修改后均需进行有效的验证与确认过程，只有经过软件测试的全过程，才能保证源代码修改后既修正了原有错误又保证不会引入新的错误。

本 章 小 结

　　编程是产生能在计算机上运行的程序，目的是把详细设计的结果翻译成用选定的程序设计语言书写的源程序。源程序要遵循"清晰第一、效率第二"的原则，努力提高程序的可维护性。

　　良好的编码风格应该以结构化程序设计原则为指导，提倡源码文档化，程序的输入输出设计要充分考虑用户行业及人体工程学的要求，在程序满足正确性和可靠性的前提下尽量做到对用户友好。本章对结构化程序设计的原则作了详细介绍，并通过实例介绍了编码时注意事项、出错处理机制和编码规范。

习　　题

一、填空题

　　1. 为了使程序结构易于理解，把基本控制结构限于顺序、_____、_____ 3 种，应避免使用_____。

　　2. 国际上最流行的数值计算的程序设计语言是_____。

二、选择题

　　1. 在人工智能领域，目前最广泛使用的高级语言是(　　)。

　　A. Ada　　　　　　　B. FORTRAN　　　　　C. COBOL　　　　　　　D. LISP

　　2. 程序语言的编译系统和解释系统相比，从用户程序的运行效率来看，(　　)。

　　A. 前者运行效率高　　　　　　　　　B. 两者大致相同

　　C. 后者运行效率高　　　　　　　　　D. 不能确定

三、判断题

　　1. 结构化程序设计被称为"无 GOTO 语句"的程序设计。　　　　　　(　　)

　　2. 程序运行效率只由程序运行的时间长短来决定。　　　　　　　　(　　)

四、简答题

　　1. 程序设计语言分为几类？

　　2. 软件防错技术有哪些？它们有什么不同？

　　3. 为什么要强调编码风格？

　　4. 结构化程序设计有哪几种程序控制结构？

第**7**章
软件测试技术

教学目标

使学生了解和掌握软件测试的基本理论和实践技术，为日后从事软件测试工作打下良好的理论和实践基础。了解软件测试的过程和方法，掌握黑盒测试中等价类、边界值测试方法及白盒测试方法，会制定测试计划和编写测试用例。

教学要求

知 识 要 点	能 力 要 求	关 联 知 识
白盒测试及其用例设计	掌握白盒测试技术	程序设计
黑盒测试及其用例设计	掌握黑盒测试技术	需求分析及设计
软件测试过程方法	了解软件测试过程	白盒测试、黑盒测试

引例

20 世纪 80 年代末期，海尔作为众多冰箱品牌之一，并不太起眼，当时的国内外冰箱品牌众多，形成群雄逐鹿的卖方市场，海尔冰箱尽管次品率比较高，但是市场似乎并不排斥。那时，中国的企业还是将产品分为一等品、二等品、三等品、等外品等。

1985 年，张瑞敏从一封用户来信中得知生产的冰箱存在质量问题，经确认主要是由于主要工序的检验技术和质量员的责任意识淡薄。于是，当着全厂职工的面，张瑞敏让 76 台冰箱的质检责任人向问题冰箱抡起了大锤，并亲自砸了第一锤……。通过砸冰箱，唤起了全体职工的质量意识和名牌意识。

和传统产业相比，作为朝阳产业的软件产业，其质量更不容忽视。软件测试人员就是质量检验员，要及时发现问提、反馈问题，保证软件产品的质量。

本章中讲述软件测试的原理、概念、方法、技术。

7.1　软件测试的基本概念

软件测试在软件生命周期中横跨两个阶段。通常在编写出每个模块之后就要对它做必要的测试(称为单元测试)，模块的编写者和测试者是同一个人，编码和单元测试属于软件生命周期的同一个阶段。在这个阶段结束之后，对软件系统还应该进行各种综合测试，这是软件生命周期中的另一个独立的阶段，通常由专门的测试人员承担这项工作。

7.1.1　软件测试的重要性

大量统计资料表明，软件测试的工作量往往占软件开发总工作量的 40%以上，在极端情况，测试那些可靠性要求较高的软件(如在航空航天、银行保险、电信通信、操作系统乃至游戏或医学监控等软件)所花费的成本，可能相当于软件工程其他步骤总成本的 3 至 5 倍。因此，必须高度重视软件测试工作，绝不能认为写出程序之后软件开发工作就接近完成了，实际上，大约还有同样多的测试工作量需要完成。

由此可以看出，软件测试的重要性不亚于软件开发，一款产品必须经过严格测试后才能推出市场。同时，目前我国软件外包市场活跃，软件测试职位已经被各个软件开发公司所重视，他们越来越需要专业的测试人才。

7.1.2　软件测试的定义

对于软件测试许多专家和组织给出了各种各样的定义。软件测试就是在软件投入运行前，对软件需求分析、设计规格说明和编码的最终复查。它是软件质量保证的关键步骤。通常对软件测试的定义有两种描述。

(1) 定义 1：软件测试是为了发现错误而执行程序的过程。

(2) 定义 2：软件测试是根据软件开发各阶段的规格说明和程序的内部结构而精心设计的一批测试用例(由输入数据及其预期的输出结果组成)，并利用这些测试用例运行程序，以及发现错误的过程。

IEEE(1983 标准)定义：使用人工或自动手段来运行或测试某个系统的过程，其目的在于检验它是否满足规定的需求或是弄清预期结果与实际结果之间的差别。

在《软件工程知识体系指南 2004 版》(蒋遂平译)中指出：测试是为评价、改进产品质量、标识产品的缺陷和问题而进行的活动。

在以上定义中，软件测试的关键问题如下。

(1) 动态：这意味着测试是通过运行软件，发现软件中存在的功能、性能等问题。

(2) 有限：测试不可能无限次地进行，必须用设计好的测试用例，在软件产品交付期之前完成测试工作。

(3) 手段：软件测试可以通过人工或采用自动化测试工具两种方式，可以采用二者之一，也可以二者结合使用，以提高测试效率。

(4) 期望：运行编写的测试用例，分析输出结果与期望值之间的差异，以分析错误的原因。

从以上对软件测试的定义可以看出，对软件测试的认识是一个由单纯发现错误为目的，到验证确认软件功能特性，评估软件质量为目的的过程。

7.1.3　软件测试与软件调试的区别

早期的软件开发过程中，测试的含义比较狭窄，将测试等同于"调试"，目的是纠正软件中已经知道的故障，常常由开发人员自己完成这部分的工作。那时，对测试的投入极少，测试介入也晚，常常是等到形成代码，产品已经基本完成时才进行测试。

直到 1957 年，软件测试才开始与调试区别开来，软件测试是尽可能多地发现软件中的错误，但进一步诊断和改正程序中潜在的错误，则是调试的任务，二者的主要区别在于以下几点。

(1) 测试是从一个已知的条件开始，使用预先定义的过程，有预期的结果。调试从一个未知的条件开始，结束的过程不可预计。

(2) 测试过程有测试计划，进度可以控制，而调试不能描述过程或持续时间。

(3) 测试是发现错误的过程，而调试是逻辑推理的过程。

(4) 测试可以显示开发人员产生的错误。调试则可以作为开发人员为自己辩护的借口。

(5) 测试能预期和得到控制。调试需要想象，经验和思考。

(6) 测试能在没有详细设计的情况下完成，没有详细设计的调试不可能进行。

(7) 测试可以由非开发人员进行，而调试必须由开发人员进行。

(8) 调试是测试之后的活动。

总之，调试是软件开发过程中最艰巨的脑力劳动。调试开始时，软件开发者仅仅面对着错误的征兆，然而在问题的外部现象和内在原因之间往往并没有明显的联系，在组成程序的各种元素中，每一个都可能是错误的根源。如何能在浩如烟海的程序元素中找到有错误的那个(或几个)元素，这是调试过程中的核心技术问题。

7.1.4　软件测试的基本原则

在进行有效的软件测试之前，测试人员必须理解软件测试的基本原则。以下是一组测试原则。

(1) 测试工作应从用户的需求入手。正如人们所知：软件测试的目的在于发现错误。

而最严重的错误(从用户角度来看)是那些导致程序无法满足需求的错误。

(2) 测试前必须制定可行的测试计划。测试计划可以在需求模型一完成就开始,详细的测试用例定义可以在设计模型被确定后立即开始。因此,所有测试应该在代码编写前就进行计划和设计。

(3) Pareto 原则应用于软件测试。简单地讲,Pareto 原则暗示着测试发现的错误中的 80% 很可能起源于程序模块中的 20%。当然,问题在于如何划分这些有疑点的模块并进行彻底的测试。

(4) 应从"模块"测试开始,逐步转向"系统"测试。最初的测试通常把焦点放在单个程序模块上,进一步测试的焦点则转向在模块的接口间寻找错误,最后在整个系统中寻找错误。

(5) 穷举测试是不可能的。即使是一个大小适度的程序,其路径排列的数量也非常大。因此,在测试中不可能运行路径的每一种组合。然而,充分覆盖程序逻辑,并确保程序设计中使用的所有条件是有可能的。

(6) 为了达到最佳效果,应该由独立的第三方来构造测试。所以创建系统的软件工程师并不是构造软件测试的最佳人选。忌开发人员或项目组的成员测试自己的软件产品。

(7) 对测试形成的所有文档妥善保存,有利于软件的后期维护,包括测试计划、测试用例、测试缺陷、测试分析报告等。

7.1.5　软件测试的目标

Myers(梅尔斯)在其软件测试著作中对软件测试的目标提出以下观点。

(1) 软件测试是为了发现错误而运行程序的过程。

(2) 一个好的测试用例能够发现至今尚未发现的错误。

(3) 一个成功的测试是发现了至今尚未发现的错误的测试。

那么软件测试的真正目标是什么?为了研究这个问题,随机问了一些软件开发和测试工程师、管理人员。其中一些人说目标是验证软件是否满足用户和产品的需求。其他的人给出了更简单的回答,例如:"确认软件没有 Bug"以及"为了验证软件能够正常运转"。

以上的说法不是错误的,但也不能说完全正确地说明软件测试的目标。这些说法是基于不同的立场提出的,即从用户角度出发,或从开发者的角度出发。

7.1.6　软件测试过程

软件测试不仅仅是对程序的测试。软件测试贯穿软件开发的全过程,为了确保软件的质量,对软件测试的过程应进行严格的管理。虽然大多数测试工作是在实现且经验证后进行的,实际上,测试的准备工作在分析和设计阶段就开始了。一个规范化的测试过程通常包括以下基本的测试活动。

(1) 编写测试大纲。

当设计工作完成以后,就应该着手测试的准备工作了,一般来讲,由一位对整个系统设计熟悉的设计人员编写测试大纲,明确测试的内容和测试通过的准则,以便系统实现后进行全面测试。

(2) 制定测试计划。

根据测试大纲的准则和纲要，设计详细的测试计划，制定测试进度，分配测试任务和分配测试资源。测试计划要细化到对拟制测试说明、进行测试和测试报告的预先编制等工作的安排。

(3) 根据测试大纲设计和生成测试用例。

测试用例的好坏决定着测试工作的效率，选择合适的测试用例是做好测试工作的关键。在测试文件编制过程中，按规定的要求精心设计测试用例有重要的意义。所以必须依据测试大纲和测试计划精心对待测模块设计合理的测试用例。

(4) 实施测试。

在开发组织将所开发的程序验证形成测试版本后，提交测试组，测试人员要仔细阅读有关资料，包括规格说明、设计文档、使用说明书及在设计过程中形成的测试大纲、测试内容及测试的通过准则，全面熟悉系统，根据测试计划和测试用例对系统进行测试。

(5) 生成测试报告。

测试人员在测试过程中要详细记录测试用例的实际结果，分析与预期结果的差异，书写测试报告，与开发组织沟通交流测试中的问题，以便尽快解决测试出的问题。

7.2 测试团队的组织

作为软件开发的重要环节，软件测试越来越受到人们的重视。随着软件开发规模的增大、复杂程度的增加，以寻找软件错误为目的的测试工作就显得更加困难。然而，为了尽可能多地找出程序中的错误，生产出高质量的软件产品，软件开发单位测试团队的组织和管理就显得尤为重要。

7.2.1 测试组织者

测试的组织者，在开发单位内一般称为测试主管，当然还有专业的第三方测试机构和最终客户作为测试的组织者，本文主要介绍开发单位中的测试组织者。作为测试的组织者主要负责下面的几项工作。

(1) 制定部门测试工作流程，并对测试流程进行过程改进。

(2) 根据项目制定详细的测试计划。

(3) 测试的资源管理(包括测试人员和设备等)。

(4) 组织(实施)测试培训。

(5) 负责测试部门和其他相关部门的协调工作。

(6) 对测试人员进行绩效考核。

(7) 如果公司没有质量管理部，测试部门还要做一部分质量管理工作(如制定公司项目管理流程及相关项目管理制度)，质量管理和测试二者是统一的、不能割裂的。

(8) 对测试项目进行监控，对测试质量负责。

(9) 测试工作总结，汇报。

基于以上几点，测试的组织者应该具备专业业务能力、沟通能力、组织能力、团队精神、敬业精神、文字能力，当然，最重要的就是团队的管理能力和管理方法。

7.2.2　专业测试人员

其实作为测试的管理者并不要求具有多么高深的技术能力，因为如果他的手下没有高素质的专业测试人员，那么测试计划就无法落实到具体的工作中去，软件测试的效果也就可想而知。作为专业测试人员应具备何种能力呢？

(1) 熟悉业务知识。

专业测试人员必须熟悉待测试软件的业务知识，谁对业务知识了解得越深入，谁越能够找出更深入、更关键、更隐蔽的软件错误。所以作为一名专业的软件测试工程师，要多向该软件领域的专家、同行学习，以提高自己的业务知识水平。

(2) 良好的表达能力。

软件测试人员发现软件存在缺陷时，通常要书写缺陷报告，缺陷报告如果写得详尽清楚，开发人员就能够尽快定位错误，修改错误。所以作为一名专业的软件测试工程师，写作能力是必要的素质。

(3) 善于学习的能力。

软件测试技术随着时间的变化也在做一些提高和改进，作为一名专业的测试人员，要善于利用书籍、网站、论坛等途径不断提高自己的软件测试水平。

(4) 善于同软件开发人员沟通。

沟通是当今软件项目中需要掌握的关键技术之一。软件测试人员要善于同软件开发人员沟通，搞好人际关系，使测试人员不至成为开发人员的对立方，这对于提高整个软件项目质量是十分重要的。沟通的内容主要包括以下几点。

① 讨论软件的需求、设计：通过这样的沟通，可以更好地了解所测试的软件系统，以便用尽可能少的时间测试出尽可能多的错误，从而减轻软件开发人员的压力。

② 报告好的测试结果：作为一个测试人员，发现错误往往是测试人员最愿意而且引以自豪的结果，但是一味地给开发人员报告软件错误，会造成与开发人员的关系紧张，降低整个软件的质量和开发进度。所以作为一名软件测试工程师，当测试的模块没有严重的错误或者错误很少的时候，不妨跑到开发人员那里告诉他们这个好消息，这会带来意想不到的结果。

7.2.3　测试配置管理人员

配置管理是项目经理的"眼睛"，是软件测试有效实施的前提。软件配置管理作为贯穿软件开发过程的一项工作，其重要性不言而喻。配置管理的详细内容可以参考 11 章软件质量保证与软件配置管理。测试配置管理是软件配置管理的子集，作用于测试的各个阶段。其管理对象包括测试计划、测试方案(用例)、测试版本、测试工具及环境、测试结果等。

配置管理人员主要维护公司的配置管理系统；提供配置管理工具过程培训；实施项目配置管理活动，协助文档编写；公司技术文档管理。而测试配置管理人员，主要对软件测试过程中形成的各种配置项进行管理，例如：软件测试计划、测试用例、软件缺陷报告、测试总结等。

7.2.4　测试相关人员

软件测试过程中，需要计算机专业人士、专业的测试和配置管理人员，由于他们具有一定开发经验既懂得计算机的基本理论，又有一定的实践经验。所以容易发现软件错误及原因，同时他们可以分析程序的性能，例如，该程序占用内存空间的多少和 CPU 的利用率，在这些方面他们往往是专家。尤其是进行非功能测试的时候，他们可以更好地搭建系统测试平台。这种人员应该占测试队伍中半数以上。

但测试团队中还需要具有业务经验的人员。测试队伍中需要有这样的人员的目的在于，这些人员由于对业务非常熟悉，软件质量的前提又是满足用户的需求，专业的业务知识是计算机专业人员达不到的。所以这方面人员可以利用他们的业务知识和专业水平，参与系统需求期间的文档审核，发现软件中存在的业务性错误，比如专业用语不准确、业务流程不规范等。这种人才对于专业性比较强的软件测试工作尤为重要，比如税务、法律、艺术、CAD、医学等软件。

最后，一个软件团队中还需要会操作计算机的人员。由于软件一旦销售出去，使用软件的人素质各种各样，他们会带来截然不同的操作问题。在测试期间使用非计算机专业的业务人员模拟软件的最终用户操作软件，可以在软件测试工作后期得到非同凡响的效果，他们往往会发现专业测试人员测试不出的问题和一些稀奇古怪的错误。这就是软件测试学中所谓的猴子测试法。

但是，对于一个软件公司来说，并不是说所有的测试队伍都需要这 4 种人员，实际中可以一组人代替多个角色，但是要遵循以下原则。

(1) 对于业务性不是很强的软件开发，具有一定开发经验的计算机专业人员与具有业务经验的人员可以合并。

(2) 只需要会操作计算机的人员时，可以由公司行政人员来充当，可以节省资金。

那么在实际工作中，应该如何进行测试的组织呢？在我国，软件开发单位的规模差别较大，测试人员的组织应当视企业的人力资源而定。

① 条件特别好的公司，可以为每一个开发人员分配一名独立的测试人员。这样的测试人员职业化程度很高，可以完成单元测试、集成测试和系统测试工作，能够实现开发与测试同步进行。

② 条件比较好的公司，可以设置一个独立的测试小组，该测试小组轮流参加各个项目的系统测试。而单元测试、集成测试工作由项目的开发小组承担。

③ 条件一般的公司，养不起独立的测试小组。单元测试、集成测试工作由项目开发小组承担。当项目进展到系统测试阶段，可以从项目外抽调一些人员，加上开发人员，临时组成系统测试小组。

④ 条件比较差的公司，也许只有一个项目和为数不多的一些开发人员。那么就让开发人员一直兼任测试人员的角色，相互测试对方的程序。如果人员实在太少了，只能让开发人员测试自己的程序，有测试总比没有测试好吧？

引例

Microsoft 公司的经验教训

在 20 世纪 80 年代初期，Microsoft 公司的许多软件产品出现了 "Bug"。比如，在 1981 年与 IBM PC 一起推出的 BASIC 软件，用户在用 "1"（或者其他数字）除以 10 时，就会出错。在 FORTRAN 软件中也存在破坏数据的 "Bug"。由此激起了许多采用 Microsoft 操作系统的 PC 厂商的极大不满，而且很多个人用户也纷纷投诉。Microsoft 公司的经理们发觉很有必要引进更好的内部测试与质量控制方法。但是遭到很多程序设计师甚至一些高级经理的坚决反对，他们固执地认为在高校学生、秘书或者外界合作人士的协助下，开发人员可以自己测试产品。在 1984 年推出 Mac 机的 Multiplan（电子表格软件）之前，Microsoft 曾特地请 Arthur Anderson 咨询公司进行测试。但是外界公司一般没有能力执行全面的软件测试。结果，一种相当厉害的破坏数据的 "Bug" 迫使 Microsoft 公司为它的 2 万多名用户免费提供更新版本，代价是每个版本 10 美元，一共花了 20 万美元，可谓损失惨重。痛定思痛后，Microsoft 公司的经理们得出一个结论：如果再不成立独立的测试部门，软件产品就不可能达到更高的质量标准。IBM 公司和其他有着成功的软件开发历史的公司便是效法的榜样。但 Microsoft 公司并不照搬 IBM 公司的经验，而是有选择地采用了一些看起来比较先进的方法，如独立的测试小组、自动测试以及为关键性的构件进行代码复查等。Microsoft 公司的一位开发部门主管戴夫·穆尔回忆说："我们清楚不能再让开发部门自己测试了。我们需要有一个单独的小组来设计测试，运行测试，并把测试信息反馈给开发部门。这是一个伟大的转折点。" 但是有了独立的测试小组后，并不等于万事大吉。自从 Microsoft 公司在 1984 年与 1986 年之间扩大了测试小组后，开发人员开始 "变懒" 了。他们把代码扔在一边等着测试，忘了唯有开发人员自己才能阻止错误的发生、防患于未然。此时，Microsoft 公司历史上第二次大灾难降临了。原定于 1986 年 7 月发行的 Mac 机的 Word 3.0，千呼万唤方于 1987 年 2 月问世。这套软件竟然有 700 多处错误，有的错误可以破坏数据甚至摧毁程序，一下子就使 Microsoft 公司名声扫地。公司不得不为用户免费提供升级版本，费用超过了 100 万美元。

7.3　软件测试及测试用例设计

任何一个完全测试或穷举测试的工作量都是巨大的，在实践上是行不通的，因此任何实际测试都不能保证被测程序中不遗漏错误或缺陷。为了最大程度减少这种遗漏，同时最大限度发现可能存在的错误，在实施测试前必须确定合适的测试方法和测试策略，并以此为依据制定详细的测试用例。所谓测试用例是为某个特殊目标而编制的一组测试输入、执行条件以及预期结果，以便测试某个程序路径或核实是否满足某个特定需求。

软件测试方法之所以没能完全标准化和统一化，主要原因是软件产品种类繁多。但是目前仍有一些基本的方法需要掌握。下面介绍软件测试的分类及测试用例的设计方法。

7.3.1　软件测试的分类

按照划分方法的不同，软件测试有不同的分类。按照测试用例的设计方法划分，软件测试可以分为白盒测试、黑盒测试和灰盒测试；按照开发阶段划分，软件测试可分为单元测试、集成测试、系统测试、确认测试和验收测试；按照测试实施组织划分，软件测试可分为开发方测试、用户测试（β 测试）、第三方测试。按照测试技术划分，也可划分为静态测试和动态测试。同时，还有强度测试、压力测试、性能测试、界面测试、文档测试、安装/反安装测试等。在下面的小节中，主要介绍白盒测试及黑盒测试技术。

7.3.2 白盒测试及其用例设计

白盒测试法的前提是把程序看成装在一个透明的白盒里，也就是完全了解程序的结构和处理过程。这种方法按照程序内部的逻辑测试程序，检验程序中的每条通路是否都能按预定要求正确工作，白盒测试又称为结构测试或逻辑驱动测试。白盒测试的原则如下。

(1) 保证程序中每一个独立的路径至少执行一次。

(2) 保证所有判定的每一个分支至少执行一次。

(3) 保证每个判定表达式中每个条件的所有可能结果至少出现一次。

(4) 保证每一个循环都在边界条件和一般条件至少各执行一次。

(5) 验证所有内部数据结构的有效性。

在测试阶段使用穷举法测试是行不通的，必须要从数量极大的可用测试用例中精心地挑选出少量的测试数据，使得采用这些测试数据能够达到最佳的测试效果，能够高效率地把隐藏的错误揭露出来。白盒测试主要采用逻辑覆盖的方法进行测试用例的设计，逻辑覆盖这一方法要求测试人员对程序的逻辑结构有清楚的了解，甚至要求能掌握源程序的所有细节。逻辑覆盖又可分为语句覆盖、判定覆盖、条件覆盖、判定/条件覆盖、条件组合覆盖和路径覆盖。下面对这几种白盒测试方法进行逐一介绍。

1) 语句覆盖

语句覆盖就是设计若干个测试用例，运行被测程序，使得每一条可执行语句至少执行一次。

图 7.1 所示的程序中，令 x=2，y=0，z=1 作为测试数据，程序执行路径为 abcde，使语句段 1 和 2 各执行一次，实现了语句覆盖。但它不能检测所有判定条件的错误。比如，如果把第一个表达式中的运算符"AND"写成"OR"，而第二个表达式中的运算符"OR"写成"AND"，则上述测试用例就无法检测出错误来了，所以语句覆盖对程序逻辑的覆盖程度较低。

2) 判定覆盖

判定覆盖就是设计足够的测试用例，使得程序中每个判定的取"真"分支和取"假"分支至少都执行一次，判定覆盖又称分支覆盖。

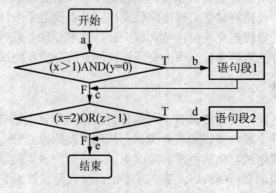

图 7.1　语句覆盖例子

例如，针对图 7.1 的程序，可以设计如下两组数据以满足判定覆盖。

> x=3，y=0，z=1(通过路径 abce)
> x=2，y=1，z=2(通过路径 acde)

判定覆盖必然满足语句覆盖。覆盖程度仍然不高。比如，如果把 z>1 写成了 z<1，则上述测试用例仍无法检测出来。因为它只覆盖了全部路径的一半。判定覆盖可以推广到多分支情况。

3) 条件覆盖

条件覆盖是指设计足够的测试用例，使每个判定表达式中的每个条件的每种可能值都至少出现一次。

如图 7.1 所示，程序结构中共有 4 个条件：$x > 1$、$y = 0$、$x = 2$、$z > 1$。

条件覆盖要求设计测试用例，覆盖第一个判定表达式的 $x > 1$、$y = 0$、$x \leq 1$、$y \neq 0$ 等各种结果，并覆盖第二个判定表达式的 $x = 2$、$z > 1$、$x \neq 2$、$z \leq 1$ 等各种结果。

设计如下两组测试用例，可以满足条件覆盖的标准。

> x=2，y=0，z=3(覆盖 x>1，y=0，x=2，z>1，通过路径 abcde)
> x=1，y=1，z=1(覆盖 x≤1，y≠0，x≠2，z≤1，通过路径 ace)

4) 判定/条件覆盖

它是指设计足够的测试用例，使得判定表达式中的每个条件都取到所有可能的值(即满足条件覆盖)，并使每个判定表达式也都取到所有可能的判定结果(即满足判定覆盖)。

例如，针对图 7.1 的程序，可以设计如下两组数据以满足判定覆盖。

> x=2，y=0，z=3(覆盖 x>1，y=0，x=2，z>1，通过路径 abcde)
> x=1，y=1，z=1(覆盖 x≤1，y≠0，x≠2，z≤1，通过路径 ace)

5) 条件组合覆盖

条件组合覆盖是指设计足够的测试用例，使得每个判定表达式中条件的各种可能值的组合都至少出现一次。这是一种较强的逻辑覆盖。

图 7.1 中的两个判定表达式中含有 4 个条件，共有 8 种组合。

(1) $x > 1$，y=0；(2) $x > 1$，$y \neq 0$；

(3) $x \leq 1$，y=0；(4) $x \leq 1$，$y \neq 0$；

(5) x=2，$z > 1$；(6) x=2，$z \leq 1$；

(7) $x \neq 2$，$z > 1$；(8) $x \neq 2$，$z \leq 1$。

例如，设计如下的测试用例。

(1) x=2，y=0，z=3；覆盖条件组合(1)和(5)，通过路径 abcde。

(2) x=2，y=1，z=1；覆盖条件组合(2)和(6)，通过路径 acde。

(3) x=0，y=0，z=3；覆盖条件组合(3)和(7)，通过路径 acde。

(4) x=1，y=1，z=1；覆盖条件组合(4)和(8)，通过路径 ace。但未通过路径 abce。

6) 路径覆盖

它是指设计足够的测试用例，以覆盖被测程序中所有可能的路径。

如图 7.1 所示，共有 4 条路径，设计以下 4 组测试用例，就可以覆盖这 4 条路径。

(1) x=2，y=0，z=3；覆盖路径 abcde。

(2) x=2，y=1，z=1；覆盖路径 acde。

(3) x=1，y=1，z=1；覆盖路径 ace。

(4) x=3，y=0，z=1；覆盖路径 abce。

但该测试没有覆盖条件组合(3)和(7)，即：(3) x≤1，y=0；(7) x≠2，z>1。

在实际测试过程中，为了达到充分测试的目的，一般以条件组合覆盖为主设计测试用例，然后再补充部分测试用例，以便实现路径覆盖。

7.3.3 黑盒测试及其用例设计

黑盒测试又称功能测试、数据驱动测试或基于需求规格说明书的测试，是一种从用户观点出发的测试，如图 7.2 所示。

图 7.2 黑盒测试意图

测试人员把被测程序当作一个黑盒子。黑盒测试力求发现下述类型的错误。

(1) 功能不正确或遗漏了功能。

(2) 界面错误。

(3) 数据结构错误或外部数据库访问错误。

(4) 性能错误。

(5) 初始化和终止错误。

白盒测试在测试过程的早期阶段进行，而黑盒测试主要用于测试过程的后期。黑盒测试故意不考虑程序的控制结构，而把注意力集中于信息域。

用黑盒测试发现程序中的错误，必须在所有可能的输入条件和输出条件中确定测试数据，来检查程序是否都能产生正确的输出。但这是不可能的，因为穷举测试数量太大，无法完成。

具体的黑盒测试用例设计方法包括等价类划分法、边界值分析法、场景法、错误推测法、因果图法、判定表驱动法、正交试验设计法、功能图法等，以下逐一说明。

1. 等价类划分法

等价类划分法是一种典型的黑盒测试方法，用这一方法设计测试用例完全不考虑程序的内部结构，只根据对程序的需求和说明，即需求规格说明书。这种方法把程序的输入域划分成数据类，据此可以导出测试用例。

对于等价类的划分要考虑两种不同的情况。

(1) 有效等价类：指对于程序规格说明来说是合理的、有意义的输入数据构成的集合。利用这些数据可以检验程序是否实现了规格说明预先规定的功能和性能。

(2) 无效等价类：指对于程序规格说明来说是不合理的、无意义的输入数据构成的集合。利用这些数据，可以检查程序功能和性能的实现是否有不符合规格说明要求的地方。

在确立了等价类之后，建立等价类表，列出所有划分出的等价类，见表 7-1。

表 7-1　等价类划分表

输 入 条 件	有效等价类	无效等价类
...	...	...
...	...	...

根据已列出的等价类表，按以下步骤确定测试用例。

(1) 为每个等价类规定一个唯一的编号。

(2) 设计一个新的测试用例，使其尽可能多地覆盖尚未覆盖的有效等价类。重复这一步，最后使得所有有效等价类均被测试用例所覆盖。

(3) 设计一个新的测试用例，使其只覆盖一个无效等价类。重复这一步使所有无效等价类均被覆盖。

【例 7.1】　设有一个教学管理系统，要求用户输入以年月表示的日期。假设日期限定在 2000 年 1 月—2008 年 12 月，并规定日期由 6 位数字字符组成，前 4 位表示年，后 2 位表示月。现用等价类划分法设计测试用例，来测试程序的"日期检查功能"。

(1) 划分等价类并编号。

(2) 设计测试用例，以便覆盖所有的有效等价类。

在表 7-2 中列出了 3 个有效等价类，编号分别为(1)、(5)、(8)，设计的测试用例见表 7-3。

表 7-2　日期判定的等价类表

输入等价类	有效等价类	无效等价类
日期的类型及长度	(1) 6 位数字字符	(2) 有非数字字符 (3) 少于 6 位数字字符 (4) 多于 6 位数字字符
年份范围	(5) 在 2000～2008 之间	(6) 小于 2000 (7) 大于 2008
月份范围	(8) 在 01～12 之间	(9) 等于 00 (10) 大于 12

表 7-3　有效等价类测试表

测 试 数 据	期 望 结 果	覆盖的有效等价类
200711	输入有效	(1)、(5)、(8)

(3) 为每一个无效等价类设计一个测试用例，见表 7-4。

表 7-4　无效等价类测试表

测 试 数 据	期 望 结 果	覆盖的无效等价类
Wang98	无效输入	(2)
200806	无效输入	(3)

续表

测 试 数 据	期 望 结 果	覆盖的无效等价类
20080601	无效输入	(4)
199906	无效输入	(6)
200902	无效输入	(7)
00	无效输入	(9)
13	无效输入	(10)

2. 边界值分析法

长期的测试工作经验得出，大量的错误是发生在输入输出范围的边界上，而不是发生在输入输出范围的内部，因此针对各种边界情况设计测试用例，可以查出更多的错误。

使用边界值分析方法设计测试用例，首先应确定边界数据。通常输入和输出等价类的边界，就是应着重测试的边界情况，应当选取正好等于、刚刚大于或刚刚小于边界的值作为测试数据，而不是选取等价类中的典型值或任意值作为测试数据。

边界值分析方法可以单独设计测试用例，也可以作为等价类划分方法的补充，即在各个等价类中主要是选择边界上及其左右的值。在等价类划分的例子中对月份范围的测试就可以选择 00、01、02、11、12、13 等数据作为测试用例。

(1) 如果输入条件指定了范围[a, b]，则 a、b 以及紧挨 a、b 左右的各一个值都应作为测试用例。比如，学生成绩为[0, 100]，应取-1、0、1、99、100、101 共 6 个值作为测试用例。

(2) 如果输入条件指定了输入数据的个数范围，则按最大、最小个数及其左右的个数各设计一个测试用例。比如，一个输入文件应包括 255 个记录，则应分别设计输入 0 个、1 个、2 个、254 个、255 个、256 个记录的测试用例。

(3) 将规则(1)和(2)应用于输出条件，即设计测试用例使输出值达到边界值及其左右的值。

3. 错误推测法

错误推测法是基于经验和直觉推测程序中所有可能存在的各种错误，从而有针对性地设计测试用例的方法。

其基本思想：列举出程序中所有可能有的错误和容易发生错误的特殊情况，根据它们选择测试用例。即按非正常的思路逆向测试软件，主要考虑用户在使用软件中的非法操作的情况，这些错误往往程序开发人员在测试时容易忽视。可选择这些容易出错情况为例作为测试用例。

一般来说，可以利用以下两种方法选择输入数据的组合。

(1) 使用测试工具和人工检查代码相结合的方法。

(2) 利用判定树或判定表作为工具，列出输入数据各种组合与程序所执行的操作及相应输出数据之间的相应关系，然后为判定表的每一列至少设计一个测试用例。

4. 因果图法

等价类划分方法和边界值分析的方法着重考虑输入条件，但未考虑输入条件之间的联系。如果在测试时检查输入条件的各种组合情况，从功能说明中找出因(输入条件)和果(输出或程序状态的修改)，可能会发现一些新的问题。利用因果图测试首先是将因果图功能说明转换成一张判定表，然后为判定表的每一例设计测试用例。

5. 场景法

现在的软件几乎都是用事件触发来控制流程的，事件触发时的情景便形成了场景，而同一事件不同的触发顺序和处理结果就形成事件流。这种在软件设计方面的思想也可引入到软件测试中，可以比较生动地描绘出事件触发时的情景，有利于测试设计者设计测试用例，同时使测试用例更容易理解和执行。

提出这种测试思想的是 Rational 公司，并在 RUP 2000 中文版当中有其详细的解释和应用。

用场景来描述流经用例的路径，即从用例开始到结束遍历这条路径上所有基本流和备选流。

6. 功能图法

功能图是对程序功能的形式化说明，功能图由状态转换图和逻辑模型组成。在状态转换图中，起始点称为初始状态，活动的终止点称为终止状态。给定一个非终止状态，输入相应的数据，系统产生对应的数据输出并转移到后继状态。逻辑功能模型表示状态的输入条件与输出条件之间的对应关系。测试用例描述了测试执行的一系列状态转换及每一个状态的输入输出条件。

这些方法是比较实用的，但采用什么方法，在使用时自然要针对开发项目的特点对方法加以适当的选择。

7.3.4　静态测试

静态测试是指在不运行程序的情况下检查程序的运行情况。静态测试的常用方法有需求评审、设计评审、代码会审、代码走查。

(1) 需求评审：软件的设计和实现都是基于需求分析规格说明进行的。需求分析规格说明是否完整、正确、清晰是软件开发成败的关键。为了保证需求定义的质量，应对其进行严格的审查。审查小组由下列人员组成：组长一人；成员，包括系统分析员、软件开发管理者、软件设计、开发和测试人员和用户。

(2) 设计评审：软件设计是将软件需求转换成软件表示的过程。主要描绘出系统结构、详细的处理过程和数据库模式。按照需求的规格说明对系统结构的合理性、处理过程的正确性进行评价，同时利用关系数据库的规范化理论对数据库模式进行审查。评审小组由下列人员组成：组长一人；成员，包括系统分析员、软件设计人员、测试负责人员各一人。

(3) 代码会审：是由一组人通过阅读、讨论和争议对程序进行静态分析的过程。会审小组由一名组长、2～3 名程序设计和测试人员及程序员组成。会审小组在充分阅读待审程序文本、控制流程图及有关要求、规范等文件基础上，召开代码会审会，程序员逐句讲解程序的逻辑，并展开热烈的讨论甚至争议，以揭示错误的关键所在。实践表明，程序员在讲解过程中能发现许多自己原来没有发现的错误，而讨论和争议则进一步促使了问题的暴露。例如，对某个局部性小问题修改方法的讨论，可能发现与之有牵连的甚至能涉及模块的功说明、模块间接口和系统总结构的大问题，导致对需求定义的重定义、重设计验证，大大改善了软件的质量。

(4) 代码走查：是指开发组内部进行的，采用讲解、讨论和模拟运行的方式进行的查找错误的活动。与代码会审基本相同，其过程分为两步：第一步是将材料先发给走查小组的每个成员，让他们认真研究程序，然后再开会。开会的程序与代码会审不同，不是简单地读程序和对照错误检查表进行检查，而是让与会者"充当"计算机。即首先由测试组成员为被测程序准备一批有代表性的测试用例，提交走查小组。走查小组开会，集体扮演计算机，让测试用例沿程序的逻辑运行一遍，随时记录程序的踪迹，供分析和讨论用。

但在实际工作中，人们完全不必要被概念所束缚住，根据项目的实际情况来决定采取什么样的静态测试形式，不用严格去区分到底是代码走查、代码会审和技术评审。

7.3.5 动态测试

动态测试指通过运行被测程序，检查运行结果与预期结果的差异，并分析运行效率和健壮性等性能。动态测试分为结构测试与功能测试。在结构测试中常采用语句测试、分支测试或路径测试。作为动态测试工具，它应能使所测试程序有控制地运行，自动地监视、记录、统计程序的运行情况。典型方法是在所测试程序中插入检测各语句的执行次数、各分支点、各路径的探针，以便统计各种覆盖情况。有些程序设计语言的源程序清单中没有标号，在进行静态分析或动态测试时，还要重新对语句进行编号，以便能标出各分支点和路径。在有些程序的测试中，往往要统计各个语句执行时的 CPU 时间，以便对时间花费最多的语句或程序段进行优化。

7.4 软件测试策略

软件测试必须分步骤进行，每个步骤在逻辑上是前一个步骤的继续。大型软件系统通常由多个子系统组成，每个子系统又由多个模块组成，因此软件的测试过程一般按 5 个步骤进行，即单元测试、集成测试、确认测试、系统测试和验收测试。图 7.3 显示出软件测试经历的 5 个步骤。

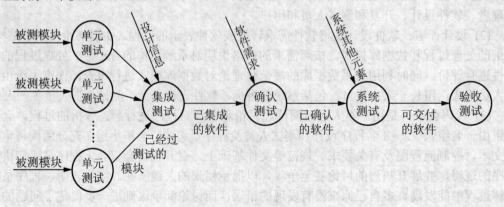

图 7.3　软件测试过程

1. 单元测试

单元测试集中对用源代码实现的每一个程序单元进行测试，检查各个程序模块是否正确地实现了规定的功能。单元测试需要从程序的内部结构出发设计测试用例。多个模块可以平行地独立进行单元测试。

2. 集成测试

集成测试是在单元测试的基础上，根据设计规定的软件体系结构，把已测试过的模块按照设计要求组装起来，成为系统。在组装过程中，检查程序结构组装的正确性。这时需要考虑以下问题。

(1) 在把各个模块连接起来时，穿越模块接口的数据是否会丢失？

(2) 一个模块的功能是否会对另一个模块的功能产生不利的影响？

(3) 各个子功能组合起来，能否达到预期要求的父功能？

(4) 全局数据结构是否有问题？

(5) 单个模块的误差累积起来，是否会放大，以致达到不能接受的程度？

(6) 单个模块的错误是否会导致数据库错误？

3. 确认测试

确认测试又称有效性测试。它的任务是验证软件的有效性，即验证软件的功能和性能及其他特性是否与用户的要求一致，以及软件配置是否完全、正确。在软件需求规格说明书描述了全部用户可见的软件属性，其中有一节叫做有效性准则，它包含的信息就是软件确认测试的基础。

4. 系统测试

所谓系统测试，是将通过确认测试的软件作为整个基于计算机系统的一个元素，与计算机硬件、外设、某些支持软件、数据和人员等其他系统元素结合在一起，在实际运行(使用)环境下，对计算机系统进行一系列的组装测试和确认测试。

系统测试的目的在于通过与系统的需求定义作比较，发现软件与系统定义不符合或与之矛盾的地方。系统测试的测试用例应根据需求分析规格说明来设计，并在实际使用环境下来运行。

5. 验收测试

上面介绍的单元测试、集成测试和系统测试都是软件开发商内部的测试，一般在开发商的实验室进行，而验收测试是在用户参与下的测试，一般在客户的现场环境中进行。然而在现实情况下，由于种种原因，很多人直接将集成测试或者系统测试的用例拿来进行验收测试，这是不合适的。

验收测试的目的主要是验证软件功能的正确性和需求的符合性。软件研发阶段的单元测试、集成测试、系统测试的目的是发现软件错误，将软件缺陷排除在交付客户之前，而验收测试是与客户共同参与的，旨在确认软件符合需求规格的验证活动。

验收测试可以分为 α 测试和 β 测试。

α 测试是在用户参与下，在开发环境下进行的测试，也可以是公司内部的用户在模拟实际操作环境下进行的测试。软件在一个自然设置状态下使用。开发者坐在用户旁边，随时记下错误情况和使用中的问题。这是在受控制的环境下进行的测试。

β 测试是由软件的多个用户在一个或多个用户的实际使用环境下进行的测试。这些用户是与公司签订了支持产品预发行合同的外部客户，他们要求使用该产品，并愿意返回有关错误信息给开发者。与 α 测试不同的是，进行 β 测试时开发者通常不在测试现场。因而，β 测试是在开发者无法控制的环境下进行的软件现场应用。

另外，在验收测试中不可避免地会发现软件的缺陷或与需求存在偏差的地方，项目团队应当与客户保持良好的沟通，根据问题的轻重缓急共同确定修复和改进的计划，使系统尽早验收通过、上线运行。

7.5　软件测试工具

通常，软件测试的工作量很大(据统计，测试会占用到 40%的开发时间；一些可靠性要求非常高的软件，测试时间甚至占到开发时间的 60%)。而测试中的许多操作是重复性的、非智力性的和非创造性的，并要求做准确细致的工作，计算机就最适合于代替人工去完成这样的任务。

测试工具测试是相对手工测试而存在的，它具有良好的可操作性、可重复性和高效率等特点。要理解为什么要使用测试工具，可以从两个方面考虑，分别是手工测试具有的局限性和自动化测试的优点。手工测试会存在下面的不足。

(1) 通过手工测试无法做到覆盖所有代码路径。

(2) 简单的功能性测试用例在每一轮测试中都不能少，而且具有一定的机械性、重复性，工作量往往较大。

(3) 许多与时序、死锁、资源冲突、多线程等有关的错误，通过手工测试很难捕捉到。

(4) 进行系统负载、性能测试时，需要模拟大量数据或大量并发用户等各种应用场合时，手工测试很难做到。

(5) 进行系统可靠性测试时，需要模拟系统运行 10 年、几十年，以验证系统能否稳定运行，这也是手工测试无法模拟的。

(6) 如果有大量(几千)的测试用例，需要在短时间内(1 天)完成，手工测试几乎不可能做到。

而测试工具会给测试工作带来如下好处。

(1) 缩短软件开发测试周期，可以让产品更快投放市场。

(2) 测试效率高、精度高，充分利用硬件资源。

(3) 节省人力资源，降低测试成本。

(4) 增强测试的稳定性和可靠性。

(5) 提高软件测试的准确度和精确度，增加软件信任度。

(6) 软件测试工具使测试工作相对比较容易，且能产生更高质量的测试结果。

(7) 手工不能做的事情，自动化测试能做，如负载、性能测试。

软件测试实行自动化进程，绝不是因为厌烦了重复的测试工作，而是因为测试工作的需要，更准确地说是回归测试和系统测试的需要。

但软件测试工具也存在一些不足，例如：第一，某些测试工具难于学习和使用，创建和修改测试脚本费时费力，不一定节省时间；第二，测试工具只能解决某一方面的问题，应用范围狭窄；第三，商业测试工具售价高昂，十几万元一套，一般公司难以承受；第四，软件测试不是万能的，根据测试实际需要确定是否选用和选用什么样的测试工具。

1. 自动化测试和手工测试的范围

那么，究竟在什么情况下使用手工测试？在什么情况下使用测试工具呢？

自动化测试绝不能代替手工测试，它们各有各自的特点，其测试对象和测试范围都不一样。在系统功能涉及逻辑测试、验收测试、适用性测试、物理交互性测试时，多采用黑盒测试的手工测试方法。单元测试、集成测试、系统负载测试、性能测试、稳定性测试、可靠性测试等比较适合采用自动化测试。

那种不稳定的软件、开发周期很短的软件、一次性的软件等不适合采用自动化测试。

工具本身并没有想象力和灵活性，根据报道，自动化测试只能发现 15%的缺陷，而手工测试可以发现 85%的缺陷。

自动化测试工具在进行功能测试时，其准确的含义是回归测试工具，这时工具不能发现更多的新问题，但可以保证对已经测试过部分的准确性和客观性。

所以，在使用测试工具进行软件测试的时候，在进行自动化测试前，首先要建立一个对软件测试自动化的认识。软件测试工具能提高测试效率、覆盖率和可靠性等，自动化测试虽然具有很多优点，但它只是测试工作的一部分，是对手工测试的一种补充。在进行测试工作时，利用手工测试和测试工具相结合的方法可以有效提高软件测试效率和质量。

2. 测试工具的分类

测试工具可以从两个不同的方面去分类。根据测试方法不同，自动化测试工具可以分为白盒测试工具、黑盒测试工具；根据测试的对象和目的，可以分为单元测试工具、功能测试工具、负载测试工具、性能测试工具、Web 测试工具、数据库测试工具、回归测试工具、嵌入式测试工具、页面链接测试工具、测试设计与开发工具、测试执行和评估工具、测试管理工具等。

其中，白盒测试工具一般是针对被测源程序进行的测试，测试所发现的故障可以定位到代码级。根据测试工具工作原理的不同，白盒测试的自动化工具可分为静态测试工具和动态测试工具。

静态测试工具是在不执行程序的情况下，分析软件的特性。静态分析主要集中在需求文档、设计文档以及程序结构方面。按照完成的职能不同，静态测试工具包括以下几种类型：代码审查、一致性检查、错误检查、接口分析、输入输出规格说明分析检查、数据流分析、类型分析、单元分析、复杂度分析。

动态测试工具是直接执行被测程序以提供测试活动。它需要实际运行被测系统，并设置断点，向代码生成的可执行文件中插入一些监测代码，掌握断点这一时刻程序运行数据(对象属性、变量的值等)，具有功能确认、接口测试、覆盖率分析、性能分析等性能。动态测试工具可以分为以下几种类型：功能确认与接口测试、覆盖测试、性能测试、内存分析等。常用的动态工具有 Compuware 公司的 DevPartner 和 IBM 公司的 Rational Purify。

黑盒测试工具是在明确软件产品应具有的功能的条件下，完全不考虑被测程序的内部结构和内部特性，通过测试来检验软件功能是否按照软件需求规格的说明正常工作。按照完成的职能不同，黑盒测试工具可以分为：功能测试工具，用于检测程序能否达到预期的功能要求并正常运行；性能测试工具，用于确定软件和系统的性能。

常用的黑盒测试工具有 Compuware 公司的 QACenter 和 IBM 公司的 Rational TeamTest。

3. 常用测试工具

为了方便学习者学习和掌握测试工具的使用，下面介绍一些开源的测试工具。

(1) JUnit：JUnit 是一个开源的 Java 测试框架，它是 Xuint 测试体系架构的一种实现。在 JUnit 单元测试框架的设计时，设定了 3 个总体目标，第一个是简化测试的编写，这种简化包括测试框架的学习和实际测试单元的编写；第二个是使测试单元保持持久性；第三个则是可以利用既有的测试来编写相关的测试。使用环境：Windows、OS Independent、Linux。

(2) Apache JMeter(http://jakarta.apache.org/jmeter/)：Apache JMeter 是 100%的 Java 桌面应用程序，它被设计用来加载被测试软件的功能特性、度量被测试软件的性能。设计 Jmeter 的初衷是测试 Web 应用，后来又扩充了其他的功能。Jmeter 可以完成针对静态资源和动态资源(Servlets、Perl 脚本、Java 对象、数据查询 s、FTP 服务等)的性能测试。Jmeter 可以模拟大量的服务器负载、网络负载、软件对象负载，通过不同的加载类型全面测试软件的性能。Jmeter 还可以提供图形化的性能分析。

(3) DBMonster (http://dbmonster.kernelpanic.pl/)：DBMonster 是一个生成随机数据，用来测试 SQL 数据库的压力测试工具。使用环境：Solaris、Linux、Windows (98/NT/2000)JDK1.4 或以上版本。

7.6 案 例 分 析

本节以"图书管理系统"为例，介绍对图书馆管理软件的设计、编程和使用进行测试的方法，以确定软件本身是否存在缺陷和不足以及可能给软件运行带来的影响，并对其测试结果做出判断。

7.6.1 图书管理系统黑盒测试用例

这里，以图书管理系统中的"系统登录"功能为测试点，介绍测试用例的编写及测试步骤。

"系统登录"功能：根据用户的输入数据，与数据库用户表中的数据进行比较，正确用户可以使用系统，不存在的用户无权使用系统。其中，用户表，包括用户名(少于 16 位字符，且不能为空值或空格)，密码(少于 16 位字符，且不能为空值或空格)，登录方式(管理员或读者，且不能为空值或空格)，下面采用黑盒测试中的等价类划分的方法设计测试用例，见表 7-5。

表 7-5　等价类划分的"系统登录"功能测试用例

用　户　名	密　　码	登 录 方 式	预 期 结 果	说　　明
admin01	pass01	管理员	进入系统	正确的用户名，口令(不超过 16 位)和登录方式
admin02	pass001	管理员	进入系统	正确的用户名，口令(7位)和登录方式
admin010	pass010	读者	不能进入系统	登录方式不正确
reader423	pass4213	管理员	不能进入系统	登录方式不正确
reader301475	pass421301	读者	进入系统	正确用户名，口令(12位)和登录方式
admin1234587	pass123	为空	不能进入系统，请选择登录方式	登录方式不能为空
""	pass	管理员	不能进入系统，提示输入用户名	用户名为空，登录方式正确
""	pass	读者	不能进入系统，提示输入用户名	用户名为空，登录方式不正确
"空格"	pass	管理员	不能进入系统，提示无效用户名	用户名为空格，登录方式正确
"空格"	pass	读者	不能进入系统，提示无效用户名	用户名为空格，登录方式不正确
admin1234000000001"	pass1234000000001"	管理员	不能进入系统	用户名大于 16 位

测试步骤见表 7-6。

以测试用例为基础，按上述的测试步骤，填写结果分析与预期结果的差异。

表 7-6　测试步骤

步骤：

输入"用户名"

输入"密码"

选择"登录方式"

单击"进入系统"

结果：

"预期结果"：错误提示用户，正确进入主界面

7.6.2　图书管理系统白盒测试用例

图书管理系统是由 Java 开发的，所以这里主要介绍 Junit 在单元测试中的使用过程。

第一步：去 Junit 主页(http://www.junit.org)下载最新版本的程序包。解开压缩包到 d:\junit(可自定义)或下载安装程序安装，如果使用 Eclipse 开发，可以直接使用 Eclipse 自带的 Junit 测试插件。

第二步：设置系统环境变量，在 classpath 中加入："d:\junit\;d:\junit\junit.jar;"定义类路径。在命令提示符下运行：java junit.swingui.TestRunner，如果一切正确，就会打开应用程序。在下拉菜单中寻找程序自带的例子，比如：junit.samples.AllTests，点击"Run"观察结果。

第三步：制作自己的测试计划，例如，要对图书查询功能，有一个叫 BookInfo.class 的图书查询的 Java 类需要测试，代码如下。

```java
import java.awt.*;
import java.awt.event.*;
import java.sql.*;
import javax.swing.*;
import javax.swing.table.*;
public class BookInfo implements ActionListener
{
  private JFrame frame;
  private JTable table_book;
  private ButtonGroup group;
  private JRadioButton rbt_name, rbt_bar_code;
  private JTextField txt_value;
  private JButton btn_find;
  private String columnNames[]={"书名", "条形码", "分类号", "分类名", "排架号",
"出版社", "出版日期", "入库日期", "状态", "简介"};
  private Object[][]rowData=new Object[10000][10];
  private Connection conn;
  private Statement stmt;

  public BookInfo()
  {
    JFrame.setDefaultLookAndFeelDecorated(true);
    frame=new JFrame("图书信息查询");
    Container content=frame.getContentPane();
    JPanel pl_above=new JPanel();
    pl_above.setLayout(new GridLayout(1, 4, 10, 0));
    rbt_name=new JRadioButton("书名");
    rbt_name.setSelected(true);
    rbt_bar_code=new JRadioButton("条形码");
    group=new ButtonGroup();
    group.add(rbt_name);
    group.add(rbt_bar_code);
    txt_value=new JTextField();
```

```
    btn_find=new JButton("查询");
    btn_find.addActionListener(this);

    pl_above.add(rbt_name);
    pl_above.add(rbt_bar_code);
    pl_above.add(txt_value);
    pl_above.add(btn_find);

    table_book=new JTable(rowData, columnNames);
    table_book.setRowHeight(20);
    table_book.setPreferredScrollableViewportSize(new  Dimension(500 ,
30));

    JScrollPane scrollPane=new JScrollPane(table_book);
    content.add(pl_above, BorderLayout.NORTH);
    content.add(scrollPane, BorderLayout.CENTER);

    frame.pack();
    frame.setBounds(100, 150, 600, 400);
    frame.setVisible(true);
    try
    {
      Class.forName("sun.jdbc.odbc.JdbcOdbcDriver");
      conn=DriverManager.getConnection("jdbc:odbc:library", "sa", "");
      stmt=conn.createStatement();
    }
    catch(ClassNotFoundException e)
    {
      System.err.println(e.getMessage());
    }
    catch(SQLException e)
    {
      System.err.println(e.getMessage());
    }

  }
  public void actionPerformed(ActionEvent e)
  {
    String str_sql, str_value;
    ResultSet book_set;
    int i=0;

    str_value=txt_value.getText().trim();
    if(rbt_bar_code.isSelected())
    {
      str_sql="select  bookname , bannercode , kindnumber , kindname ,
positionnumber, "+
             "publishingcompany,publishtime,putintime,state,introduction
from tbl_book where "+
```

```
                         "bannercode="+"'"+str_value+"'";
        }
        else
        {
          str_sql="select  bookname ,  bannercode ,  kindnumber ,  kindname ,
positionnumber, "+
                  "publishingcompany,publishtime,putintime,state,introduction
from tbl_book where "+
                  "bookname like '"+str_value+"%'";
        }

        Object obj=e.getSource();

        try
        {
          if (obj.equals(btn_find))
          {
            for(int j=0;j<rowData.length;j++)
            {
              for(int k=0;k<10;k++)
                rowData[j][k]=null;
            }

            table_book.repaint();
            book_set=stmt.executeQuery(str_sql);

            while (book_set.next())
            {
              if (i<rowData.length)
              {
                rowData[i][0]=book_set.getString("bookname");
                rowData[i][1]=book_set.getString("bannercode");
                rowData[i][2]=book_set.getString("kindnumber");
                rowData[i][3]=book_set.getString("kindname");
                rowData[i][4]=book_set.getString("positionnumber");
                rowData[i][5]=book_set.getString("publishingcompany");
                rowData[i][6]=book_set.getDate("publishtime");
                rowData[i][7]=book_set.getDate("putintime");
                rowData[i][8]=book_set.getString("state");
                rowData[i][9]=book_set.getString("introduction");
                i++;
              }
              else
              {
                JOptionPane.showMessageDialog(frame,"没有符合条件的记录!");
              }
            }
          }
        }
```

```
    catch(SQLException sqle)
    {
      System.err.println(sqle);
    }


    }
    public static void main(String args[])
    {
      new BookInfo();
    }
}
```

第四步：创建一个测试类：TestBookInfo，代码如下。

```
import BookInfo;  //引入待测试的类
import junit.framework.*;
public class TestBookInfo extends TestCase
{ //TestCase 的子类
  private TestBookInfo TBI;        //构造被测类的对象

  public TestBookInfo (String name)
  {
    super(name);
  }

  protected void setUp() {        //进行初始化的任务
    TB1= new TestBookInfo ();
  }
  public static Test suite() {                //进行测试
    return new TestSuite(TestBookInfo.class);
  }
  public void testBookInfo () {              //对预期的值和 BookInfo 方法比较
    Assert.assertTrue(!TBI.equals(null));        //断点
    Assert.assertEquals("find ok!", TBI.con()); //正确执行了图书信息查询方法
  }
//如果一个类中还有其他方法，测试方法与 testBookInfo 类似
  }
}
```

测试用例说明：首先要引入待测试的类 import BookInfo；接着引入 Junit 框架 import junit.framework.*。同时需要继承测试的父类 TestCase；在 setUp()方法中实例化一个 BookInfo，供后面的测试方法使用；suite()是一个很特殊的静态方法，它会使用反射动态的创建一个包含所有的 testXxxx 方法的测试套件，确定一个类中有多少个方法需要测试；testBookInfo()方法对 BookInfo 的构造方法进行测试，并使用测试父类的断言(Assert)显示测试结果是"find ok!"(正确执行了查询)，并在 Assert.assertEquals()方法中进行验证。

最后，把 TestBookInfo、BookInfo 类编译成*.class 文件，在 Junit 的控制台上选择刚才定义的 TestBookInfo 类，并运行。如果一切正确，就会显示绿条，证明测试正确。如果显示红色，在结果中会有相应显示，根据提示检查 BookInfo 类中的错误。一般来说，只要断

点符合 BookInfo 类的规范，TestBookInfo 类就不可能出错。

7.6.3 图书管理系统界面测试

一个软件除了功能和性能的测试外，同时作为商业软件，更应注意软件的界面，一个拥有良好的软件界面的软件会很快征服用户的眼球。界面类测试的内容有很多项，主要测试界面的美观程度、软件的易用性、软件的交互性等。具体内容见表 7-7。

表 7-7 软件界面测试主要内容

序　号	测 试 内 容
1	所有控件是否具有快捷键？是否支持键盘操作？输入框是否能用键盘直接定位输入
2	控件的 TAB 值顺序是否合理
3	日期输入框"年/月/日"的上限和下限分别是多少？是否合理
4	输入字符串的长度限制是否正确
5	鼠标在窗口其余部位的点击是否正常
6	是否定义了回车键的默认功能
7	通过键盘移动光标时，是否会出现丢失焦点的情况
8	在执行其他功能后是否自动回置默认焦点
9	是否定义了 Esc 的默认功能？能否在任何情况下按 Esc 键退出
10	是否定义了 F1 的默认功能？能否在任何界面下按 F1 键提示相应界面的操作提示
11	单击快捷键按钮，是否出现相应功能
12	处理过程中是否将鼠标形状置为"沙漏"?处理结束后是否置为"箭头"
13	查询结果为空时，提示是否正确
14	当超出一屏时，是否有上下滚动条出现
15	长时间的等待过程中，是否有动态提示信息
16	每个功能按钮下是否有确定功能？与按钮的提示是否一致
17	查询的结果是否完整地显示在界面上
18	大数据量的查询时，查询时间是否不超过 30s

输入界面以图书信息录入为例介绍输入界面的测试。

1. 界面的易用性测试

(1) 从图 7.4 中可以看出界面未提供键盘操作的功能，对日后软件操作熟练人员，使用键盘操作无疑是一个缺点。

(2) 界面不提供 F1 的帮助功能，为用户自行掌握软件的使用设置了障碍，增加了培训费用。

(3) 对于出版日期等日期型字段，应提供日期选择的功能，以防止用户输入日期格式的错误。

(4) 对于图书的分类名，软件提供了选择框，方便了用户的操作，这一点是可取之处。

2. 界面的美观程度

界面的美观程度，有人认为第一界面要好看，其实人们使用的 Windows 操作系统，在美观程度上并不是首屈一指的，关键在于整齐，以不致误导用户的操作为原则。

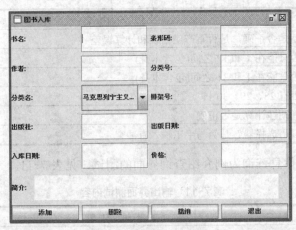

图 7.4 图书入库界面

3. 界面特殊域的测试

界面上的特殊域主要包括字符域、数字域、日期域，在这些界面上，应按表 7-8～表 7-10 中的内容进行测试，由于每个输入界面上大多包括此项内容，练习者可参照 3 个表格中的测试内容，进行测试。

表 7-8 字符域的测试

序 号	测 试 内 容
1	空格和特殊字符~、#、&、()、/等是否允许
2	有效的字符长度是否正确处理
3	无效的字符长度是否提示错误
4	有效的字符类型是否正确处理
5	无效的字符类型是否提示错误

表 7-9 数字域的测试

序 号	测 试 内 容
1	数字域的边界值是什么
2	录入有效值是否提示正确并接受
3	录入无效值是否提示错误并拒绝
4	在数字前面带有空格的数字域是否正确接受
5	在数字后面带有空格的数字域是否正确接受
6	正、负值是否正确处理
7	除零的情况是否不允许
8	是否由于小数位或者四舍五入的问题，导致计算有误

表7-10 日期域测试提问单

序 号	提 问 内 容
1	闰年日期是否正确，是否不产生错误和计算误差
2	月份是否只能在 1 和 12 之间(包含本身)
3	日期是否只能在 1 和 31 之间(包含本身)
4	二月是否有 28、29、30 日
5	日期的周期性计算是否正确
6	是否有日历选择器？是否与手工输入有冲突

输出界面以图书信息查询为例介绍查询界面的测试，见表7-11。

表7-11 输出界面测试内容

序 号	测 试 内 容
1	查询条件录入窗口的标题是否正确
2	查询条件录入窗口的位置和大小是否合理(居中)
3	窗口中的控件布局是否合理，排列是否整齐
4	查询条件录入窗口包含的项目是否可以全选，可以不选
5	窗口是否允许改变大小，改变大小后窗口内控件布局是否依然合理
6	窗口中的提示信息有无错别字，标点符号是否正确
7	窗口中的静态提示信息的意义表达是否准确
8	查询条件是否提供初始值和默认值？它们是否是用户常用的查询条件
9	信息的对齐方式是否正确(居中)
10	各类信息的显示方式是否正确
11	各按钮和提示信息的字体是否合理
12	当信息显示超过一屏时，是否有垂直和水平滚动条
13	数据显示是否合理地排序
14	可选择数据内容是否全面
15	查询报表标题名称是否正确？字体是否适中？是否自动居中
16	是否完整显示出了查询区间
17	界面显示的列宽是否足够
18	查询结果多于一页的，是否显示页号？是否可以实现页面切换
19	改变 Windows 屏幕大小设置时，窗口是否会自动居中
20	屏幕上数据显示的对齐方式是否满足以下的原则：字符左对齐，数值右对齐

7.6.4 安装/卸载测试

软件的安装/卸载同样是软件测试的一个内容，是软件发布给用户的最后一个测试内容。如果软件未经过安装/卸载测试，可能造成用户无法正常使用软件，而影响软件开发组织的声誉。即使同在一个 Windows 平台上，仍然要坚持在不同版本的 Windows 系统上进行测试，如：Windows 9X、Windows 2000、Windows XP、Windows 2003、Windows Vista 等。安装/卸载测试内容见表 7-12。

表 7-12　安装/卸载测试内容

序　号	测　试　内　容
1	软件是否有安装程序？安装程序是否有服务器端和客户端之分
2	软件安装对操作系统有没有要求？对显示设备、外设等有没有要求
3	软件安装是否需要安装其他的辅助程序？能否独立运行
4	软件安装是否包括数据库、中间件的安装
5	软件安装支持哪些形式？是安装盘安装还是在线安装
6	软件安装后是否需要重启
7	软件安装是否支持自定义安装，能否改变安装路径
8	软件安装是否有显示安装进度条？安装界面是否友好
9	软件安装出错时的信息提示是否友好
10	软件安装是否有最小化安装，典型安装和推荐安装等类型？分别适用怎样的用户
11	软件安装后，在桌面和任务栏能否建立快捷键图标
12	安装程序与安装手册是否一致
13	安装程序与在线安装帮助是否一致
14	在磁盘空间不足时，是否有提示
15	是否可以在安装过程中止安装？中止后是否删除已安装的程序
16	是否可以不覆盖旧有的数据进行安装
17	是否有卸载该软件的程序
18	软件卸载后，是否还需要手工删除文件

本 章 小 结

软件测试工作占据了整个软件开发过程中 40%以上的时间，软件测试的基本目标是尽可能多地发现软件中隐藏的错误，尽快提交开发人员修改，保障软件产品的质量。软件测试通常按照单元测试、集成测试、系统测试、验证测试和确认测试几个过程进行。

由于项目有截止时间的要求，所以在软件测试过程中，穷举测试的方法不可取，故测试用例的设计就显得尤为重要，最常用的是黑盒测试和白盒测试，在实际工作中，通常采用黑盒和白盒两种方法结合使用设计测试用例。

软件测试工作十分繁重，所以一些重复性的、人工无法实现的测试工作，通常要使用测试工具，但测试工具也是由开发人员编写出来的软件，同样存在偏差，故常采用手工和测试工具相结合的方法提高测试工作的效率和质量。

软件测试工作质量的优劣也取决于有无一个过硬的测试团队，一个优秀的团队组织者和专业的测试人员，当然还必须遵循严格的测试流程。

总之，软件测试贯穿于软件开发的全过程，需要对软件开发过程中的程序、文档、数据进行认真的测试，所以在规模较大的软件开发组织内，还有对软件测试部门进行监督的质量管理部门。

习　　题

一、填空题

1. 软件测试的目的是_____ 。

2. 软件测试过程包括_____、_____、_____、_____和验收测试。

3. 对面向过程的系统采用的集成策略有_____、_____两种。

4. 通过画因果图来写测试用例的步骤为_____、_____、_____、_____及把因果图转换为状态图共 5 个步骤。

二、选择题

1. 软件测试的目的是(　　)。
   A. 评价软件的质量　　　　　　　　B. 发现软件的错误
   C. 找出软件中的所有错误　　　　　D. 证明软件是正确的

2. 为了提高测试的效率，应该(　　)。
   A. 随机地选取测试数据
   B. 取一切可能的输入数据作为测试数据
   C. 在完成编码以后制定软件的测试计划
   D. 选择发现错误的可能性大的数据作为测试数据

3. 使用白盒测试方法时，确定测试数据应根据(　　)，制造覆盖标准。
   A. 程序的内部逻辑　　　　　　　　B. 程序的复杂程度
   C. 使用说明书　　　　　　　　　　D. 程序的功能

4. 与设计测试数据无关的文档是(　　)。
   A. 该软件的设计人员　　　　　　　B. 程序的复杂程度
   C. 源程序　　　　　　　　　　　　D. 项目开发计划

5. 软件的集成测试工作最好由(　　)承担，以提高集成测试的效果。
   A. 该软件的设计人员　　　　　　　B. 该软件开发组的负责人
   C. 该软件的编程人员　　　　　　　D. 不属于该软件开发组的软件设计人员

三、判断题

1. 软件测试的目的是尽可能多地找出软件的缺陷。　　　　　　　　(　　)

2. 测试人员要坚持原则，缺陷未修复完坚决不予通过。　　　　　　(　　)

3. 验收测试是由最终用户来实施的。　　　　　　　　　　　　　　(　　)

4. 用黑盒法测试时，测试用例是根据程序内部逻辑设计的。　　　　(　　)

5. 发现错误多的程序模块，残留在模块中的错误也多。　　　　　　(　　)

四、简答题

1. 什么是白盒测试？什么是黑盒测试？

2. 什么是 α 测试？什么是 β 测试？

3. 谁做验收测试最合理，开发方还是用户？

五、操作题

某工厂公开招工，规定报名者年龄应在 16 周岁至 35 周岁之间(到 2002 年 3 月 30 日止)即出生年月不在上述范围内，将拒绝接受，并显示"年龄不合格"等出错信息。采用等价类划分法设计测试用例。

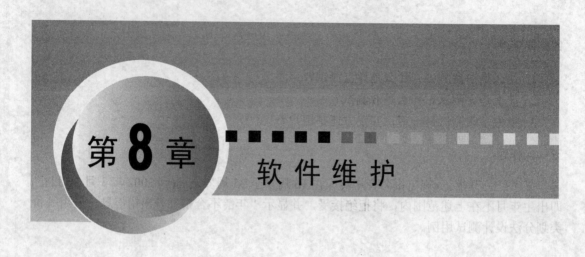

第**8**章 软件维护

教学目标

理解软件维护的一些基本概念、软件维护的过程、软件的可维护性以及提高维护性的方法。

教学要求

知识要点	能力要求	关联知识
软件维护的概念及类型	理解软件维护的概念，能够判断软件维护的类型，能够应用软件维护的策略	软件维护、软件维护的几种类型
软件维护的过程	理解维护组织和维护申请的概念，能够正确应用维护的工作流程	维护组织和维护申请、维护工作流程的步骤
软件维护的可维护性	理解软件维护的软件属性，能够正确进行软件可维护性定量度量	软件属性、软件可维护性的因素
软件再工程技术	理解重构的好处，能够正确应用逆向工程和正向工程	重构的概念、预防性维护的概念

引例

用友软件是我国开发财务软件的最大厂商，用友软件的业务使用范围能够如此迅速地扩大，主要原因之一是该厂商特别重视软件维护工作。刚开始所有单位在使用用友软件时出现的问题都是通过电话或现场服务来解决。而现在实现了通过《用友远程维护软件》来对客户进行服务以后，同类问题的解决时间从原来的 4~6 小时缩短为现在 1~2 小时，不再需要客户将错误信息打印出来再发传真，通话时间从原来的 3~4 小时缩短为十几分钟。不但降低的维护工作的成本，而且提高了维护人员解决问题速度，大大增强了客户对用友售后服务的信心。

不管是什么软件，编程大师曾说："哪怕程序只有 3 行长，总有一天你也不得不对它维护。"软件的运行维护阶段是软件生命周期的最后一个阶段，也是软件生存周期中非常重要的一个阶段。其基本任务是保证软件在一个相当长的时期能够正常运行，但是它的重要性往往被人们忽视。有人把维护比喻为一座冰山，显露出来的部分不多，大量的问题都是隐藏的。一旦问题堆积成量变，那就会造成软件的损坏无法使用，所以周期性地做日常维护是必不可少的一项工作。

本章中讲述软件维护的概念、方法和技术。

8.1　软件维护的基本概念

对软件而言，"维护"是个不太直观的术语，因为软件产品在重复使用时不会被磨损，并不需要进行像对车辆或电器那样的维护。软件维护是人们对既丰富多彩又会令人心酸的活动的统称。其中丰富多彩的活动是指那些反映客观世界变化、能使软件系统更加完善的修改和扩充工作；令人心酸的活动是指那些永无休止、并且改了旧错却引起新错让人欲哭无泪的工作。

8.1.1　软件维护类型

所谓软件维护就是在软件已经交付使用之后，为了改正错误或满足新的需要而修改软件的过程。软件维护划分为 4 类：纠错性维护(Corrective Maintenance)、适应性维护(Adaptive Maintenance)、完善性维护(Perfective Maintenance)和预防性维护(Preventive Maintenance)。

引例

在刚开始使用打印机驱动程序时，有用户反映，打印报告时一页会出现太多的打印行。编程人员判断，这个问题可能是由于打印机驱动程序的设计故障引起的。作为应急措施，小组成员告诉用户，打印前怎样在报告菜单上通过设置参数来重置每页的行数。最后，维护小组重新设计、编码，并且重新测试打印机驱动，以便它能正确地工作而不必由用户自行处理。像这种就属于纠错性维护，当然还有其他的维护类型。

1. 纠错性维护

在软件交付使用后，因开发时测试得不彻底、不完全，必然会有部分隐藏的错误遗留到运行阶段。这些隐藏下来的错误在某些特定的使用环境下就会暴露出来。为了识别和纠正软件错误、改正软件性能上的缺陷、排除实施中的误使用，应当进行的诊断和改正错误的过程就叫做纠错性维护。通常占整个维护活动的 17%~21%。

2. 适应性维护

由于新的硬件设备不断推出，操作系统和编译系统也不断地升级，为了使软件能适应新的环境而引起的程序修改和扩充活动称为适应性维护。通常占整个维护活动的 18%～25%。

3. 完善性维护

为了满足用户在使用软件的过程中提出的增加新功能、修改已有功能或其他一般性改进的要求而进行的软件修改活动，通常占整个维护活动的 50%～66%。

4. 预防性维护

为了改进未来的可维护性或可靠性，或为了给未来的改进奠定更好的基础而修改软件的活动，通常占整个维护活动的 4%左右。

实践表明，在几种维护活动中，完善性维护所占的比重最大。即大部分维护工作是改变和加强软件，而不是纠错。完善性维护不一定是救火式的紧急维修，而可以是有计划、有预谋的一种再开发活动。预防性维护是为了提高软件的可维护性、可靠性等，为以后进一步改进软件打下良好基础。

软件维护活动所花费的工作占整个生存期工作量的 70%以上，这是由于在漫长的软件运行过程中需要不断对软件进行修改，以改正新发现的错误、适应新的环境和用户新的要求，这些修改需要花费很多精力和时间，而且有时会引入新的错误。

应该注意，以上 4 类维护活动都必须应用于整个软件配置，维护软件文档和维护软件的可执行代码是同样重要的。

8.1.2 软件维护策略

根据影响软件维护工作量的各种因素，针对 3 种典型的维护，James Martin 等提出了一些维护策略，以控制维护成本。

1. 改正性维护

通常要生成 100%可靠的软件并不一定合算，成本太高。但通过使用新技术，可大大提高可靠性，减少进行改正性维护的需要。这些技术包括：数据库管理系统、软件开发环境、程序自动生成系统、较高级(第四代)的语言。应用以上 4 种方法可产生更加可靠的代码。此外还有如下方法。

(1) 利用应用软件包，可开发出比由用户完全开发的系统可靠性更高的软件。

(2) 结构化技术，用它开发的软件易于理解和测试。

(3) 防错性程序设计。把自检能力引入程序，通过非正常的检查，提供审查跟踪。

(4) 通过周期性维护审查，在形成维护问题之前就可确定质量缺陷。

2. 适应性维护

这一类维护不可避免，可以控制。

(1) 在配置管理时，把硬件、操作系统和其他相关环境因素的可能变化考虑在内。

(2) 把与硬件、操作系统，以及其他外围设备有关的程序归到特定的程序模块中。

(3) 使用内部程序列表、外部文件，以及处理的例行程序包，可为维护时修改程序提供方便。

3. 完善性维护

利用前两类维护中列举的方法，也可以减少这一类维护。特别是数据库管理系统、程序生成器、应用软件包，可减少维护工作量。

此外，建立软件系统的原型，把它在实际系统开发之前提供给用户。用户通过研究原型，进一步完善他们的功能要求，就可以减少以后完善性维护的需要。

8.1.3　软件维护的副作用

由于维护或在维护过程中其他一些不期望的行为引入的错误，称为维护的副作用。维护的副作用有代码副作用、数据副作用和文档副作用 3 种。

1. 代码副作用

在使用程序设计语言修改代码时可能引入如下错误。

(1) 删除或修改一个子程序、一个标号和一个标识符。

(2) 改变程序代码的时序关系，改变占用存储的大小，改变逻辑运算符。

(3) 修改文件的打开或关闭。

(4) 改进程序的执行效率。

(5) 把设计上的改变翻译成代码的改变。

(6) 把边界条件的逻辑测试做出改变。

以上这些变动都容易引起错误，要特别小心，仔细修改，避免引入新的错误。

2. 数据副作用

在修改数据结构时，有可能造成软件设计与数据结构不匹配，因而导致软件错误。数据副作用是修改软件信息结构导致的结果，有以下几种情况。

(1) 重新定义局部或全局的常量，重新定义记录或文件格式。

(2) 增加或减少一个数组或高层数据结构的大小。

(3) 修改全局或公共数据。

(4) 重新初始化控制标志或指针。

(5) 重新排列输入输出或子程序的参数。

以上这些情况都容易导致设计与数据不相容的错误。数据副作用可以通过详细的设计文档加以控制，在此文档中描述了一种交叉作用，把数据元素、记录、文件和其他结构联系起来。

3. 文档副作用

对数据流、软件结构、模块、逻辑或任何其他有关特性进行修改时，必须对相关技术文档进行相应修改。否则会导致文档与程序功能不匹配、默认条件和新错误信息不正确等错误，使文档不能反映软件当前的状态。如果对可执行软件的修改没有反映在文档中，就会产生如下文档副作用。

(1) 修改交互输入的顺序或格式，没有正确地记入文档中。

(2) 过时的文档内容、索引和文本可能造成冲突等。

因此，必须在软件交付之前对整个软件配置进行评审，以减少文档副作用。事实上，有些维护请求并不要求改变软件设计和源代码，而是指出在用户文档不够明确的地方。在这种情况下，维护工作主要集中在文档。

为了控制因修改而引起的副作用，要做到：按模块把修改分组；自顶而下地安排被修改模块的顺序；每次修改一个模块。

8.1.4 软件维护的困难

与软件维护有关的绝大多数问题，都可归因于软件定义和软件开发的方法有缺点。以下一些因素将导致维护工作变得困难。

(1) 软件人员经常流动，当需要对某些程序进行维护时，可能已找不到原来的开发人员，只好让新手去"攻读"那些程序。

(2) 人们一般理解别人写的程序非常困难。如果仅有程序代码没有说明文档，则会出现严重的问题。

(3) 当要求对软件进行维护时，不能指望由开发人员给大家仔细说明软件。由于维护阶段持续的时间长，因此，当需要解释软件时，往往原来写程序的人已经不在附近了。

(4) 很多程序在设计时没有考虑到将来的修改。除非使用强调模块独立原理的设计方法学，否则修改软件既困难又容易发生差错。

(5) 如果软件发行了多个版本，要追踪软件的演化非常困难。

(6) 维护将会产生不良的副作用，不论是修改代码、数据或文档，都有可能产生新的错误。

(7) 软件维护不是一项吸引人的工作，形成这种观念在很大程度上是因为维护工作经常遭受挫折。

8.2 软件维护过程

维护过程本质上是修改和压缩了的软件定义和开发过程，而且事实上远在提出一项维护要求之前，与软件维护有关的工作就已经开始了。首先必须建立一个维护组织，随后必须确定报告和评价的过程，而且必须为每个维护要求规定一个标准化的事件序列。此外，还应该建立一个适用于维护活动的记录保管过程，并且规定复审标准。

8.2.1 维护组织

除了较大的软件开发公司外，通常在软件维护工作方面，并不保持一直存在一个正式的组织机构。虽然不要求建立一个正式的维护机构，但是在开发部门确立一个非正式的维护机构是非常必要的。维护申请提交给维护管理员，他把申请交给某个系统监督员去评价。一旦做出评价，由修改负责人确定如何进行修改。在修改程序的过程中，由配置管理员严格把关，控制修改的范围，对软件配置进行审计。在维护之前，就把责任明确下来，可以减少维护过程中的混乱。图 8.1 描绘了上述组织方式。

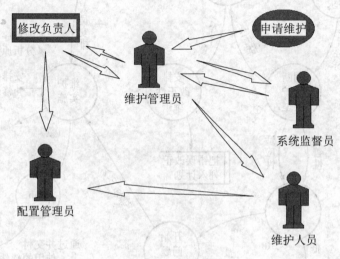

图 8.1　维护组织

8.2.2　维护工作流程

应该用标准化的格式表达所有软件维护要求。软件维护人员通常给用户提供空白的维护要求表——维护申请报告或软件问题报告，应由申请维护的用户填写。用户必须完整地说明产生错误的情况，包括输入数据、错误清单以及其他有关材料。如果申请的是适应性维护或完善性维护，用户必须提出一份修改说明书，列出所有希望的修改。维护申请报告将由维护管理员和系统监督员来研究处理。图 8.2 描绘了维护的工作流程。首先应该确定要求进行的维护类型。用户常常把一项要求看做是为了改正软件的错误(改正性维护)，而开发人员可能把同一项要求看作是适应性或完善性维护。当存在不同意见时必须协商解决。

从图 8.2 描绘的时间流看到，对一项改正性维护要求的处理，从估量错误的严重程度开始。如果是一个严重的错误(例如一个关键的系统不能正常运行)，则在系统管理员的指导下分派人员，并且立即开始问题的分析过程。如果错误并不严重，那么改正性的维护和其他要求软件开发资源的任务一起统筹安排。

适应性维护和完善性维护的要求沿着相同的事件流通路前进。应该确定每个维护要求的优先次序，并且安排要求的工作时间，就好像它是另一个开发任务一样。如果一项维护要求的优先次序非常高，可能立即开始维护工作。

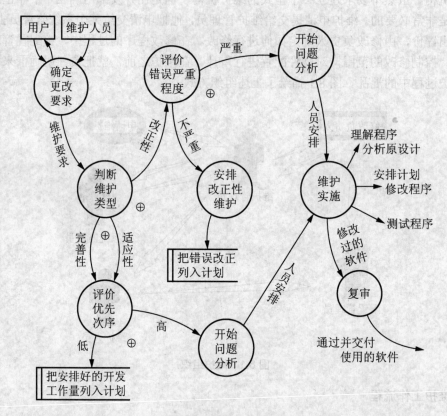

图 8.2　维护工作流程

尽管维护申请的类型不同，但都要进行同样的技术工作，包括以下几点。

(1) 修改软件需求说明。

(2) 修改软件设计。

(3) 设计评审。

(4) 对源程序做必要的修改。

(5) 单元测试。

(6) 集成测试(回归测试)。

(7) 确认测试。

(8) 软件配置评审等。

在每次软件维护任务完成后进行情况评审，并对以下问题做总结。

(1) 在目前情况下，设计、编码、测试中的哪一方面可以改进？

(2) 哪些维护资源应该有但没有？

(3) 工作中主要的或次要的障碍是什么？

(4) 从维护申请的类型来看，是否应当有预防性维护？

8.3　软件可维护性

软件维护是既破财又费神的工作。看得见的代价是那些为了维护而投入的人力与财力。而看不见的维护代价则更加高昂，人们称之为"机会成本"，即为了得到某种东西所必须放弃的东西。把很多程序员和其他资源用于维护工作，必然会耽误新产品的开发甚至会丧失机遇，这种代价是无法估量的。

8.3.1　影响软件维护的软件属性

影响维护代价的非技术因素主要有以下几点。

(1) 应用域的复杂性。如果应用域问题已被很好地理解，需求分析工作比较完善，那么维护代价就较低。反之维护代价就较高。

(2) 开发人员的稳定性。如果某些程序的开发者还在，让他们对自己的程序进行维护，那么代价就较低。如果原来的开发者已经不在，只好让新手来维护陌生的程序，那么代价就较高。

(3) 软件的生命期。越是早期的程序越难维护，很难想像 10 年前的程序是多么落后(设计思想与开发工具都落后)。一般来说，软件的生命期越长，维护代价就越高。生命期越短，维护代价就越低。

(4) 商业操作模式变化对软件的影响。比如财务软件，对财务制度的变化很敏感。财务制度一变动，财务软件就必须修改。一般来说，商业操作模式变化越频繁，相应软件的维护代价就越高。

影响维护代价的技术因素主要有以下几点。

(1) 软件对运行环境的依赖性。由于硬件以及操作系统更新很快，使得对运行环境依赖性很强的应用软件也要不停地更新，维护代价就高。

(2) 编程语言。虽然低级语言比高级语言具有更好的运行速度，但是低级语言比高级语言难以理解。用高级语言编写的程序比用低级语言编写的程序的维护代价要低得多(并且生产率高得多)。一般来说，商业应用软件大多采用高级语言。比如，开发一套 Windows 环境下的信息管理系统，用户大多采用 Visual Basic、Delphi 或 PowerBuilder 来编程，用 Visual C++的就少些，没有人会采用汇编语言。

(3) 编程风格。良好的编程风格意味着良好的可理解性，可以降低维护的代价。

(4) 测试与改错工作。如果测试与改错工作做得好，后期的维护代价就能降低。反之维护代价就升高。

(5) 文档的质量。清晰、正确和完备的文档能降低维护的代价，低质量的文档将增加维护的代价(错误百出的文档还不如没有文档)。

8.3.2 软件可维护性定量度量

 引例

Hewlett-Packard(HP)公司使用了可维护性指标,用来评价几种软件系统的可维护性。首先,用大量的度量结果校准该指标,接着用环路数、代码行数、注释数以及 Halstead(1977)定义的工作量度量计算出一个简明的多项式指标。然后,把该多项式应用于包含有236000行 C 代码的714个组件,该 C 代码由第三方开发。可维护性分析产生了组件的一个排序,帮助 HP 找出那些难于维护的组件。这样做的结果符合 HP 维护人员对维护困难程度的直观感觉。由此可见,软件的可维护性定量度量对软件的维护有很大的帮助作用。

软件可维护性可定性地定义为:维护人员理解、改正、改动和改进这个软件的难易程度。提高软件可维护性是支配软件工程方法论所有步骤的关键目标。

决定软件可维护性的因素有以下几个方面。

1. 可理解性

软件可理解性表明人们通过阅读源代码和相关文档,了解软件功能及其如何运行的(外来读者理解软件的结构、接口、功能和内部过程的)难易程度。

2. 可测试性

可测试性表明了论证程序正确性的容易程度。程序越简单,证明其正确性就越容易。

3. 可修改性

可修改性表明程序容易修改的程度。一个可修改的程序应当是可理解的、通用的、灵活的、简单的。

4. 可移植性

软件可移植性指的是把程序从一种计算环境(硬件配置和操作系统)转移到另一种计算环境的难易程度。把与硬件、操作系统以及其他外部设备有关的程序代码集中放到特定的程序模块中,可以把因环境变化而必须修改的程序局限在少数程序模块中,从而降低修改的难度。

5. 可重用性

重用是指同一事物不做修改或稍加改动就在不同环境中多次重复使用。大量使用可重用的软件构件来开发软件,可以从下述两个方面提高软件的可维护性。

(1) 通常可重用的软件构件在开发时经过很严格的测试,可靠性比较高,且在每次重用过程中都会发现并清除一些错误,随着时间推移,这样的构件将变成实质上无错误的。因此,软件中使用的可重用构件越多,软件的可靠性越高,改正性维护需求越少。

(2) 很容易地修改可重用的软件构件使之再次应用在新环境中,因此,软件中使用的可重用构件越多,适应性和完善性维护也就越容易。

8.4 软件再生工程技术

再生工程与维护的共同之处是没有抛弃原有的软件。如果把维护比作"修修补补"，那么再生工程就算是"痛改前非"。再生工程并不见得一定比维护的代价要高，但再生工程在将来获取的利益却要比通过维护得到的多。再生工程主要有 3 种类型：逆向工程、重构和正向工程。

1. 逆向工程

逆向工程来源于硬件世界。硬件厂商总想弄到竞争对手产品的设计和制造"奥秘"。但是又得不到现成的档案，只好拆卸对手的产品并进行分析，企图从中获取有价值的东西。软件的逆向工程在道理上与硬件的开发相似。

逆向工程就好像一个魔术管道，把一个非结构化的源代码清单填入管道，从管道的另一端出来计算机软件的全部文档。也就是说，逆向工程可以从源代码中提取设计信息。

2. 重构

重构一般是指通过修改代码或数据以使软件符合新的要求。重构通常并不推翻原有软件的体系结构，主要是改造一些模块和数据结构。重构的一些好处有以下几方面。

(1) 使软件的质量更高，或使软件顺应新的潮流(标准)。

(2) 使软件的后续(升级)版本的生产率更高。

(3) 降低后期的维护代价。

重构包括代码重构、数据重构和文档重构。

1) 代码重构

代码重构是最常见的再工程活动。某些老程序具有比较完整、合理的体系结构，但是个体模块的编码方式却是难于理解、测试和维护的。在这种情况下，可以重构可疑模块的代码。

为了完成代码重构活动，首先用重构工具分析源代码，标注出和结构化程序设计概念相违背的部分。然后，重构有问题的代码(此项工作可自动进行)。最后，复审和测试生成的重构代码(以保证没有引入异常)并更新代码文档。

2) 数据重构

数据重构发生在相当低的抽象层次上，它是一种全范围的再工程活动。在大多数情况下，数据重构始于逆向工程活动，分解当前使用的数据体系结构，必要时定义数据模型，标识数据对象和属性，并从软件质量的角度复审现存的数据结构。

当数据结构较差时(例如，在关系型方法可大大简化处理的情况下却使用平坦文件实现)，应该对数据进行再工程。

由于数据体系结构对程序体系结构及程序中算法有很大的影响，对数据的修改必然会导致体系结构或代码层的改变。

3) 文档重构

在代码重构和数据重构之后，一定要重构相应的文档。具体情况不同，处理这个问题的方法也不同。

(1) 建立文档非常耗费时间，不可能为数百个程序都重新建立文档。如果一个程序是相对稳定的，正在走向其有用生命的终点，而且可能不会再经历什么变化，那么，让它保持现状是一个明智的选择。

(2) 为了便于今后的维护，必须更新文档，但是由于资源有限，应采用"使用时建文档"的方法。也就是说，不是一下子把某应用系统的文档都重建起来，而是只针对系统中当前正在修改的那些部分建立完整文档。随着时间流逝，将得到一组有用的和相关的文档。

(3) 如果某应用系统是完成业务工作的关键，而且必须重构全部文档，则仍然应该设法把文档工作减小到必需的最小量。

3. 正向工程

正向工程也称预防性维护，由 Miller 倡导。他把这个术语解释成"为了明天的需要，把今天的方法应用到昨天的系统上。"对于为何要进行预防性维护有以下几点。

(1) 维护一行源代码的代价可能 14～40 倍于初始开发该行源代码的代价。

(2) 软件体系结构的重新设计使用了现代设计概念，可能它对将来的维护有很大的帮助。

(3) 由于软件的原型已经存在，开发生产率应当大大高于平均水平。

(4) 现行用户具有较多该软件的使用经验，新的变更需求和变更的范围能够较容易地搞清。

(5) 逆向工程和重构工程的工具可以使一部分工作自动化。

(6) 软件配置将可以在完成预防性维护的基础上建立起来。

本 章 小 结

软件运行与维护是软件生存期的最后阶段，也是软件生存期耗费时间和精力最大的阶段。由于各种因素，软件在使用过程中要经常维护才能正常运行。软件维护的种类有 4 种：纠错性维护、适应性维护、完善性维护和预防性维护。不同的维护应当使用不同的策略。软件的维护应当遵循一系列的维护流程。

软件的可维护性是衡量软件质量的重要指标。软件的可维护性可以用软件的可理解性、可测试性、可修改性、可靠性、可移植性、可使用性以及效率等特性来度量。

提高软件可维护性是延长软件寿命的重要因素。提高软件的可维护性，应当首先建立明确的软件质量目标和优先级，利用模块化、结构化等提高软件质量的技术和工具进行软件设计，进行明确的质量保证审查，选择可维护性的高级语言来进行程序的编写。

习　题

一、选择题

1. 软件生命周期中所花费用最多的阶段是(　　)。
   A. 详细设计 　　　　　B. 软件编码 　　　　　C. 软件测试 　　　D. 软件维护
2. 下列属于维护阶段的文档是(　　)。
   A. 软件规格说明 　　　　　　　　　　B. 用户操作手册
   C. 软件问题报告 　　　　　　　　　　D. 软件测试分析报告
3. 下列文档与维护人员有关的有(　　)。
   A. 软件需求说明书 　　　　　　　　　B. 项目开发计划
   C. 概要设计说明书 　　　　　　　　　D. 操作手册
4. 在整个软件维护阶段所花费的全部工作中，(　　)所占比例最大。
   A. 纠错性维护 　　　　　B. 适应性维护 　　　　C. 完善性维护 　　D. 预防性维护
5. 软件的维护是指(　　)。
   A. 对软件的改进，适应和完善 　　　　B. 维护正常运行
   C. 配置新软件 　　　　　　　　　　　D. 开发期的一个阶段

二、填空题

1. 软件维护划分为纠错性维护、_____、_____和_____。
2. 维护的副作用有_____、_____和_____3 种。
3. 逆向工程在软件工程中主要用于_____阶段。
4. 软件维护可按不同的维护目的而分类，为了适应硬件环境或软件环境的变更，对软件所做的修改是_____。
5. 可维护性的特性中相互促进的是_____和_____。

三、简答题

1. 什么是重构？重构包括哪几种？
2. 什么是软件的可维护性？
3. 软件维护的困难包括哪些？

第9章 面向对象系统分析与设计

教学目标

能运用面向对象方法，结合 UML 建模语言和 Rationnal Rose 建模工具，绘制 5 大类 9 种图。通过案例分析，能比较全面地对某一建模对象进行规划、分析、设计、实施。

教学要求

知 识 要 点	能 力 要 求	关 联 知 识
面向对象的概念、特征	掌握面向对象的概念	类、实例
UML5 类 9 种图	掌握 UML5 类 9 种建模图形	面向对象建模
UML 建模	掌握建模工具的使用	UML 建模图形

引例

维特根斯坦是 20 世纪乃至人类哲学史上最伟大的哲学家之一。他于 1922 年出版了一本著作——《逻辑哲学论》(Tractatus Logico-Philosophicus)。在该书中，他阐述了一种世界观，或者说一种认识世界的观点。这种观点，在六七十年后，终于由一种哲学思想沉淀到技术的层面上来，成为计算机业界的宠儿，这就是 "OO" (Object-Oriented，面向对象)。

维特根斯坦在《逻辑哲学论》一书中提出了如下思想。

(1) 世界可以分解为事实。

(2) 事实是由原子事实组成的。

(3) 一个原子事实是多个对象的组合。

(4) 对象是简单的(基本的)。

(5) 对象形成了世界的基础。

哲学的观点认为，现实世界是由各种各样的实体(事物、对象)所组成的，每种对象都有自己的内部状态和运动规律，不同对象间的相互联系和相互作用就构成了各种不同的系统，进而构成整个客观世界。同时人们为了更好地认识客观世界，把具有相似内部状态和运动规律的实体(事物、对象)综合在一起称为类。俗话说："物以类聚，人以群分"，类是具有相似内部状态和运动规律的实体的抽象，进而人们抽象地认为客观世界是由不同类的事物间相互联系和相互作用所构成的一个整体。设计计算机软件的目的就是为了模拟现实世界各种各样的类，使各种不同联系的类在计算机中得以实现，进而为人们工作、学习、生活提供帮助。

9.1　面向对象概述

这一节将从面向对象方法和传统开发方法的比较谈起，阐述传统方法的缺陷，然后分别介绍面向对象的相关概念、面向对象的特征和面向对象的方法。这一节的内容是面向对象方法学习的基础。

9.1.1　传统开发方法存在的问题

前面学习的传统开发方法，如结构化方法，虽然很成熟，但在发展过程中它的一些缺陷也暴露出来。

1. 开发出的软件不能满足用户需要

结构化方法的本质是功能分解，从代表目标系统整体功能的单个处理着手，自顶向下不断把复杂的处理分解为子处理，这样一层一层分解下去，直到仅剩下若干个容易实现的子处理为止，然后用相应的工具来描述各个最低层的处理。因此，结构化方法是围绕实现处理功能的"过程"来构造系统的。然而，用户需求的变化大部分是针对功能的，因此，这种变化对于基于过程的设计来说是灾难性的。用这种方法设计出来的系统结构常常是不稳定的，用户需求的变化往往造成系统的较大变化，从而需要花费很大代价才能实现这种变化。用传统的结构化方法开发大型软件系统涉及各种不同领域知识，在开发需求模糊或需求动态变化的系统时，所开发出的软件系统往往不能真正满足用户的需要。

2. 软件可维护性差

结构化方法要求系统有明确的边界定义，且系统结构依赖于系统边界的定义，这样的系统不易扩充和修改。软件工程强调软件的可维护性，强调文档资料的重要性，规定最终的软件产品应该由完整、一致的配置成分组成。在软件开发过程中，始终强调软件的可读性、可修改性和可测试性是软件的重要的质量指标。但是实践证明，用传统方法开发出来的软件，维护时其费用和成本仍然很高，其原因是可修改性差、维护困难，导致可维护性差。

3. 软件重用性差

重用性(reusability)是指同一事物不经修改或稍加修改就可多次重复使用的性质。结构化方法要求数据与操作分开处理，可能造成软件对具体应用环境的依赖，可重用性较差。软件重用性是软件工程追求的目标之一，也是节约费用、减少人员、提高软件生产率的重要途径。传统的开发方法，例如，结构化方法等，虽然给软件产业带来巨大进步，但是并没有解决软件重用的问题。同类型的项目，只要需求有一些变化，都要从头开始，原来的系统很难重用。

从以上论述可知，用结构化方法开发的软件，其稳定性、可修改性和可重用性都比较差。

9.1.2 面向对象的概念

1. 对象(object)

要理解这个概念，先从这个问题说起："这个世界是由什么组成的？"。

这个问题如果让不同的人来回答会得到不同的答案。

如果是一个化学家，他也许会告诉大家"还用问吗？这个世界是由分子、原子、离子等化学物质组成的"。

如果是一个画家呢？他也许会告诉大家，"这个世界是由不同的颜色所组成的"。众说纷纭吧？

但如果让一个分类学家来考虑问题就有趣得多了，他会告诉大家"这个世界是由不同类型的物与事所构成"。

作为面向对象的程序员，要站在分类学家的角度去考虑问题。是的，这个世界是由动物、植物等组成的。动物又分为单细胞动物、多细胞动物、哺乳动物等，哺乳动物又分为人、大象、老虎……就这样的分下去了！

现在，给"对象"下个定义：在应用领域中有意义的，与所要解决的问题有关系的任何事物都可以作为对象，它既可以是具体的物理实体的抽象，也可以是人为的概念，或者是任何有明确边界和意义的东西。

例如，图书管理系统中的一名管理员、一名读者、一个出版社、一座图书馆、一本图书、借书、还书等，都可以作为一个对象。

由于客观世界中的实体通常都既有静态的属性，又具有动态的行为，因此，面向对象方法学中的对象是由描述该对象属性的数据以及可以对这些数据施加的所有操作封装在一起构成的统一体。

2. 类(class)

让大家站在抽象的角度先回答这个问题："什么是人类？"。

首先来看看人类所具有的一些特征，这个特征包括属性(每个人都有身高、体重、年龄、血型等一些属性)以及方法(人会劳动、人都会直立行走、人都会用自己的头脑去创造工具等这些方法)。人之所以能区别于其他类型的动物，是因为每个人都具有人这个群体的属性与方法。"人类"只是一个抽象的概念，它仅仅是一个概念，它是不存在的实体，但是所有具备"人类"这个群体的属性与方法的对象(如张三、李四)都叫人。这个对象"人"是实际存在的实体，每个人都是人这个类群体的一个对象。

由此可见，类是对具有相同属性和行为的一个或多个对象的抽象描述。"人"是类，而"张三、李四"是对象。

例如，在程序中，类实际上就是数据类型，例如整型、浮点型等。整数也有一组特性和行为。面向过程的语言与面向对象的语言的区别就在于，面向过程的语言不允许程序员自己定义数据类型，而只能使用程序中内置的数据类型，而为了模拟真实世界，为了更好地解决问题，往往需要创建解决问题所必需的数据类型，面向对象编程为人们提供了解决方案。

3. 实例(instance)

实例就是由某个特定的类所描述的一个具体的对象。类是对具有相同属性和行为的一组相似的对象的抽象，类在现实世界中并不能真正存在。在地球上并没有抽象的"中国人"，只有一个个具体的中国人，例如，张三、李四、王五……同样，谁也没见过抽象的"圆"，只有一个个具体的圆。

实际上类是创建对象时使用的"样板"，按照这个样板所创建的一个个具体的对象，就是类的实际例子，通常称为实例。

当使用"对象"这个术语时，既可以指一个具体的对象，也可以泛指一般的对象，但是，当使用"实例"这个术语时，必然是指一个具体的对象。

4. 消息(message)

消息，就是要求某个对象执行在定义它的那个类中的某个操作的规格说明。通常，一个消息由下述 3 部分组成。

(1) 接收消息对象。

(2) 消息选择符(也称为消息名)。

(3) 零个或多个变元。

5. 方法(method)

方法，就是对象所能执行的操作，也就是类中所定义的服务。方法描述了对象操作的算法，响应消息的方法。在面向对象程序中把方法称为成员函数。

6. 属性(attribute)

属性，就是类中所定义的数据，它是对客观世界实体所具有的性质的抽象。类的每个实例都有自己特有的属性值。在面向对象程序中把属性称为数据成员。

9.1.3 面向对象的特征

面向对象的特征如图 9.1 所示。

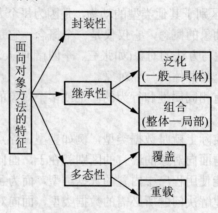

图 9.1　面向对象的特征

1. 封装性(encapsulation)

从字面上理解，所谓封装就是把某个事物包起来，使外界不知道该事物的具体内容。对象就是数据和操作的封装体。使用一个对象的时候，只需知道它向外界提供的接口形式，无须知道它的数据结构细节和实现操作的算法。

实现封装性的条件如下。

(1) 有一个清晰的边界。所有私有数据和实现操作的代码都封装在这个边界内，从外面看不见，更不能直接访问。

(2) 有确定的接口(即协议)。这些接口就是对象可以接收的消息，只能通过向对象发消息来使用它。

(3) 受保护的内部实现。实现对象功能的细节(私有数据和代码)不能在定义该对象的类的范围外进行访问。

封装性也就是信息隐藏，通过封装对外界隐藏了对象的实现细节。

2. 继承性(inheritance)

在面向对象中，继承性使类具有这样的能力：它是可以使用现有类的所有功能，并在无需重新编写原来的类的情况下对这些功能进行扩展。通过继承创建的新类称为"子类"或"派生类"，被继承的类称为"基类"、"父类"或"超类"。

面向对象程序设计的许多强有力的功能和突出的优点，都来源于把类组成一个层次结构的系统(类等级)：一个类的上层可以有父类，下层可以有子类。这种层次结构系统的一个重要性质是继承性，一个类直接继承父类的全部描述(数据和操作)。

继承具有传递性，如果类 C 继承类 B，类 B 继承类 A，则类 C 继承类 A。因此，一个类实际上继承了它所在的类等级中在它上层的全部父类的所有描述，也就是说，属于某类的对象除了具有该类所描述的特性外，还具有类等级中该类上层全部父类描述的一切特性。

当一个类只允许有一个父类时，也就是说，当类等级为树形结构时，类的继承是单继承；当允许一个类有多个父类时，类的继承是多重继承。多重继承的类可以组合多个父类的特性构成所需要的特性，因此功能更强、使用更方便。但是，使用多重继承时要注意避免二义性。

继承性有哪些好处呢？

(1) 继承性使得相似的对象可以共享程序代码和数据结构，从而大大减少了程序中的冗余信息。

(2) 使用从原有类派生出新的子类方法，使得软件的修改变得比过去容易得多了。

(3) 继承性使得用户在开发新的应用系统时不必完全从零开始，可以继承原有的相似系统的功能或者从类库中选区取需要的类，再派生出新的类以实现所需要的功能。

(4) 有了继承性以后，还可以用把已有的一般性的解加以具体化，来达到软件重用的目的：首先，使用抽象的类开发出一般性问题，然后，在派生类中增加少量代码使一般性的解具体化，从而开发出符合特定应用需要的具体解。

要实现继承，可以通过"泛化"(Generalizaion)和"组合"(Composition)来实现。这两个概念在后面会详细讲解。

3. 多态性(polymorphism)

多态性一词来源于希腊语，意思是"有许多形态"。在面向对象程序设计中，多态性指子类对象可以像父对象那样使用，同样的消息既可以发送给父类对象也可以发送给子类对象。

多态性机制不仅增加了面向对象软件系统灵活性，进一步减少了信息冗余，而且显著提高了软件的可重用性和可扩充性。

实现多态性有两种方式：覆盖、重载。

那么，多态的作用是什么呢？人们知道，封装可以隐藏实现细节，使得代码模块化；继承可以扩展已存在的类；它们的目的都是为了代码重用。而多态则是为了实现另一个目的——接口重用。多态的作用，就是为了类在继承和派生的时候，保证能正确调用"家谱"中任一类的实例的某一属性。

9.2　面向对象开发方法

当今，国际上面向对象开发方法的研究已日趋成熟，面向对象产品、面向对象思想、技术和开发方法正显示出强大的生命力。目前，主要的方法有：Coad 方法、Booch 方法、OMT 方法、OOSE 方法、RUP 方法等。这里主要介绍 Coad 方法、OMT 方法和目前比较常用的 RUP 方法。

在介绍方法前，大家先思考下列两个问题。

(1) 在结构化方法中，数据结构与数据处理是分离的。即 E-R 图与 DFD 图的分离。有人注意到 DFD 图不适合于长期保存数据，当时解决的办法是增加一级表示数据结构的图，即 E-R 图，这种方法使数据及数据处理分离。

(2) 在结构化方法中，分析与设计是分离的。即软件分析用 DFD 图、E-R 图及数据字典来表示，而软件设计的表示是软件结构图和 HIPO 图表示法。它们的表示截然不同，需要转换。在转换过程中，难免会丢失信息。

那么，面向对象方法会不会也存在这些问题呢？如果不存在，面向对象方法是如何解决上述矛盾的呢？

9.2.1 面向对象 Coad 方法

面向对象的 Coad 方法使用统一的基本表示方法来组织数据及数据上的专有处理。面向对象的分析，定义问题域的对象和反映系统的任务；面向对象的设计，定义附加的类和对象，反映需求的实现，使得分析和设计符号表示无明显差别，不存在从分析到设计的转换。

1. 面向对象分析

Coad 方法在面向对象的分析中分如下 5 步。

(1) 识别对象和类。

(2) 识别类的结构。

(3) 确定主题。

(4) 定义属性。

(5) 定义服务。

按上述活动建立信息需求分析模型，按下列 5 个层次整理提交文档。

(1) 主题层：控制一次分析所考虑的范围，即对相关的类进行归并。

(2) 对象层：在分析范围内找出全部的对象。

(3) 结构层：分析类的分类结构和组装结构。

(4) 属性层：描述每个对象的状态特征。

(5) 服务层：描述每个对象所具有的操作。

2. 面向对象设计

Coad 方法中，面向对象设计模型在面向对象的分析模型的每个层次上由 4 个组元构成，如图 9.2 所示。

图 9.2 设计模型的 4 个组元

5 个层次从纵向反映模型是透明重叠的，一级比一级更详细，4 个组元从横向反映模型的组成。

4 个组元对应于面向对象设计的 4 个主要活动步骤。

(1) 设计问题域组元。

(2) 设计人机界面组元。

(3) 设计任务管理组元。

(4) 设计数据管理组元。

9.2.2　面向对象 OMT 方法

OMT 是一种软件工程方法学，支持整个软件生存周期。它覆盖了问题构成、分析、设计和实现等阶段。

OMT 方法学是组织开发的一种过程。这种过程是建立在一些协调技术之上的，OMT 方法的基础是开发系统的 3 个模型，再细化这 3 种模型，并优化以构成设计。对象模型由系统中的对象及其关系组成，动态模型描述系统中对象对事件的响应及对象间的相互作用，功能模型则确定对象值上的各种变换及变换上的约束。

1. 面向对象系统分析

分析的目的是确定一个系统"干什么"的模型，该模型通过使用对象、关联、动态控制流和功能变换等来描述。分析过程是一个不断获取需求及不断与用户磋商的过程。分析步骤如下。

(1) 问题陈述。

(2) 构造对象模型。

(3) 构造动态模型。

(4) 构造功能模型。

(5) 验证、重复并完善细化 3 种模型。

2. 面向对象系统设计

在系统设计阶段建立系统的高层结构，有各种标准结构可以用作设计的起点。面向对象的开发方法对系统设计没有什么特殊的限制，但覆盖了完整的软件开发阶段。系统设计的开发步骤如下。

(1) 将系统分解为各子系统。

(2) 确定问题中固有的并发性。

(3) 将各子系统分配给处理器及任务。

(4) 根据数据结构、文件及数据库来选择实现存储的基本策略。

(5) 确定全局资源和制定控制资源访问的机制。

(6) 选择实现软件控制的方法。

(7) 考虑边界条件。

最后得到：系统设计文档=系统的基本结构+高层次决策策略。

3. 面向对象对象设计

对象设计时，对分析模型进行详细分析和阐述并且奠定实现的基础，从分析模型的面向客观边界的观点转到面向实现的计算机观点上来。对象设计步骤如下。

(1) 从其他模型中获取对象模型上的操作：在功能模型中寻找各个操作，为动态模型中的各个事件定义一个操作，这个操作与控制的实现有关。

(2) 设计实现操作的算法：指选择开销最小的算法，选择适合于算法的数据结构，定义新的内部类和操作。给那些与单个类联系不太清楚的操作分配内容。

(3) 优化数据的访问路径：指增加冗余联系以减少访问减少访问开销，提高方便性，重新排列运算以获得更高效率。为防止重复计算复杂表达，保留有关派生值。

(4) 实现系统设计中的软件控制。

(5) 为提高继承而调整类体系：是指为提高继承而调整和重新安排类和操作，从多组类中把共同行为抽取出来。

(6) 设计关联的实现：分析关联的遍历，使用对象来实现关联或者对关联中的类增加值对象的属性。

(7) 确定对象属性的明确表示：是将类、关联封装成模块。

最后得到：对象设计文档=细化的对象模型+细化的动态模型+细化的功能模型

9.2.3 统一软件开发过程——RUP

统一过程(Rational Unified Process，RUP)是 IBM 公司的一个软件过程产品。它几乎覆盖了软件开发过程中的所有方面。统一过程是建模的过程。统一过程是基于构件的，它是用例驱动、以构架为中心、迭代和增量方式的开发过程。

统一过程是一个软件开发过程，它是一个将用户需求转换为软件系统所需要的活动的集合。统一过程不只是一个简单的过程，而是一个通用的过程框架，可用于不同类型的软件系统、各种不同应用领域、各种不同类型的组织、各种不同功能级别以及各种不同规模项目的开发。

1. 统一过程的特点

1) 基于构件

统一过程所构造的软件系统，是由软件构件通过明确定义的接口相互连接所建造起来的。

2) 使用 UML

统一过程使用 UML 来制定软件系统的所有蓝图，UML 是整个统一过程的一个完整部分，它们是共同发展起来的，它强调创建和维护模型。

3) 用例驱动

用例不只是一种确定系统需求的工具，它还能驱动系统的设计、实现和测试的进行。基于用例模型，开发人员可以创建一系列实现这些用例的设计模型和实现模型，可以审查每个后续建立的模型是否与用例模型一致，而测试人员可以确定实现模型的构件是否实现了用例。所以用例启动了开发过程，还使开发过程结合为一体。开发过程是沿着一系列从用例得到的工作流前进的。

4) 以构架为中心

软件系统的构架从不同角度描述了即将构造的系统，它刻画了系统的整体设计，去掉了细节部分，突出了系统的重要特征，包含了系统中最重要的静态结构和动态行为。

构架是根据应用领域的需要逐渐发展起来的，并在用例中得到反映。

5) 按迭代和增量方式开发

开发软件产品是一个艰巨的任务，需要几个月甚至几年，需要将开发的项目划分为若干个细小的项目。每个细小项目是一次能够产生增量的迭代过程。增量是指产品中增加的部分，迭代是指开发中要经历的 5 种工作流。

迭代过程必须是受控的，即必须按照计划好的步骤有选择地进行。

2. 统一过程的开发模式

1) 统一过程的框架

统一过程的框架是形成 Rational 统一过程的核心，也是业界证明过的最需要实践的知识基础。统一过程的框架如图 9.3 所示。

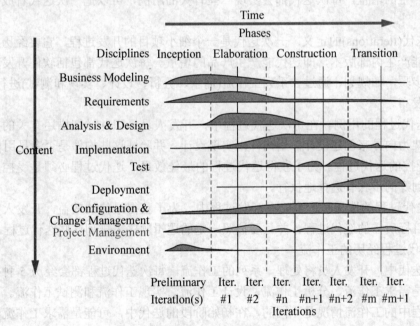

图 9.3　Rational 统一过程框架

Rational 统一过程框架是二维的，两个维度分别代表时间和内容。时间维度(Time)是按照阶段、迭代和里程碑来组织的。内容维度(Content)包括应用于软件的工作流、角色、活动和工件。

2) 统一过程的循环周期(Phase)

统一过程把软件生命周期划分为若干个循环周期，每个循环周期都向用户提供一个产品版本作为终结。

每个循环周期都要经历一定的时间，在这段时间中又可以分为 4 个阶段，即初始阶段、细化阶段、构造阶段和移交阶段。每个阶段都以一个里程碑作为结束标志。

(1) 初始阶段(Inception)。初始阶段的主要目标是确定产品应该做什么，它的范围是什么，降低最不利的风险，并建立初始业务案例，从业务的角度表明项目的可行性，为项目建立生命周期目标。

(2) 细化阶段(Elaboration)。细化阶段的主要目标是建立软件系统的合理构架，因此要对问题域进行分析，捕获大部分的系统需求，即捕获大部分的用例。软件系统的构架表示为系统中所有模型的不同视图，即构架包括了用例模型、分析模型、设计模型、实现模型和实施模型的视图。实现模型的视图包含了一些构件，以证明该构架是可运行的。

(3) 构造阶段(Construction)。构造阶段的主要目标是开发整个系统，确保产品可以开始移交客户，即产品具有最初的可操作能力。

(4) 移交阶段(Transition)。移交阶段的主要目标是确保得到一个准备向用户发布的产品。

3) 阶段的若干迭代

在每个阶段中，管理人员或开发人员又可以将本阶段细分为多次迭代过程，确定每次迭代过程产生的增量，每次迭代都会实现一些有关的用例，可以把一次迭代看成是一个细小项目。

(1) 迭代(Iterations)的定义。一次迭代是一个细小项目的开发过程，它要经历所有核心工作流，能产生内部版本，即迭代能产生产品的增量。每次迭代都包括软件开发项目所具备的一切步骤，如规划、通过一系列工作流(需求、分析、设计、实现和测试)进行的处理，最后准备发布。

(2) 迭代过程的用例。在每次迭代过程中，开发人员标识并详细描述有关的用例，以选定的构架为向导来创建设计，用构件来实现设计，并验证这些构件是否满足用例。

(3) 受控的迭代过程。为了获得迭代过程的最佳效果，迭代过程必须是受控的，即必须按照计划好的步骤有选择地执行。

(4) 迭代过程的选择和排列。在开发过程中，为了获得最佳的效益，开发人员应选择实现项目目标所需的迭代过程，并且要按照一定的逻辑顺序来排列这些迭代过程。

4) 迭代过程经历的工作流

一次迭代中，开发人员将处理一系列的工作流，每次迭代过程都会经历 5 种核心工作流，它们是需求工作流、分析工作流、设计工作流、实现工作流和测试工作流。不同阶段的迭代过程中的工作流情况是不同的，在初始阶段的迭代中，可能是需求工作流的比重大一些，而在构造阶段的迭代中，实现工作流的比重大一些。

(1) 什么是工作流(Disciplines)？工作流是指一组活动。在统一过程中，用工作流来描述过程。

(2) 过程工作流类型。过程工作流有 7 种，它们是业务建模、需求、分析、设计、实现、测试和实施。其中务建模、需求、分析、设计、实现、测试是核心工作流。下面给出各种过程工作流的活动。

① 需求工作流(Business Modeling)：列举出候选需求，捕获功能性需求，捕获非功能

性需求。

② 分析工作流(Requirements)：构架分析，分析用例，分析类，分析包。

③ 设计工作流(Analysis & Design)：构架设计，设计一个用例，设计一个类，设计一个子系统。

④ 实现工作流(Implementation)：构架实现，系统集成，实现一个子系统，实现一个类，执行单元测试。

⑤ 测试工作流(Test)：制定测试计划，设计测试，实现测试，执行集成测试，执行系统测试，评估测试。

⑥ 实施工作流(Deployment)：可交互系统的配置。

(3) 支持工作流类型。支持工作流有 3 种，它们是配置和变化管理工作流、项目管理工作流和环境工作流。这些工作流的活动用于软件开发的管理工作。在统一过程中没有对这些工作流作详细说明。

① 配置和变化管理工作流(Configuration & Change Management)：控制变化，维护项目制品的完整性。

② 项目管理工作流(Project Management)：进度控制，质量保证，资源安排。

③ 环境工作流(Environment)：开发项目所需要的基础设施。

3. 统一过程模型

1) 用例模型

用例模型包含系统的所有用例、参与者以及它们之间的联系。它是通过需求工作流中的活动来建立的。该模型建立了系统的功能需求。

2) 分析模型

分析模型由用例实现以及参与用例实现的分析类组成。

分析模型有两方面的作用：可以更详细地提炼用例；将系统的行为初步分配给提供行为的一组对象。这组对象是分析类的对象。

引入 3 种分析类："边界类"、"控制类"和"实体类"，它们是类的构造型。"边界类"用于表示系统与参与者的交互，它的图形符号是用一条短横线把一条短竖线和一个圆连接起来，如图 9.4(a)所示。

"控制类"用于表示协调、排序、事务处理以及对其他对象的控制，它的图形符号是用一个圆在其上部加一个向左的箭头来表示，如图 9.4(b)所示。

"实体类"用于建立长期且持久的信息模型，它的图形符号是用一个圆在其底部加一条短横线来表示，如图 9.4(c)所示。

(a) 边界类　　　　(b) 控制类　　　　(c) 实体类

图 9.4　分析类的图例

3) 设计模型

设计模型将系统的静态结构定义为子系统、类和接口，并定义由子系统、类和接口之间的协作所实现的用例实现。在分析模型和设计模型中都涉及用例实现，为了区分这二者，在分析模型中称为用例实现——分析，在设计模型中称为用例实现——设计。在不混淆时，也可省略后缀。

4) 实现模型

实现模型包括构件和类到构件的映射。

5) 实施模型

实施模型定义计算机的物理结点和构件到这些结点的映射。

6) 测试模型

测试模型用于描述测试用例和测试规程。

7) 其他模型

系统可能还包括描述系统业务的领域模型或业务模型。

下面主要介绍用例模型、分析模型、设计模型、实现模型在 UML 中建模的方法。

9.3 UML 建模

UML(Unified Modeking Language，统一建模语言)是用一组专用符号描述软件模型，这些符号统一、直观、规范，可以用于任何软件开发过程。本节从 UML 概论谈起，对 UML 建模的 9 种图做详细介绍。

9.3.1 UML 概论

UML 语言是记录计算机系统模型的符号，是一种在计算机工业中被广泛使用的标准。UML 最早出现在 1995 年，从那以后逐渐发展，由大量不同于以前所使用的符号中的那些最好的部分演化而来。如今，UML 已被广泛接受，多数流行的 CASE 工具都支持 UML。在 UML 之前，有许多符号在交叉使用，并且相互竞争。Jackson 的 OOSE 符号，Booch 的 OO 符号和 Rumbaugh 的 OMT 符号提供了 UML 的基础，并且与其他符号的元素共同组成了 UML。

这里要注意的是 UML 符号与面向对象方法和过程不一样，就好比画房屋的方法不同。不要浅显地认为理解 UML 就能成为一个好设计师，这就如同汉语懂得多并不能成为作家一样，所以，更多地使用它们来开发软件比仅仅会使用符号更为重要。

UML 语言不是为项目管理者提供模型的方法，它实际上是分析人员和开发人员使用的一种表示符号，更多的是用来在项目中建模。

UML 语言共由 5 大类模型 9 种图表示。

(1) 用例模型：用例图(Use Case Diagram)。

(2) 静态模型：类图(Class Diagram)、包图(Package)。

(3) 行为模型：状态图(Statechart Diagram)、活动图(Activity Diagram)。

(4) 交互模型：时序图(Sequence Diagram)、协作图(Collaboration Diagram)。

(5) 实现模型：组件图(Componment Diagram)、部署图(Deployment Diagram)。

9.3.2　用例图

用例图向外部用户展示了软件系统的行为。用例定义了系统的所有行为和活动者之间的交互，也定义了系统与外部世界的信息交流。

用例模型由 3 个主要元素组成：参与者(Actor)、用例(use case)、关系。

1. 参与者

它是指与本系统实现交互的外部用户、进程或其他系统。它以某种方式参与用例的执行过程，每个参与者可以参与一个或多个用例，它通过交换信息与用例发生交互。在 UML 中，参与者用如图 9.5 所示，名称写在图形下方。

2. 用例

它是指系统的参与者和系统交互所执行的动作序列，即参与者想要系统做的事情。在 UML 语言中，用例用一个椭圆来表示，如图 9.6 所示，并且在椭圆内或椭圆下方标明用例名称。

NewActor　　　　　　　　　　　NewUseCase

图 9.5　参与者　　　　　　**图 9.6　用例**

在绘制用例图之前，首先要确定系统的参与者。如何识别参与者呢？首先，参与者是当前系统之外的。其次，参与者是人、另一个计算机系统或一些可执行进程。如：图书管理系统中读者，图书管理员，为方便读者付费而连接的信用卡验证付费系统，读者所借书籍超期，超期提醒就要用到"到期时间"进程都可为参与者。注意，参与者表示人和事物同系统发生交互时所扮演的角色，而不是特定的人和特定的事物。

如何确定用例呢？确定用例最好的方法是从参与者开始，具体分析每个参与者是如何使用系统的，也就是参与者需要系统完成哪些功能，这些功能都可以称为用例。用例建模的过程，是一个迭代并逐步细化的过程，在分析过程中，会发现新的参与者，这对完善整个系统的建模有很大帮助。

3. 关系

关系分为 3 种：用例与参与者之间的关系，参与者与参与者之间的关系，用例与用例之间的关系。

(1) 用例与参与者之间的关系，用实线表示。它实际上是 UML 关联记号，表明参与者和用例以某种方式通信。教师有输入成绩功能，如图 9.7 所示。

(2) 参与者与参与者之间的关系。由于参与者不是具体的人或物，而是类，所以参与者之间的关系就是类与类之间的关系,主要为一般参与者(超类)与特殊参与者(子类)之间的泛化关系。用三角箭头表示,箭头从子类指向超类。出门者(超类)是出公差者(子类)和游客(子类)的泛化,如图 9.8 所示。

图 9.7 用例与参与者之间的关系   图 9.8 参与者与参与者之间的关系

(3) 用例与用例之间的关系。关系符号见表 9-1。

表 9-1 用例与用例之间的关系符号

关　　系	功　　能	符　　号
扩展	在基础用例上插入新的附加的行为,即扩展用例	<<extend>> ---------->
包含	一个用例可以包含其他用例的行为,并把它所包含的行为作为自身的一部分	<<include>> ---------->
泛化	一般用例和特殊用例之间的关系,其中特殊用例继承了一般用例的特征并增加了新的特征	————▷

① 扩展关系是指一个用例被定义为基础用例的增量扩展,这样通过扩展关系,就可以把新的行为插入到已有用例中。在 UML 语言中,扩展关系用虚箭头加<<extend>>来表示,如图 9.9 所示。修改成绩可以扩展出添加成绩和删除成绩用例。注意,箭头指向基础用例。

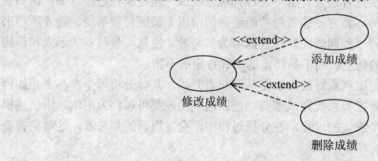

图 9.9 用例与用例之间的扩展关系

② 包含关系是指当存在若干用例共有的步骤序列,则可以将该序列抽取出来,形成一个子用例,以被基础用例调用。在 UML 语言中,包含关系用虚线箭头加<<include>>表示,箭头所指向的是被包含的用例。如图 9.10 所示,输入成绩和修改成绩时都要保存成绩。

③ 泛化关系是指一个用例也可以被特别细化为一个或多个子用例。任何子用例都可以用于其父用例能够应用的场合。在 UML 语言中,泛化关系用实线三角箭头表示,箭头从

子用例指向父用例。如图 9.11 所示，读者借书和借期刊可以泛化为借阅用例(父用例)。

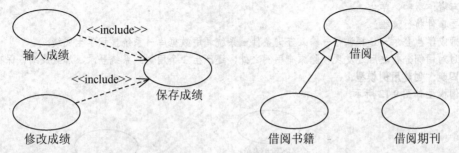

图 9.10　用例与用例之间的包含关系　　　　图 9.11　用例与用例之间的泛化关系

 实例 9.1

某学校学生成绩系统的业务需求如下。

(1) 教师可以使用系统输入、更新学生成绩。

(2) 系统管理员根据教师提供的成绩创建学生成绩报告单。

(3) 教师需要通过系统分发学生成绩报告单。

(4) 系统允许教师和学生查询记录的成绩。

建立上述学生成绩系统的用例模型。

建立步骤如下。

第一步：确定参与者。

通过分析，可以确定系统参与者有教师、学生和系统管理员。

第二步：确定用例。

通过解决"系统要做什么？"，可以确定系统用例有输入成绩、更新成绩、创建学生成绩报告单、分发成绩单和查询成绩。

第三步：描述用例。

(1) 用例名：输入成绩

参与者：教师

主要事件执行流程：

教师登录→选择课程→系统调用数据库→输入成绩→较对成绩→系统提示保存成绩→成绩输入完毕提示。

(2) 用例名：更新成绩

参与者：教师

主要事件执行流程：

教师登录→选择课程→输入更新条件→系统调用数据库→系统显示学生成绩→教师修改成绩→系统提示保存成绩→成绩更新完毕提示。

(3) 用例名：创建学生成绩报告单

参与者：系统管理员

主要事件执行流程：

教师登录→选择课程→系统调用数据库→系统显示学生成绩报告单→系统提示是否生成→成绩单生成完毕提示。

(4) 用例名：分发成绩单

参与者：教师

主要事件执行流程：

教师登录→选择课程→系统调用数据库→系统显示学生成绩报告单→系统提示是否分发→成绩单分发完毕提示。

(5) 用例名：查询成绩

参与者：教师，学生

主要事件执行流程：

教师或学生登录→选择课程→输入查询条件→系统调用数据库→系统显示学生成绩。

通过对用例分析之后还发现，除原有用例之外，还产生 3 个用例：系统登录、加载成绩、保存成绩。

第四步：创建用例模型。

用例模型如图 9.12 所示。

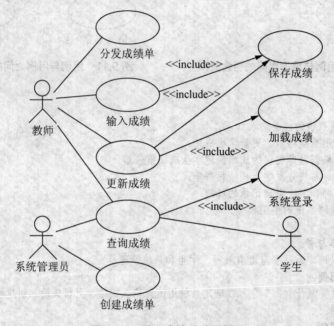

图 9.12　学生成绩系统用例图

9.3.3　类图

类图是有着相同结构、行为和关系的一组对象的描述符号。类图属于静态视图，是面向对象系统组织结构的核心。类图中的类用图 9.13 所示的符号表示：学号、课程号、平时分等为属性，登录、输入成绩、修改成绩等为方法。

学生成绩
🔖 学号：String 🔖 课程号：String 🔖 平时分：Integer 🔖 卷面分：Integer 🔖 总评分：Single
🔷 登录() 🔷 输入成绩() 🔷 修改成绩() 🔷 保存成绩() 🔷 输出成绩()

图 9.13　类的示意图

下面用一个简单实例来说明类图中的一些知识内容，如图 9.14 所示。

一个图书馆中的实体包括读者、出版物以及借书事务。

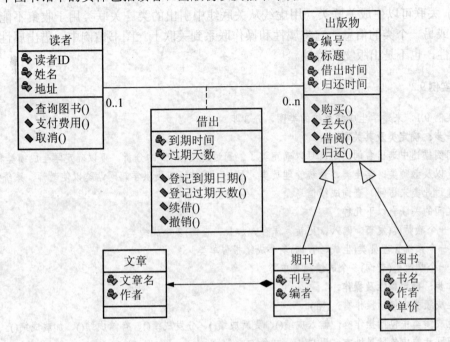

图 9.14　图书馆问题的类图

(1) 个类之间的连线称为关联。关联可以有以下几种形式。

① "0..1" 表示 0 或者 1 个。

② "0..n" 表示 0 或者多个。

③ "1..n" 表示 1 或者多个。

④ "3..5" 表示 3 或者 5 个。

⑤ "1，3，5" 表示 1 或 3 或 5 个。

而从图 9.14 中可以看出读者和出版物之间的关联为：图书馆例子中一个读者可以借阅 0 或多份出版物，但是，一份出版物只能被至多一个读者借阅。

(2) 聚合关联(has a)用空心菱形表示，处于空心菱形一端的那个类是聚合类，它包含或拥有关联另一端的类的实例，如图 9.15 所示。

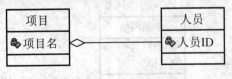

图 9.15　聚合关系

(3) 组装关联是一种特殊类型的聚合，其中复合类的实例是物理上由成分类的实例组成的，组装关联用带有实心菱形的聚合表示。在图 9.14 中，每一种期刊都是由文章组成。

(4) 泛化关联(is a)用空心三角形，其中处于三角形端的是父类，另一端的为子类。一个子类可以继承其父类的所有属性、操作和关联。图书类和期刊类均泛化为出版物类，也就是出版物这个父类可以派生出图书和期刊两个子类。

（5）关联可以生成关联类。用虚线从关联线中引出的类。关联类用于收集不能只归于一个类或另一个类的信息，它将属性和操作联系到关联上。图书馆例中，借出属性不是读者的特性，也不是出版物的特性。

 实例 9.2

接实例 9.1，来建学生成绩系统的类图，分 3 步。

第一步：确定类及其关联。

从用例描述中选出名词词组就可以确定类了。通过对图 9.12 的分析，可以确定学生成绩类和成绩报告单类，以及教师类、学生类、系统管理员类。另外，系统还应提供学籍网站类以使教师、系统管理员、学生能通过此类来访问、查询成绩信息。

类之间的关联有以下几种。

（1）一个教师类(发布、输入、更新、保存、加载、查询)多个成绩类。

（2）一个系统管理员类(生成、查询)多个成绩报告单类。

（3）一个学生类(查询)多个成绩报告单类。

第二步：确定属性及操作。

学生成绩类中包括操作有：(略)。

学生成绩类中包括操作有：输入成绩()、更新成绩()、分发成绩()、存储成绩()、加载成绩()。

学籍网站类中包括属性有：用户名、口令。

学籍网站类中包括操作有：登录()、查询成绩()。

成绩报告单类中包括的属性及操作(略)。

第三步：创建类图。

图 9.16 所示为学生成绩系统的类图。

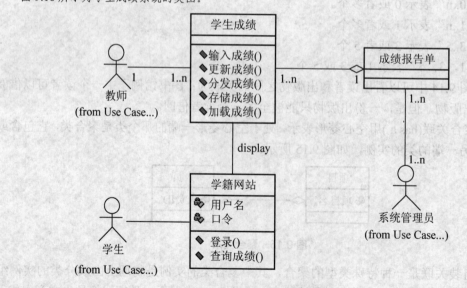

图 9.16　学生成绩系统类图

9.3.4　包图

包在大型软件系统开发总是一个重要的机制，用包图可以为系统结构建模。包中的元素不仅限于类，可以是任何 UML 建模元素。包像一个"容器"，可以把模型中的相关元素组织起来，使得分析与设计人员更容易理解。包中可以包含类、接口、组件、节点、用例、包等建模元素。包可以把这些建模元素按照逻辑功能分组，以便理解、反映它们之间的组成关系。这时的包称子系统。

包与包之间存在着信赖关系。包与包之间也可以有泛化关系，子包继承了父包中可见性为 public 和 protected 的元素。如图 9.17 所示，学生成绩系统包图中用户接口包依赖于成绩管理包，成绩管理包的实现要依赖于通信包和数据库包，例行程序包是用户接口包、通信包和数据库包的基础。

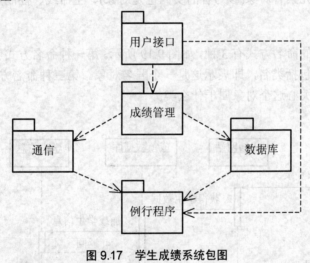

图 9.17　学生成绩系统包图

实例 9.3

某学校教学管理系统由 4 个子系统构成：学生成绩管理子系统、学生学籍管理子系统、教师档案管理子系统、课程管理子系统。用包图对该教学系统建模，如图 9.18 所示。

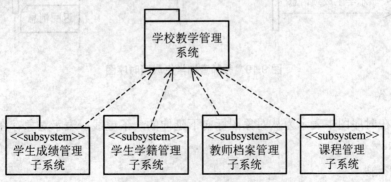

图 9.18　教学管理系统包图

分析：系统包"教学管理系统"和子系统包"学生成绩管理子系统"、"学生学籍管理子系统"、"教师档案管理子系统"、"课程管理子系统"之间存在依赖联系。

9.3.5 时序图

时序图用于显示按照时间顺序排列的对象进行的交互作用，特别是用于显示参与交互的对象，以及对象之间消息交互的顺序。

时序图是一个二维图形。在时序图中水平方向为对象维，沿水平方向排列的是参与交互的对象。时序图中的垂直方向为时间维，沿垂直向下方向按时间递增顺序列出各对象所发出和接收的消息。在时序图中，对象间的排列顺序并不重要。一般把表示人的参与者放在最左边，表示系统的参与者放在最右边。

时序图的建模元素有对象(参与者的实例也是对象)、生命线、控制焦点、消息等。

1. 对象

时序图中对象的命名方式有3种，如图9.19所示。第一种命名方式包括对象名和类名。第二种命名方式只包括类名，即表示这是一个匿名对象。第三种命名方式只包括对象名，不显示类名，即不关心这个对象属于什么类。

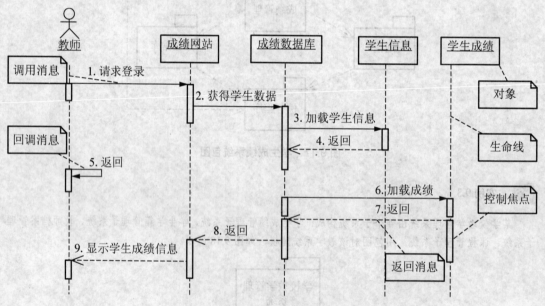

图 9.19　教师查询学生成绩时序图

2. 生命线

生命线在时序图中表示为从对象图标向下延伸的一条虚线，表示对象存在的时间，如图9.18所示。

3. 控制焦点

控制焦点是时序图中表示时间段的符号，在这个时间段内，对象将执行相应的操作。控制焦点表示为在生命线上的小矩形，如图9.18所示。

4. 消息

对象间的通信用对象生命线之间的水平消息线表示，消息线的箭头说明消息的类型(调用、异步、返回消息)。

(1) 调用消息。调用消息指的是发送者把控制传递给消息的接受者，然后停止活动，等待消息的接收者放弃或返回控制，如图 9.18 所示。

(2) 异步消息。异步消息指的是发送者通过消息把信号传递给消息的接收者，然后继续自己的活动，不必等待接收者返回消息或控制。异步消息用一个虚线条的箭头表示。

(3) 返回消息。返回消息表示从过程调用返回。返回消息用一个虚线箭头表示，在图 9.19 中，教师先登录系统，输入要查询学生数据，从学生成绩库中加载学生信息到学生类，然后加载成绩到学生成绩类中，最后返回成绩网站，显示学生成绩。

 实例 9.4

对打电话的过程建立时序图模型，如图 9.20 所示。

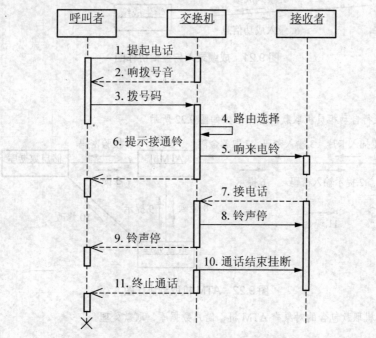

图 9.20　打电话过程时序图

分析：打电话涉及 3 个对象，分别是"呼叫者"、"交换机"、"接收者"。

9.3.6　协作图

协作图可看作类图和时序图的交集。

协作图就是用于描述系统的行为是如何由系统的成分相互协作实现的 UML 图。协作图中包括的建模元素有对象(参与者实例、多对象、主动对象等)、消息、链接(Link)等 UML 建模元素。

1. 对象

协作图主要强调的是多对象和主对象的概念。

在协作图中，多对象用多个方框的重叠表示，如图 9.21 所示。主动对象是一组属性和一组方法的封装体，其中至少有一个方法不需要接收消息就能主动执行(称作主动方法)。

2. 链接(Link)

在协作图中，用链接来连接对象，消息显示在链接的旁边，一个链接上有多个消息。链接是关联的实例，如图 9.21 所示。

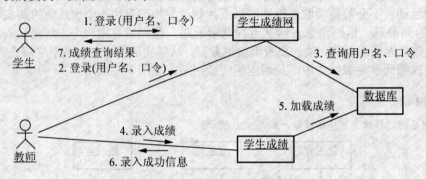

图 9.21　成绩录入与查询协作图

 实例 9.5

绘制 ATM 银行自动柜员机取款的协作图，如图 9.22 所示。

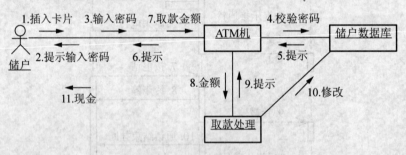

图 9.22　ATM 机取款协作图

分析：ATM 机取款包含的对象有 ATM 机、储户数据库、取款处理。

9.3.7　状态图

状态图描述一个对象在其生存周期内的动态行为，表现一个对象所经历的状态变化，引起状态转移的事件(Event)，以及因为状态的转移而产生的动作(Action)。

状态图主要用于检查、调试和描述类的动态行为。状态图中有 3 个独立的状态符号：开始状态、结束状态、状态，如图 9.23 所示。

(1) 开始状态——用一个实心圆表示，表示一个状态机或子状态的开始位置。

(2) 结束状态——用一个内部含有一个实心圆的圆圈表示，表示一个状态机或外围状态的执行已经完成。

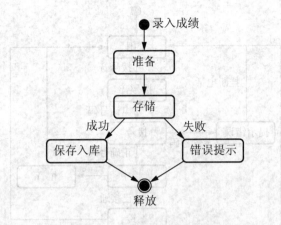

图 9.23　学生成绩类的状态图

(3) 状态——所有的对象都具有状态，状态是对象执行了一系列活动的结果，当某个事件发生后，对象的状态将发生变化。

一个状态由状态(Name)、进入/退出动作(Entry/Exit Action)、内部转移(Internal Transition)、子状态(Substate)、延迟事件(Deferred Event)等几个部分构成。

1. 动作

动作说明了当事件发生时发生了什么行为。动作可以直接作用于拥有状态机的对象，并间接作用于对该象来说是可见的其他对象。

2. 转移(Transition)

一个转移是两个状态之间的一种关系，表示对象将在第一个状态中的执行一定的动作，并在某个事件发生而且满足某个警戒条件时进入第二个状态。

3. 事件

一个事件是对一个在时间和空间上占有一定位置，并且有意义的事情的规格说明。事件通常在从一个状态到另一个状态的路径上直接指定。

4. 决策点(Decision)

决策点通过在中心位置分组转移到各自方向的状态，提高了状态图的可视性，为状态图建模提供了便利。决策点的标记符是一个空心的菱形，带有一个或者多个输入路径。

实例 9.6

绘制电话类的状态图。没有人打电话时电话处于闲置状态；有人拿起听筒则进入拨号音状态，拨电话号码，无效号码则提示错误并挂断，若正确号码则连接；如占线则提示忙音，反之接通振铃，到达这个状态后，提起话筒，电话可以通话了，若无人则挂断；最后通话结束，电话类回到空闲状态，如图 9.24 所示。

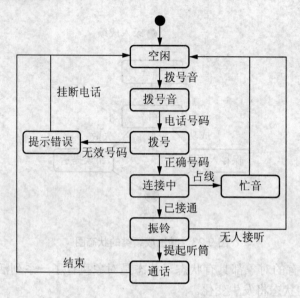

图 9.24　电话类的状态图

9.3.8　活动图

UML 活动图和程序流程图类似，显示出一个问题的活动(工作步骤)、判断点和分支，用于简化描述一个过程或操作的工作步骤。

活动图是由状态图变化而来，它们各自用于不同的目的。活动图依据对象状态的变化捕获动作与动作的结果，一个活动结束以后将立即进入下一个活动，如图 9.25 所示。

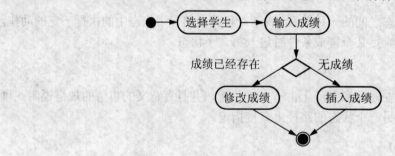

图 9.25　成绩输入活动图

1. 活动(Activity)

活动是活动图中指示要完成某项工作的批示符。活动可以表示某流程中任务的执行，或者表示某算法过程中语句的执行。

2. 分支

分支实质上就是用来显示从一种状态到另一种状态的控制流。

3. 分叉和汇合

(1) 分叉表示的是一个控制流被两个或多个控制流代替，经过分叉后，这些控制流是并发执行的。

(2) 汇合正好与分叉相反，表示两个或多个控制流被一个控制流代替。

4. 泳道

泳道用矩形框表示，泳道是根据每个活动的职责对所有活动进行划分，每个泳道代表一个责任区。

 实例 9.7

学生登录成绩管理系统，输入其用户名和密码，若用户名和密码有误则返回，否则进入下一步，选择查询类型(查询成绩)，然后输入查询关键词进行查询，系统根据查询结果自动生成成绩单。画出此过程的活动图，如图 9.26 所示。

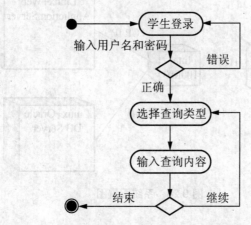

图 9.26　学生成绩查询活动图

9.3.9　组件图

组件图也称构件图，是用来显示一组组件以及它们之间的相互关系(编译、链接、执行时组件之间的依赖关系)。组件可以是程序文件、库文件、可执行文件、文档文件。组件的图形表示方法为带有两个标签的矩形。组件是定义了良好接口的物理实现单元，是系统中可替换的部分。每个组件体现了系统设计中的特定类的实现。如图 9.27 所示：图象文件依赖于组件文件。

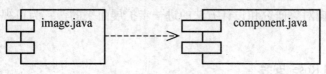

图 9.27　组件图

9.3.10　部署图

部署图也称配置图、实施图，可以用来显示系统中计算结点的拓扑结构和通信线路上运行软件组件。

一个系统模型只有一个部署图，部署图通常用于帮助理解分布式系统。部署图由软件系统的体系结构设计师、网络工程师、系统工程师等描述，如图 9.28 所示。

1. 结点(Node)

结点是表示计算资源在运行时的物理元素，结点一般都具有内存和处理能力。结点可以代表一个物理设备以及运行在该设备上的软件系统。结点也可以包含对象和组件实例。结点之间连线表示系统之间进行交互的通信路径，这个通信路径称为连接(Connection)。

2. 连接

连接表示两个硬件之间的关联关系。

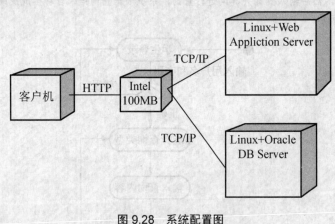

图 9.28   系统配置图

9.4   UML 建模工具——Rational Rose

9.4.1   Rational Rose 简介

Rose 是美国 Rational 公司的面向对象建模工具，利用这个工具，可以建立用 UML 描述的软件系统的模型，而且可以自动生成和维护 C++，Java，VB 和 Oracle 等语言和系统的代码。Rational Rose 包含了统一建模语言 UML、OOSE 及 OMT，其中统一建模语言(UML)是由 Rational 公司 3 位世界级面向对象技术专家 Grady Booch、Ivar Jacobson 和 Jim Rumbaugh 通过对早期面向对象研究和设计方法的进一步扩展而来的，它为可视化建模软件奠定了坚实的理论基础。

9.4.2   Rational Rose 安装

1. 安装前的准备

(1) 安装 Rose 需要 Windows 2000/Windows XP 及以上版本。如果是 Window 2000，则要确认已经安装了 Server Pack2。

(2) 硬盘空间至少 1.5GB。

(3) 安装 Rose，必须先有 Rose 安装文件。相关 Rose 文件信息可在 www.ibm.com 网站上获取。

目前 Rational Rose 常用版本为 Rose 2003，接下来将以 Rose 2003 为例介绍其安装和使用。

2. 安装 Rose 2003

(1) 双击启动 Rational Rose 2003 的安装程序，进入安装向导界面，如图 9.29 所示。

图 9.29　欢迎界面

(2) 单击【下一步】按钮，进入如图 9.30 所示对话框，选择需要安装的产品。这里选择第 2 项即【Rational Rose Enterprise Edition】。

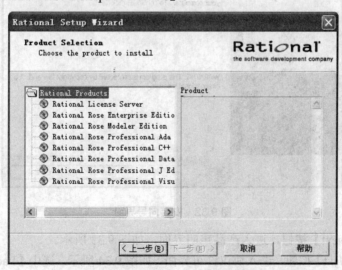

图 9.30　选择需要安装的产品

(3) 单击【下一步】按钮，进入如图 9.31 所示界面。在图中选择【Desktop installation from

CD image】选项，表示创建一个本地的应用程序而不是网络的。

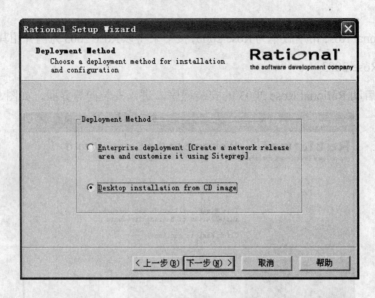

图 9.31   创建开发方法

(4) 单击【下一步】按钮，进入安装向导界面，如图 9.32 所示。

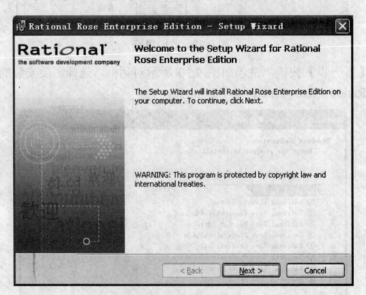

图 9.32   安装向导界面

(5) 单击【Next】按钮，进入产品声明界面，如图 9.33 所示。

(6) 单击【Next】按钮，进入协议许可界面，如图 9.34 所示。选中【I accept the terms in the license agreement】单选按钮即可。

(7) 单击【Next】按钮，进入安装路径设置界面，如图 9.35 所示。可以单击【Change】按钮选择安装路径。

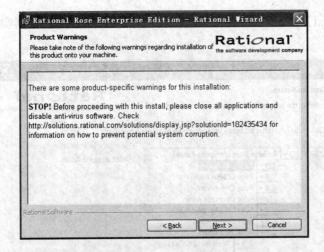

图 9.33　产品声明界面

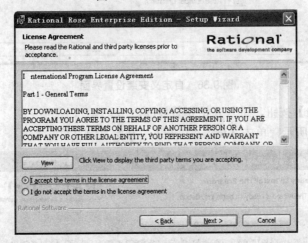

图 9.34　协议许可界面

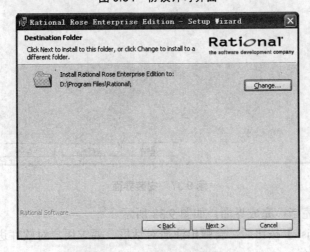

图 9.35　安装路径设置界面

(8) 单击【Next】按钮，进入自定义安装设置界面，用户可以根据实际需要进行选择，如图 9.36 所示。

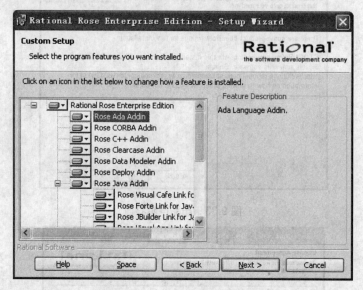

图 9.36　自定义安装设置界面

(9) 单击【Next】按钮，进入开始安装界面。

(10) 如图 9.37 所示，单击【Install】按钮，开始复制文件。

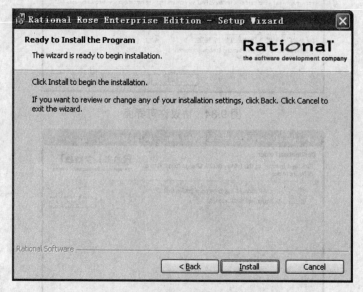

图 9.37　安装界面

(11) 系统安装完毕，完成界面，如图 9.38 所示。

(12) 单击【Finish】按钮后，会弹出注册对话框，要求用户对软件进行注册。

注意： 可以有多种方法进行注册，若是试用版，则不用注册。

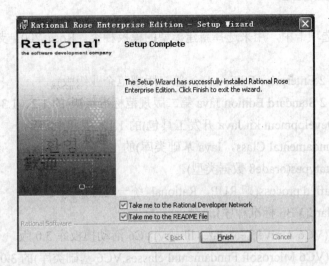

图 9.38　安装完成界面

9.4.3　Rational Rose 使用介绍

Rational Rose 的界面分为 3 个部分——Browser 窗口、Diagram 窗口、Document 窗口。Browser 窗口用来浏览、创建、删除和修改模型中的模型元素，Diagram 窗口用来显示和创作模型的各种图，而 Document 窗口则用来显示和书写各个模无素的文档注释。

1. Rational Rose 启动

启动 Rational Rose 2003 成功；将弹出如图 9.39 所示【Create New Model】对话框。这个对话框有 3 个选项卡，分别是 New(新建模型)、Existing(打开现有模型)、Recent(最近打开模型)。

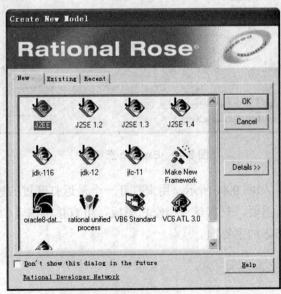

图 9.39　New 选项卡

(1) 在 New 选项卡中，用来选择新建模型的模板种类。Rose 2003 支持的模板有以下几种。

① J2EE(Java 2 Enterprise Edition,Java 第二版规范企业级版)。

② J2SE(Java 2 Standard Edition,Java 第二版规范标准级版)的 1.2、1.3、1.4 版。

③ jdk(Java Development kit,Java 开发工具包)的 1.1.6 版和 1.2 版。

④ jfc(Java Fundamental Class，Java 基础类库)的 1.1 版。

⑤ oracle8-datatypes(orade8 数据类型)。

⑥ rational unified process(即 RUP，Rational 统一过程)。

⑦ VB6 Standard(VB6 标准程序)。

⑧ VC6 ATL (VC6 Active Templates library)VC6 活动模板库 3.0 版。

⑨ VC6 MFC(VC6 Microsoft Fundamental classes,VC6 基础类库)的 3.0 版。

(2) Existing 选项卡，如图 9.40 所示，用来打开一个已经存在的模型。

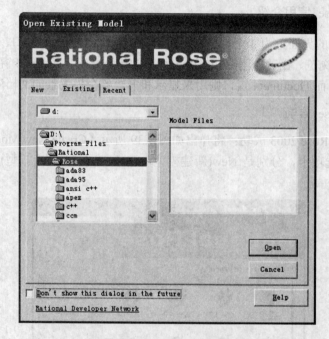

图 9.40　Existing 选项卡

(3) Recent 选项卡，如图 9.41 所示，用来打开一个最近打开过的模型文件。

若以上模板暂时不需要，只需建一个空白模板，可直接单击【Cancel】按钮，这样，就显示出了 Rational Rose 的主界面。

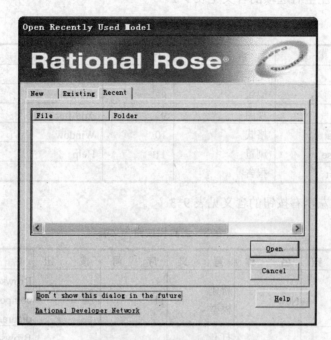

图 9.41 Recent 选项卡

2. Rational Rose 主界面(如图 9.42 所示)

图 9.42 Rational Rose 主界面

(1) 菜单栏从左至右选项的含义见表 9-2。

表 9-2　菜单栏选项含义表

序　号	名　称	意　义	序　号	名　称	意　义
1	File	文件	7	Query	查询
2	Edit	编辑	8	Tools	工具
3	View	视图	9	Add-Ins	插件
4	Format	格式	10	Window	窗口
5	Browse	浏览	11	Help	帮助
6	Report	报告			

(2) 工具栏从左至右按钮的含义见表 9-3。

表 9-3　工具栏按钮含义表

序　号	按　钮	名　称	意　义	序　号	按　钮	名　称	意　义
1		New	新建模型	11		Browse compoment diagram	浏览组件图
2		Open	打开现有模型	12		Browse Interaction diagram	浏览交互图
3		Save	保存模型	13		Browse State Machine diagram	浏览状态图
4		Cut	编辑剪切	14		Browse Deployment diagram	浏览配置图
5		Copy	复制	15		Browse Parent	浏览图的父图
6		Paste	粘贴	16		Browse Previous Diagram	浏览前一张图
7		Print	打印	17		Zoom In	放大比例
8		Help	帮助	18		Zoom Out	缩小比例
9		View DOC	显示文档	19		Fit In Window	和显示窗口一样大
10		Browseclass diagram	浏览类图	20		Undo Fit In Window	恢复原来大小

(3) 在图 9.42 中，工作区分 3 部分。

① 浏览区：成树形结构。包含 4 类视图：Use Case View(用例视图)、Logical View (逻辑视图)、Component View (组件视图)、Deplyment View(配置视图)。

② 编辑区：可以在此区打开模型中的任意一张图，并利用左侧的工具栏对图进行浏览和修改。

③ 日志记录区：记录了对模型所做的所有重要修改。

(4) 状态栏用于显示一些提示和当前所用的语言。

3. Rational Rose 建模步骤

1) 创建模型

(1) 选择【File】|【New】命令，或单击【New】按钮。

(2) 在建立模型文件弹出【Create New Model】对话框中，有两种建立模型文件方法：第一个方法是选择某个框架，该框架将会自动装入默认包、类和组件；第二个方法是直接单击【Cancel】按钮，则创建一个空项目，用户需要从头开始对系统建模。

2) 保存模型

分两步：第一步保存模型，选择【File】|【Save】命令或单击工具栏中的【Save】按钮，来保存模型文件；第二步保存日志，选择【File】|【Save Log As】命令来保存，或者右击选择快捷菜单中的【Save Log As】命令。

3) 发布模型

将 Rose 建立的模型发布到 Web，使得其他设计人员都能共享模型，步骤如下。

(1) 选择命令【Tools】|【Web Publisher】，弹出如图 9.43 所示的对话框，选中要发布的模型视图和包。

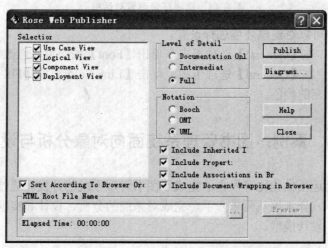

图 9.43　以网页形式发布对话框

(2) 设定细节内容(即启用【Level of Detail】中的单选按钮)。

(3) 选择是否发布属性、关联等内容。

(4) 输入发表模型的主页文件名(即【HTML Root File Name】文本框)。

(5) 选择框图的文件格式(单击【Diagrams options】按钮)。

(6) 单击【Publish】按钮发布模型。

4. 建模环境的设置

选择【Tools】|【Options】命令，弹出如图 9.44 所示的对话框。

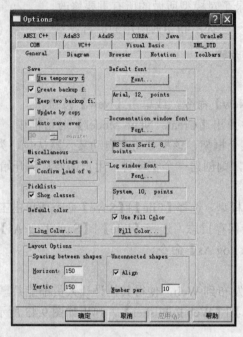

图 9.44　建模环境设置对话框

在此对话框中可以对建模环境进行设置。

(1) 设置字体：在【General】选项卡中，单击【Font】按钮可以修改字体等信息。

(2) 设置颜色：在【General】选项卡中，单击【Line Color】或【Fill Color】按钮可以修改对象线条及填充的颜色。

9.5　案例：图书管理系统面向对象分析与设计

以前章节已经运用结构化开发方法完成了图书管理系统的开发。通过这一部分，再运用面向对象的知识，详细地从需求入手，完成对系统的分析、设计和实现。本节只列出了部分系统的分析和设计模型。

9.5.1　图书管理系统需求定义

1) 图书管理系统的目标

面对大量繁杂的图书馆管理、分类、查询与借还工作，迫切需要通过计算机来减少图书管理人员的工作量。方便读者查询图书馆所存的图书、个人借阅情况及个人信息，这套图书馆管理系统采用具有良好的开放性和兼容性的计算机、外部设备、操作系统及应用软件，方便以后的维护及升级。随着办公自动化的深入及普及和网络技术的不断发展，这套图书馆管理系统能够随时通过增加网络设备及模块来扩展、升级整个系统，达到和办公自动化网络的连接，实现图书馆全方位管理功能。该图书馆管理系统具有界面友好、功能强大、使用方便、安全可靠等优点。

图书馆工作人员对读者的借阅及还书要求进行操作，同时形成借书或还书报表给读者查看确认；图书馆管理人员的功能最为复杂，包括对读者、图书信息进行管理和维护，及系统状态的查看、维护并生成催还图书报表。

2) 图书管理系统的范围

(1) 读者：可直接查询图书馆图书情况，图书借阅者根据本人借书证号和密码登录系统，还可以进行本人借书情况的查询和维护部分个人信息。

(2) 图书馆管理人员：实现对图书信息、借阅者信息、总体借阅情况信息的管理和统计、工作人员和管理人员信息查看及维护。图书馆管理员可以浏览、查询、添加、删除、修改、统计图书的基本信息；浏览、查询、统计、添加、删除和修改图书借阅者的基本信息；浏览、查询、统计图书馆的借阅信息，但不能添加、删除和修改借阅信息。

9.5.2　图书管理系统分析

1. 根据项目的目标和范围分析出所有的项目干系人

项目干系人指和项目有直接利益关系的人，如读者、馆员。读者借阅图书要通过馆员来实现，馆员充当读者代理与系统进行交互。这里要问：馆长、行政人员、保安是干系人吗？不是，因为这些人虽然是图书馆的工作人员，但他们与当前开发的图书管理系统并无利害关系，或者说不会影响当前系统。

2. 提取出所有的非功能性需求

这里主要指图书管理系统的安全性、可靠性、效率等要求。

3. 分析所有的功能性需求，采用用例分析的方法建立用例模型

通过调查分析，本系统具有功能性需求如下。

(1) 图书管理系统为馆员提供主功能界面。图书管理系统在启动时要求馆员输入口令，只有口令正确，才可以进入系统的主功能界面。

(2) 馆员负责对图书管理系统的维护工作，因此系统应赋予馆员对图书信息、读者信息和出版社信息进行录入、修改、查询和删除等功能的操作权限。

(3) 馆员作为读者的代理实现借书与还书业务。

(4) 读者查询图书、查询本人借书情况、个人信息的修改。

(5) 图书信息、读者信息和出版社信息保存在对应的数据库表中。

以上功能性需求都要通过建立用例视图来表达出来，图书管理系统用例建模步骤如下。

(1) 找出系统边界。方法是：确定谁会直接使用该系统，和项目有直接利益关系的人，这也就是前面所说的"项目干系人"，这些都是参与者。

(2) 确定参与者。

(3) 找出用例。方法是：定义该参与者希望系统做什么，参与者希望系统做的每件事应为一个用例。

(4) 说明用例，识别用例关系。方法是：对每件事来说，何时参与者会使用系统；通常会发生什么，这就是用例的基本过程。

(5) 编写用例脚本。

根据建立用例模型的步骤来学习如何一步步分析出系统功能。

(1) 找出图书管理系统边界。

① 读者查询图书馆所存的图书、个人借阅情况及个人信息的修改。

② 图书馆工作人员对图书借阅者的借阅及还书要求进行操作,同时形成借书或还书报表给借阅者查看确认。

③ 图书馆管理人员的功能最为复杂,包括对工作人员、图书借阅者、图书进行管理和维护,及系统状态的查看、维护并生成催还图书报表。

(2) 确定参与者。

① 读者:可直接查看图书馆图书情况,图书借阅者根据本人借书证号和密码登录系统,还可以进行本人借书情况的查询和维护部分个人信息。

② 图书馆管理人员:本功能实现对图书信息、借阅者信息、总体借阅情况信息的管理和统计、工作人员和管理人员信息查看及维护。图书馆管理员可以浏览、查询、添加、删除、修改、统计图书、图书借阅者的基本信息,统计图书馆的借阅信息。

(3) 找出用例。

用例如图 9.45 所示。

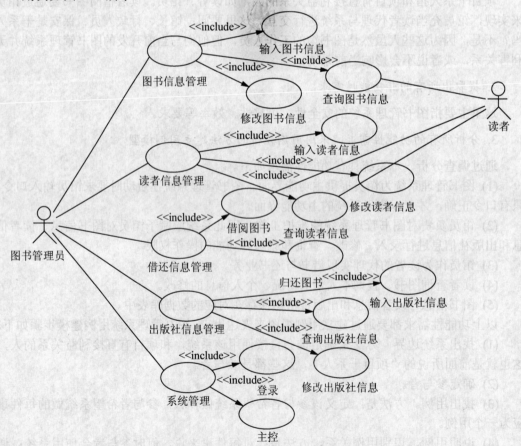

图 9.45　图书管理系统用例图

(4) 说明用例，识别用例关系。

用例图说明，见表 9-4。

表 9-4　图书管理系统用例说明

用　例　名　称	子用例名称	用　例　说　明
图书信息管理	输入图书信息	给图书编号后，将图书信息输入系统
	查询图书信息	给定查询条件，查询满足条件的图书信息
	修改图书信息	图书信息有误或更新，输入新的图书信息
图书借还管理	借书	图书管理员验证读者身份后，将借书信息输入系统
	还书	图书管理员将还书信息输入系统，超期将罚款
读者信息管理	输入读者信息	办理借书证时，将读者信息输入数据库
	查询读者信息	按给定条件，查询读者信息
	修改读者信息	更新或删除读者信息
出版社信息管理	输入出版社信息	为方便采购，收集出版社信息，输入系统
	查询出版社信息	按给定条件，查询出版社信息
	修改出版社信息	更新或删除出版社信息
系统管理	系统登录	输入用户名和口令，验证用户身份的合法性
	系统主控界面	包括主菜单、输入、查询、修改界面

(5) 编写用例脚本。

这一阶段的目的有两个：第一，是对用例图中各用例加以详细解释和说明；第二，可以为建立分析模型奠定基础。如图 9.46～图 9.48 所示，编写的是"图书信息管理"主用例下的输入、查询、修改 3 个子用例的脚本。

用例名称：输入图书信息

参与者：图书管理员

前置条件

增加图书权限的图书管理员登录到系统，且得到已经过分类编号的新书。

基本事件流

当图书管理员要增加图书信息时，启动增加图书信息类；

通过主界面菜单操作进入图书信息管理界面；

通过按钮操作调出增加图书信息录入窗口；

输入该图书相关信息(根据数据库表字段)；

通过按钮操作保存图书信息到图书信息数据表中。

异常事件流

若管理员没有增加图书信息的权限，系统给出"您没有该操作的权限"的提示信息，该子用例被终止；

若要增加的图书编号已经存在，给出"该编号书籍已经存在"的提示信息，该子用例被终止；

若要增加的图书必填字段信息输入不完整，系统给出"请输入完整信息"的提示信息，并回到增加图书信息的录入界面等待重新输入；若输入的信息不合法时，系统给出"含有不合法信息"的提示，

并返回增加图书信息状态，等待重新输入信息。若输入的为空信息，则系统给出"您输入的空记录无无效"，该子用例被终止。

后置条件

若此子用例成功运行，则创建增加图书信息记录，并将该图书信息保存到图书信息表中。否则，系统中图书信息不发生变化。

图 9.46 输入图书信息用例脚本

用例名称：查询图书信息

参与者：图书管理员、读者

前置条件

图书管理员或读者以各自权限范围内的身份登录系统，否则系统状态不变。

后置条件

若该用例成功运行，则图书管理员或读者能够看见所查询图书的相关信息。

基本事件流

当图书管理员要查询图书信息时，启动查询图书信息类；

通过主界面菜单操作进入图书信息管理界面；

通过菜单操作选择查询方法(索引查询、书名查询、相关查询、作者查询、出版社查询等)；

进入查询图书信息输入窗口；

输入所要查询的图书的相关信息(根据数据库表的字段)；

通过按钮操作在本窗口中显示出所查图书的相关信息(同上)。

异常事件流

若输入的图书信息，在系统中找不到，则给出"没有该图书"的提示信息，并返回查询状态等待重新输入查询信息；

若输入的信息不不合法时，系统给出"含有不合法信息"的提示，并返回查询图书信息状态，等待重新输入信息。

若输入的为空信息，则系统给出"您输入的空记录无效"，该子用例被终止。

图 9.47 查询图书信息用例脚本

用例名称：修改图书信息

参与者：图书管理员

前置条件

有修改权限的图书管理员登录到该系统，且有需要修改信息的图书。否则，图书信息不变。

后置条件

若此子用例成功运行，则保存经过修改后的图书信息到数据库表中。

基本事件流

当图书管理员要修改图书信息时，启动修改图书信息类；

通过菜单操作进行入图书信息管理界面；

通过按钮操作调出修改图书信息窗口；

输入需要修改的图书 ID；

通过按钮操作在本窗口中调出该书原始信息；

覆盖原始信息，输入需要修改的图书信息；

通过按钮操作保存刚修改过的信息到图书信息数据表中。

异常事件流

若管理员没有修改图书信息的权限时，系统给出"您没有该权限"的提示信息，该子用例被终止；

若输入的需要修改的图书 ID，在系统中找不到，则提示"找不到该书"的提示信息，该子用例被终止；

若输入的信息不合法，则给出"含有不合法信息"的提示，该子用例被终止；

若输入的为空信息，则系统给出"您输入的空记录无效"，该子用例被终止。

图 9.48　修改图书信息用例脚本

4. 建立系统分析模型，包括分析类图和顺序图

(1) 通过对"图书信息管理"用例中的"输入图书信息"子用例的分析，发现实体类、边界类、控制类分别有以下几类。

① 实体类：图书信息表类。

② 边界类：登录界面类、主控制界面类。

③ 控制类：按钮操作类。

根据以上分析绘制分析类图，如图 9.49 所示。

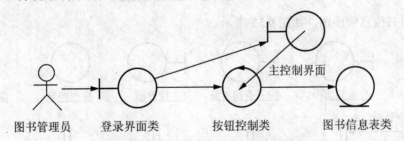

主控制界面

图书管理员　　　登录界面类　　　　按钮控制类　　　　图书信息表类

图 9.49　输入图书信息的分析类图

输入图书信息顺序图，如图 9.50 所示。

(2) 通过对"图书信息管理"用例中的"查询图书信息"子用例的分析，发现实体类、边界类、控制类分别有以下几类。

① 实体类：图书信息表类。

② 边界类：登录界面类、输入查询图书信息界面、主控界面。

③ 控制类：按钮操作类。

根据以上绘制分析类图，如图 9.51 所示。

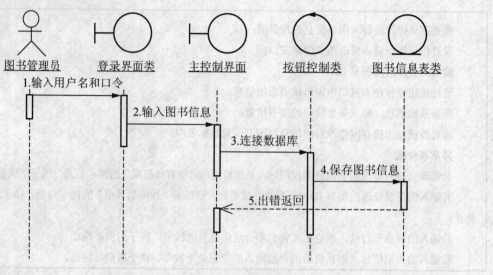

图 9.50　输入图书信息的顺序图

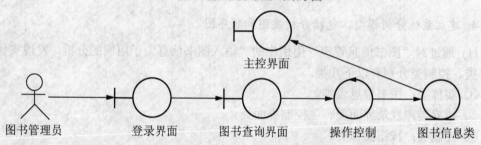

图 9.51　查询图书信息分析类图

查询图书信息顺序图，如图 9.52 所示。

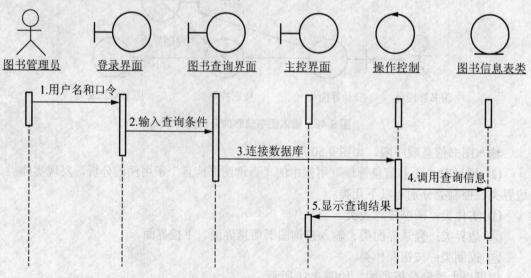

图 9.52　查询图书信息顺序图

(3) 通过对"图书信息管理"用例中的"修改图书信息"子用例的分析，发现实体类、边界类、控制类分别有以下几类。

① 实体类：图书信息表类。

② 边界类：登录界面类、输入修改图书信息界面、主控界面。

③ 控制类：按钮操作类。

根据以上绘制分析类图，如图 9.53 所示。

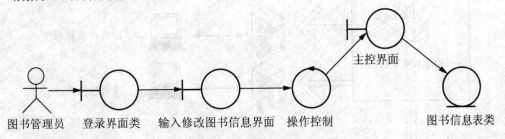

图 9.53　修改图书分析类图

修改图书信息顺序图，如图 9.54 所示。

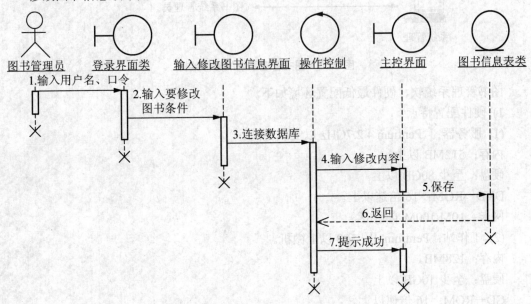

图 9.54　修改图书信息顺序图

5. 编写《需求分析规格说明书》(略)

9.5.3　图书管理系统设计

1. 软件平台设计

图书管理系统的硬件架构如图 9.55 所示。

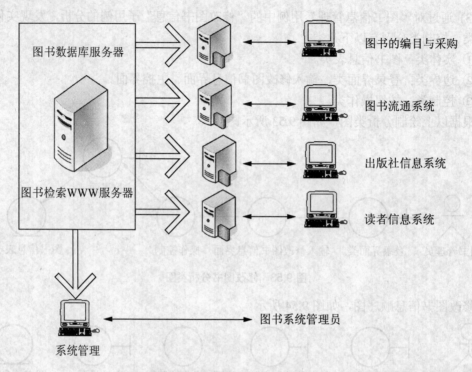

图 9.55   图书管理系统的硬件架构

图书管理系统软、硬件最低配置环境如下。

1) 硬件配置特点

(1) 服务器： Pentium 4 2.7GHz 以上或更高。

内存：512MB 以上。

硬盘：至少 80GB 以上。

DVD－ROM：16 倍速以上。

网卡：10M/100M 自适应。

(2) 工作站：Pentium Ⅲ 500 以上微机。

内存：128MB。

硬盘：至少 10GB 以上。

CD－ROM：16 倍速以上。

网卡：10M/100M 自适应。

2) 软件配置特点

(1) 服务器：操作系统为 Windows 2000 Server 以上环境。

数据库系统：Microsoft SQL Server 2000 以上环境。

Internet 软件：Microsoft Internet Explorer version 5.01 以上。

网络协议：TCP/IP 协议。

(2) 工作站：Pentium Ⅲ 500 以上微机。

操作系统：Windows 9X/ME/XP 或 Windows NT(Pack 6)以上环境。

Internet 软件：Microsoft Internet Explorer Version 5.01 以上。

网络协议：TCP/IP 协议。

2. 结构设计

图书管理系统结构可以用包图来描述，如图 9.56 所示。包是类的集合，用户界面包包括：登录界面类、控制界面类、信息提示界面类；数据库包包括：图书信息类、读者信息表类、借出一览表类、超期一览表类、失毁一览表类、出版社信息表类；业务包包括：图书信息管理类、图书借还管理类、读者信息管理类、出版社信息管理系统管理类；组件包包括：添加控件类、查询控件类、修改控件类、删除控件类。

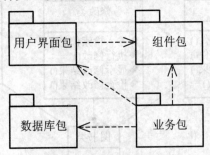

图 9.56　图书管理系统包图

在包图中描述了包之间的关系：业务包要依赖于用户界面包、数据库包、组件包，而用户界面包依赖于组件包。

3. 类的设计

设计每个类中包含哪些属性及操作，并进一步分析类之间的关系。用状态图来描述一个对象在其生命周期内的行为，如登录图书对象的状态图。用活动图描述操作的行为，也可以描述用例和对象内部的工作过程。其中活动图是状态图变化来的。用协作图描述相互合作的对象之间的交互关系，它描述的交互关系是对象间的消息连接关系，更侧重于说明哪些对象之间有消息传递。

以图书信息管理类图为例，其类图如图 9.57 所示。

4. 数据库设计(略)

5. 编写《概要设计说明书》、《详细设计说明书》

9.5.4　图书管理系统实现

实现是将系统的设计模型转换为可以交付测试的系统的一个设计过程，其重点是实现本系统软件的设计。图书管理系统软件由源程序代码、二进制可执行代码和相关数据结构组成，这些内容以组件图来描述，如图 9.58 所示。图书信息管理的程序组件图、图书管理系统的网络结构、各组件存放位置用部署图来描述。

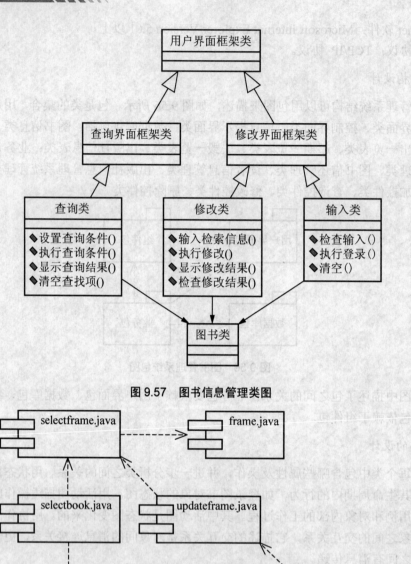

图 9.57   图书信息管理类图

图 9.58   图书信息管理的程序组件图

本 章 小 结

本章首先通过与传统开发方法的比较，引出了面向对象方法的思想，面向对象方法以对象为核心，强调对现实概念的模拟而不强调算法。面向对象方法学的基本原则是按照人们习惯的思维方式建立问题域的模型，开发出尽可能直观、自然地表现求解方法的软件系统。

重点要理解面向对象方法的对象、类、实例、方法、属性等的概念，对象是指在应用领域中有意义的，与所要解决的问题有关系的任何事物，它既可以是具体的物理实体的抽象，也可以是人为的概念，或者是任何有明确边界和意义的东西，是数据与操作的封装体。类是对象的抽象，对象是类的具体化，方法指对象的动作，属性是对象的特征。

面向对象的特征：封装性、继承性、多态性。对象就是数据和操作的封装体。使用一个对象的时候，只需知道它向外界提供的接口形式，无须知道它的数据结构细节和实现操作的算法叫封装性。继承性使子类具有在无须重新编写原来的父类的情况下对这些功能进行扩展的能力。多态性指子类对象可以像父对象那样使用，同样的消息既可以发送给父类对象也可以发送给子类对象，会产生不同的结果。

面向对象的方法，特别是 RUP 统一软件工程方法和 UML 统一建模语言，是目前面向对象软件开发的主流方法和语言。RUP 统一过程是基于构件的，它强调"以用例为驱动、以构架为中心、迭代和增量方式"的开发过程。

UML 建模语言是用一组专用符号描述软件模型，这些符号统一、直观、规范，可以用于任何软件开发过程。UML 提供了 5 大类模型 9 种图，用例模型：用例图；静态模型：类图、包图；行为模型：状态图、活动图；交互模型：时序图、协作图；实现模型：组件图、部署图。要求学生能掌握每种图的基本含义和画法，以便更好地和方法结合完成软件的开发。

习　　题

一、选择题

1. 面向对象程序设计的基本思想是建立和客观实际相对应的对象，并通过这些对象的组合来创建具体的应用。对象是 (1)。对象的三要素是指对象的 (2)。(3) 均属于面向对象的程序设计语言。面向对象的程序设计语言必须具备 (4) 特征。Windows 下的面向对象的程序设计和通常 DOS 下的结构化程序设计的最大区别是 (5)。

(1) A. 数据结构的封装体　　　　　　　B. 数据以及在其上的操作的封装体
　　　C. 程序功能模块的封装本　　　　　D. 一组有关事件的封装体

(2) A. 名字、字段和类型　　　　　　　B. 名字、过程和函数
　　　C. 名字、文字和图形　　　　　　　D. 名字、属性和方法

(3) A. C++、LISP　　　　　　　　　　B. C++、Java
　　　C. PROLOG、ADA　　　　　　　　D. FOXPRO、ADA

(4) A. 可视性、继承性、封装性　　　　B. 继承性、可重用性、封装性
　　　C. 继承性、多态性、封装性　　　　D. 可视性、可移植性、封装性

(5) A. 前者可以使用大量下拉式菜单，后者使用命令方式调用
　　B. 前者是一种消息驱动式体系结构，后者是一种单向调用
　　C. 前者具有强大的图形用户接口，后者无图形用户接口

D. 前者可以突破内存管理 640KB 的限制，后者不能

2. 以下哪一项不是面向对象的特征？（　　）

A. 多态性　　　　　　B. 继承性　　　　　　C. 封装性　　　　　　D. 过程调用

3. OMT 面向对象模型主要由以下哪些模型组成？（　　）

A. 对象模型、动态模型、功能模型　　　　B. 对象模型、数据模型、功能模型

C. 数据模型、动态模型、功能模型　　　　D. 对象模型、动态模型、数据模型

4. 汽车是一种交通工具，汽车类和交通工具类之间的关系是（　　）。

A. 一般具体　　　　　　　　　　　　　　B. has a

C. 整体部分　　　　　　　　　　　　　　D. 组成

5. 面向对象开发方法中，将在面向对象技术领域内占主导地位的标准建模语言是（　　）。

A. Booch 方法　　　　　　　　　　　　　B. Coad 方法

C. UML 语言　　　　　　　　　　　　　　D. OMT 方法

6. 对 UML 的叙述不正确的是（　　）。

A. UML 统一了 Booch 方法、OMT 方法、OOSE 方法的表示方法

B. UML 是一种定义良好、易于表达、功能强大且普遍适用的建模语言

C. UML 融入了软件工程领域的新思想、新方法和新技术

D. UML 仅限于支持面向对象的分析与设计，不支持其他的软件开发过程

7. 在面向对象软件开发方法中，类与类之间主要有以下（　　）结构关系。

A. 继承和聚集　　　　　　　　　　　　　B. 继承和一般

C. 聚集和消息传递　　　　　　　　　　　D. 继承和方法调用

二、填空题

1. 实现多态性的方法有_____和_____。

2. 如果类 C 继承类 B，类 B 继承类 A，则类 C 继承类 A，则说明继承具有_____。

3. 在类的层次结构中，通常上层类称为父类或超类，下层类称为_____。

4. 统一过程是_____过程。统一过程是基于_____，它是_____驱动、以_____为中心、迭代和增量方式的开发过程。

5. 统一过程模型的分析模型有 3 种分析，类分别是_____、_____和_____。

6. 用例模型由 3 个主要元素组成：_____、_____、_____。

7. 属于行为模型的 UML 模型有_____图和_____图；属于静态模型的有_____图和_____图；属于交互模型的有_____图和_____图；属于实现模型属于的有_____图和_____图；属于用例模型的有_____图。

8. 子类自动共享父类数据结构和方法的机制是_____，这是类之间的一种关系。

9. 面向对象分析的目的是对_____进行建模。

三、简答题

1. 说明对象、类、消息、方法、属性的基本概念。

2. 说明面向对象的特征和要素。

3. 举现实世界的例子，并给出它的一般化关系、聚集关系的描述。

4. 说明用例的作用。

5. 说明状态图和活动图的区别。

四、操作题

用面向对象方法建立一个"网上论坛系统"的用例模型。要求：论坛中能够有专人完成"版块管理"、"帖子管理"以及用户能注册使用论坛发表帖子、回复帖子等。

提示：版块管理主要实现论坛版块的增、删、改等功能；帖子管理主要实现版主对帖子的删除、加精、置顶等功能。

第 **10** 章 软件项目评审

教学目标

理解项目评审的流程和相关人员配置及项目评审的内容、依据的概念。在理解概念的基础上，掌握评审流程和内容，理解软件开发过程中的典型阶段评审，如需求分析、概要设计和详细设计评审等。

教学要求

知 识 要 点	能 力 要 求	关 联 知 识
评审概论	熟练掌握项目评审	评审目的、人员、依据和内容
需求分析评审	熟练掌握需求分析评审	需求分析目的、要求和注意事项
概要设计评审	熟练掌握概要设计评审	概要设计评审目的、主要内容和评审文档
详细设计评审	熟练掌握详细设计评审	详细设计评审目的、评审文档

引例

IBM 公司的 OS/360 系统由 4000 个模块组成，共约 100 万条指令，人工为 5000 人年(1 个人工作 1 年其工作量相当于 1 个人年)，经费达数亿美元，但是结果却是令人沮丧的，人们在程序中发现的错误达 2000 个以上。

OS/360 系统的负责人 Brooks 曾生动地描述开发过程中的困难和混乱："……像巨兽在泥潭中做挣扎，挣扎得越猛，泥浆就沾得越多，最后没有一个野兽能逃脱被淹没在泥潭中的命运……程序设计就像这样一个泥潭……一批批程序员在泥潭中挣扎……没有人料到问题竟会这么棘手……"

OS/360 系统开发的例子使得人们发现，研制软件系统需要投入大量的人力和物力，但是质量却难以保证，这就需要在系统开发初期和开发中间的各个阶段都要及时地对当前状况进行审核，以确定系统是否达到了预定的要求，风险是否在可控范围之内，这就是项目评审的要求。

10.1　项目评审概论

10.1.1　评审的目的

软件开发评审就是由一组有资格的人员对软件开发的全过程产生的输出进行评价，以判断软件开发的各个阶段是否达到了软件开发计划中所规定的要求，同时通过评审标识出预定要求与实际的偏差，以反映软件项目开发的实际情况。评审向上级管理部门提供充足的证据以证明以下几点。

(1) 软件项目各阶段的输出符合开发计划中规定的要求。

(2) 设计和开发的输出满足相关法律、法规以及企业标准的要求。

(3) 软件产品的更改得到了恰当地实施。

(4) 软件产品的更改只对那些规格发生了更改的系统区域有影响，没有引入新的问题。

评审的目的主要是尽早发现潜在的问题，尽早纠正缺陷，控制纠正成本的滚雪球效应。本阶段造成的错误如果能够及时地发现，或者在后面越早的阶段发现，就能够及早发现潜在的风险，及时做好防范的对策，做到未雨绸缪。

评审的过程不仅是为了发现问题，而且为了便于跟踪及改正，还应当对问题进行记录。特别是需要对问题的真实性进行确认，剔除可能是误解、似是而非或不必采纳的建议性问题。

评审最直接的目的当然是要改进需求与设计文档本身，为下一阶段工作提供正确的基础，并通过评审的过程提高相关人员的总体分析设计及文档写作水平。

评审的目的还在于强化开发人员的责任感，这是基于"把关效应"，即分配工作任务时，是否事先声明设置检查点，直接关系到工作任务完成的质量和效率。

评审的目的还具有丰富行业业务经验和评审经验并改进评审流程，使项目进度安排更加合理。

当然，评审的最终目的无疑是提高软件质量，减少各种无形损失。

10.1.2 评审人员及其职责

评审人员包括：主审人、项目汇报人、评审专家、质量保证人员(SQA)、顾客和用户代表、相关领导和部分管理人员以及记录人员。

对于某一次具体的评审，具体的人员和职责规定如下。

(1) 主审人：制定评审计划、确定或制定各项评审准则、必要时组织评审人员进行培训、组织必要的资源、进行评审分工、确保正式评审准备充分、分发待评审文档、必要时召开并主持评审会议、向有关领导报告评审结果，并且跟踪评审错误的改正。从总体上讲，主审人是评审的指挥人员，负责评审活动的组织、结论、书面报告。

(2) 项目汇报人：由被评审项目的项目经理担任，负责向评委会的人员汇报和解释项目开发的各个情况。在评审会正式召开前与质量保证人员共同准备评审资料及评审表格。

(3) 评审专家：评审专家由满足要求的技术人员担任，负责向评审组成员提出自己的评审意见和建议。

(4) 质量保证人员：质量保证人员是负责技术质量的人员。

(5) 顾客和用户代表：尽量使顾客和用户代表能够参加评审会议，特别是软件需求评审会议，一定要由用户签字同意。如顾客和用户代表应该参加但因某种原因不能参加评审会议，则一定要追加顾客和客户代表在评审结论上签字同意。有顾客和用户参加的评审一般分为内、外两次评审。

(6) 相关领导和部分管理人员：对于软件开发的某一个阶段，应该有具体的各阶段的领导参加，可参照具体的与软件开发有关的规定执行。

(7) 记录人员：评审会议中记录评审人员提出的问题及相关讨论。

10.1.3 评审的基本要求和评审依据

和每个软件开发项目团队的人员搭配一样，评审人员的搭配也应该尽可能合理，考虑全面性和有效性。无论是企业内部还是用户都有可能找不到合格的评审人员，如用户看不懂建模图形，或者企业内部缺乏具备相关行业业务知识和相关经验的技术人员等。评审人员的素质对评审效果起决定性的作用，因此评审人员的选拔是很重要的。如果确实没有合适的人选，那么在评审准备阶段进行评审所需的知识和技能的培训是很有必要的。

评审的基本要求如下。

(1) 评审按软件开发的生命周期划分，如软件需求阶段的评审、软件概要设计阶段的评审等。

(2) 根据软件项目的大小和评审安排时间的多少，评审可以只针对一个阶段，也可以针对几个阶段。

(3) 评审结论应明确。评审结论有：通过；不通过；有条件通过。

(4) 评审由被评审人(一般是项目经理)驱动，并报请项目负责人。项目负责人与被评审人协调，确定评审的时间和场地。

(5) 被评审人提前 3 天向评审相关人员发送评审资料及有关的背景资料和文件。

(6) 按 ISO9000 质量管理的要求，评审资料应及时归档。

(7) 评审产品，而不是评审设计者(不能使设计者有任何压力)。

(8) 会场要有良好的气氛。

(9) 限制争论与反驳(评审会不是为了解决问题，而是为了发现问题)。

(10) 及早地对自己的评审作评审(对评审准则的评审)。

评审依据如下。

(1) 合同、软件需求说明书、软件开发计划、设计任务书等。

(2) 有关法律、法规、行业规范等。

(3) 《评审规范》。

10.1.4　评审内容

评审的内容根据软件项目的开发周期、技术难度、复杂程度以及客户的要求应有所侧重和适当地增减，但应满足对设计结果进行评审的要求。

评审的主要内容如下。

(1) 设计方案正确性、先进性、可行性和经济性。

(2) 系统组成、系统要求及接口协调的合理性。

(3) 系统与各子系统间技术接口的协调性。

(4) 采用设计准则、规范和标准的合理性。

(5) 系统可靠性、维修性、安全性要求是否合理。

(6) 关键技术的落实解决情况。

(7) 编制的质量计划是否可行。

10.1.5　评审方式

 引例

厦门每年召开贸易投资洽谈会，每次都能引进数千个投资项目，数百亿美元的外资。但这些成果都不是在这几天的会议中就能达成的，而是经过了很多会前会和会后会。这个盛大的聚会只是一种形式，原来谈好的项目在这里进行签约。在这里，新认识的朋友需要进一步地沟通，新找到商机需要在会后进一步地落实。曾仕强先生说："会而不议，议而不决。""会而不议"是说大部分的事项会前已经议好，问题已经基本解决，不需要等到正式开会时再来讨论，会上只要宣布结果，可以大大缩短会议的时间；"议而不决"是说如果会议上大家对一些事情还有争议，则最好是不要急于形成什么结论。这样一是避免仓促做出决定；二是可以保护双方的面子，容易做好协调工作。

关于评审形式与内容的问题，不妨以结婚仪式为例。形式的重要性在于向各方宣示这一事件具有重要意义，引起大家重视，包括引起新郎新娘的重视。但仪式一过，新娘就脱下婚纱，不用一辈子穿婚纱。后面的日子不必天天都如此庄重，这样才有轻松的气氛，这说明了内容比形式更重要。另外，结婚仪式的例子也说明了评审准备或其他形式的与会议评审之间的关系。在结婚仪式上如果主持人问新娘"您愿意嫁给新郎吗？"新娘不出意外会说"愿意！"，而不会说"我还要再考虑一下"或"不，还有些问题没有解决。"

1. 评审的形式

1) 如果就参加评审的人员而论，有以下几类评审形式

(1) 同行评审：也称为"同伴评审"或"同级评审"或"对等审查"等。由软件开发文档的编写者的同事对软件文档进行系统的检查，以发现错误和检查修改过的区域，并提供改进的建议。

(2) 独立评审：安排一些人对成果进行个别检查，以单独完成对成果的评审，评审人员相互之间暂时不进行讨论。

(3) 组内评审：项目团队内部组织的对成果的评审。

(4) 相关项目成员评审：相关项目成员可以分为横向和纵向两类。所谓横向，指与本项目同时进行的项目的成员；所谓纵向，指历史上已经开发的与这个系统有关的软件系统项目的成员。在必要时，也可以请规划中即将建设的软件项目的成员参加。横向和纵向可以是针对同一个用户而言，主要是为了在客户的业务上进行统一的规划设计，如统一的用户账号管理及统一的用户信息代码管理等；也可以是针对公司内部而言，这主要是在软件的技术和设计风格上进行统一的规划。以充分利用软件复用技术来提高效率和易维护性，充分考虑各系统之间的接口、兼容性和界面一致性。

(5) 企业内评审：也可以称为"项目组外评审"，是企业内部抽调必要的力量进行组织的，有条件时也可请用户参与。相关项目成员评审是企业内评审的一种特例。

(6) 邀请专家评审：在特殊情况下或为了特殊的目的，管理层或用户邀请专家对阶段成果进行评审。这些专家可以是软件技术方面的专家，也可以是与客户业务密切相关的行业业务专家，如国家某个行业信息规划人员和行业标准制定人员等。

(7) 用户评审：以用户为主的评审，一般是把文档交给用户检查，或以用户为首组织的评审会议。一般情况下，每份需求文档都要经过数次的用户评审，尽可能地得到最终的确认。而设计文档则视情况而定，一般较少进行用户评审。

(8) 第三方评审：用户委托第三方机构进行评审，如监理机构、检测机构和专家验收组等对需求设计文档或其他工作成果进行评审。

2) 如果就评审的对象完整性而论，有以下几类评审形式

(1) 整体评审：在文档整体完成后，对需求或设计文档的整体进行评审。当文档比较大而难以进行整体评审时，可分而治之，分多次进行"部分评审"。

(2) 物理部分评审：不同评审人员对某一成果的某些物理部分内容进行评审，如按照文档章节、功能划分或模块划分等。

(3) 逻辑部分评审：分阶段检查某一成果是否具有某个所期望的特性，或不同评审人员对某一成果的某些特性(如可读性或可维护性)要求进行评审。

(4) 迭代评审：迭代开发模式中分阶段对部分内容进行评审，每一部分评审通过后即可作为下一阶段相关部分工作的基础，每一次迭代都包括需求、分析、设计、实现和测试活动。同时，每次迭代都建立在前一次迭代工作的基础上，每次迭代都会生成更加接近最终产品的可执行版本。

(5) 回归评审：原来的评审发现问题需要整改并再次进行的评审，以检查问题是否已

经得到修改，同时检查是否出现新的问题。

　　3) 就评审的环境或使用的工具而论，有以下几类评审形式

　　(1) 临时检查：在需要的情况下临时检查文档、评审人员与作者随时对文档中的问题进行讨论。这是评审中最不正式的一种，可以快速听取评审人员的意见，主要为了解决当前的某个特定问题，或对某个特定问题进行确认。但要注意适度，在必要时进行。

　　(2) 工具评审：通过安装在网络环境上的管理工具软件将项目阶段成果提交给评审人员阅读，评审人员利用工具阅读文档后填写意见。

　　(3) 邮件评审：通过邮件将项目阶段成果发给相关人员进行评审，评审人员通过邮件反馈意见。

　　(4) 会议评审：相关人员集中在一起开会对项目阶段成果进行评审，这是最常用的形式。

　　(5) 远程会议评审：不仅在主会场进行评审，而且通过视频及音频与外地的评审人员进行实时在线沟通。这是会议评审的一种特殊形式，可以突破空间的限制，对于项目团队成员或评审人员有出差在外的项目是一个比较经济的形式。

　　4) 就评审的效力而论，有以下几类评审形式

　　(1) 正式评审：得出是否批准通过的正式结论。

　　(2) 非正式评审：不具否决权的"评审"，也可以称为"评阅"，主要是为了讨论，收集意见和建议，不做是否批准通过的结论。正式评审或非正式评审都可以通过会议、邮件及工具的各种形式，也可以是整体评审、部分评审或迭代评审。当然正式评审最好是整体文档完成后的评审，批准主要是针对整个文档的，但迭代开发的例外。

　　(3) 观摩培训式评审：一般是一种会议形式，主要是为了培养新人。在评审会议召开时，可安排一些不同角色新人来旁听。他们不对评审的工作负责，而是以学习评审技术、体验评审工作为目的的。

　　2. 就某一项具体的评审过程而言，可由主审人决定评审方式是采取会签评审还是会议评审

　　1) 会签评审

　　会签评审是各个评委根据评审的内容和要求进行审核并发表自己意见，当各位评委的意见基本一致，或问题比较明确并已得到解决，则不召开会议而直接填写《软件开发评审报告》的一种评审方式。

　　2) 会议评审

　　会议评审就是公司组织内外的专家召开评审会议，根据评审的内容和要求进行讨论、分析并就最终结果达成一致的评审方式。

10.1.6　评审工作程序

　　1. 评审工作程序

　　(1) 被评审人与评审项目组织经理协商评审时间、地点、参与人员、主审人。

　　(2) 被评审人应提前 2～3 天把与评审有关的资料交给各个评委。

(3) 各评委如有问题可提前与被评审人或主审人沟通。如问题较大，不能如期评审，由主审人通知评审延期。

(4) 确定项目评审方式。主审人分析各评委的审查意见，当各位评委的意见基本一致，或问题比较明确并已得到解决时，可决定采用会签评审方式，直接形成评审结论，填写《软件开发评审报告》，否则采用会议评审方式。

(5) 组织评审。组织评审包括布置评审会场、通知相关人员等组织性的活动。

(6) 评审会议在正式评审之前，主审人首先确立将要评审的流程、标准，以免到评审时各个成员对评审规则有疑义，影响评审的顺利进行。

(7) 讨论，评审(会议评审适用)。由项目组代表(一般是项目经理)开始向评委讲述项目相应评审阶段的情况。在项目组代表讲述的过程中，评委可以随时打断项目组代表的陈述，就相关疑问提问或展开讨论。

(8) 形成评审结论。每一个评审对象讨论完后，由主审人按评审表格询问各评委意见，汇总后形成评审结论。

(9) 评审如不通过，则通知项目组，限期进行软件的更改，并安排重新评审。

(10) 评审通过后，评审项目组织经理负责对评审中发现的问题进行跟踪，保证评审的措施得到贯彻实施。

2. 具体的评审流程

1) 评审流程概览

(1) 确定评审组长。

(2) 制定并发布评审计划。

(3) 准备评审。

(4) 举行评审会议。

(5) 改正、跟踪和回归评审。

(6) 分析、总结和报告。

(7) 归档。

2) 确定评审组长

(1) 由质量管理人员与项目经理、部门经理及公司高层讨论协商，确定项目的评审级别及评审人员角色构成要求，初步确定评审组长人选。

(2) 质量管理人员与评审组长沟通，最终确定评审组长。

(3) 评审组长充分了解项目相关情况，为制定评审计划做好准备。

3) 评审计划

(1) 评审组长制定评审计划(根据项目计划和质量计划)。

(2) 评审组长确定评审对象和评审时间。

(3) 评审组长确定评审级别和策略(形式的组合)。

(4) 评审组长确定评审流程的增减和需要提交的资料。

(5) 评审组长确定入口条件并确认其通过准则。

(6) 评审组长确定回归评审准则。

(7) 评审组长制定评审检查表(CheckList)。

(8) 评审组长确定评审角色构成。

(9) 评审组长根据评审角色构成确定评审人员并成立评审小组。

(10) 相关人员(评审人员和项目团队双方)确认评审计划。评审组长发布评审计划。

4) 评审准备

(1) 正式评审前准备：文档作者向相关人员发布文档。

(2) 评审人员阅读了解文档，争取发现大部分问题。

(3) 文档作者解决大部分发现的问题。

(4) 评审组长确定会议地点、环境、设备和所有材料。

(5) 评审组长确定人员职责和会议议程。

(6) 评审组长确定评审开始条件成熟。

(7) 评审组长通知相关人员到会。

5) 评审会议

(1) 主持人(评审组长)宣布会议议程、人员职责和会场纪律。

(2) 文档作者介绍工作成果，对评审人员的疑问进行必要的解释。

(3) 评审人员对不解之处提出疑问，指出问题或缺陷并说明根据。

(4) 文档作者与评审人员讨论缺陷的真实性，分清缺陷性问题和建议性问题，讨论确定是否需要按照评审人员的要求进行改进。一般不涉及为节省时间改进的方案或错误的纠正方案。

6) 评审记录

(1) 正式评审应当记录有共识的问题或缺陷，也要记录有争议待解决的问题，使评审工作文档化，便于跟踪最终解决。

(2) 总体记录：包括项目名称、系统名称版本号、日期时间、主文档名称、附文档名称、文档版本号、作者、评审类型(首次、回归、部分和阶段)、评审人员和评审结论。

(3) 缺陷记录：包括缺陷编号、提出者、章节／页码、缺陷描述、缺陷类型(严重、一般和建议)和承诺改正时间。

(4) 验证记录：全部打钩的 CheckList，说明 CheckList 所列的工作都已经做完，所列的内容都已经评审完，确保工作的完整性。

7) 评审结论

评审结论包括如下内容。

(1) 是否需要修改，这是就成果的整体而言的。结论可以是少量、较大或是一个量化的数字。

(2) 针对具体的一条意见或建议，项目组确定是否接受修改要求。有些问题可能是误会，消除了就不是问题；有些建议性的问题，项目组考虑进度可不接受修改要求。

① 如不接受修改要求，项目组给出不修改的理由。

② 如何处理，是否需要进行回归评审。

③ 总体结论是合格或不合格。

④ 确定的修改责任人和跟踪责任人。

⑤ 确定的回归评审时间。

⑥ 是否都认同评审结论，如果需要做得更正式一些，可以要求相关人员签字表示同意评审结论，签字只有在较为正式的会议评审中要求。如果是邮件或软件工具，则以电子记录为准。

8) 跟踪与总结

评审中发现的问题的后续跟踪是改正错误并消除缺陷的有效措施，应当有专门的责任人进行后续跟踪，确认错误都已改正，根据结论必要时回归评审。

(1) 评审组长分析评审数据并总结经验。

(2) 评审组长发布评审记录与数据分析报告。

(3) 管理人员应当防止评审数据被不恰当地使用，如果使用评审数据来对个人进行绩效评价，将会给以后的评审工作造成障碍，使评审各方不能放开进行评审。

(4) 评审组长进行工作总结，工作总结很有必要，有利于对项目或过程的改进。

(5) 评审组长提交各类评审报告，有关领导批准发布通过的文档。

9) 材料归档

评审材料归档是项目配置管理工作的一部分。评审材料的归档应建立下列目录。

(1) 待评阅态：文件放入此目录后会自动通过邮件通知需要评阅的人员，全体评审人员评阅完毕，也会自动通过邮件把意见通知文档作者并实现到期自动提醒功能。

(2) 待评审态：文件放入此目录后会自动通过邮件通知需要评审的人员，全体评审人员评审完毕，也会自动通过邮件把批准或拒绝的意见通知文档作者并实现到期自动提醒功能。

(3) 受控态：评审批准后自动转入受控态并发布自动邮件。

(4) 签出态：为了修改而版本升级，当文件签出时放入签出态。修改后的文档可能从签入到待评阅态、待评审态或直接到受控态，但此时的文档版本已经升级。

(5) 产品态：项目结束后，受控态的文档自动归到产品态。

10.2　各阶段的评审内容和要点

按照 GB 8566 的规定论证进行定期的或阶段性的各项评审工作。就整个软件开发过程而言，至少要进行软件需求评审、概要设计评审、详细设计评审、软件验证和确认评审、功能检查、物理检查、综合检查以及管理评审 8 个方面的评审和检查工作。把前 7 种评审分成 3 次大的评审阶段进行。每次评审阶段之后，要对评审结果作出明确的管理决策。下面给出每次评审阶段应该进行的工作。

1. 第一次评审阶段

第一次评审阶段对软件需求、概要设计以及验证与确认方法进行评审。

(1) 软件需求评审(SRR)应确保在软件需求规格说明书中规定的各项需求的合理性。

(2) 概要设计评审(PDR)应评价软件设计说明书中的软件概要设计技术的合适性。

(3) 软件验证和确认评审(SV&VR)应评价软件验证和确认计划中确定的验证和确认方法的合适性和完整性。

2．第二次评审阶段

第二次评审阶段对详细设计、功能测试与演示进行评审，并对第一次评审结果进行复核。如果在软件开发过程中发现需要修改第一次评审结果，则应按照相关的软件配置管理计划规定处理。

(1) 详细设计评审(DDR)应确定软件设计说明书中的详细设计在满足软件需求规格说明书中的需求方面的可接受性。

(2) 编程格式评审应确保所有编码采用规定的工作语言，能在规定的运行环境中运行，满足 GB 8566 中提倡的编程风格。在满足这些要求之后，方可进行测试工作评审。

(3) 测试工作评审应对所有的程序单元进行静态分析，检查其程序结构(即模块和函数的调用关系和调用序列)和变量使用是否正确。在通过静态分析后，再进行结构测试和功能测试。在结构测试中，所有程序单元结构测试的语句覆盖 C0 必须等于 100%，分支覆盖 C1 必须大于或等于 85%。要给出单元的输入和输出变量的变化范围；各个子系统只进行功能测试，不单独进行结构测试，力图使满足单元测试的 C1 和 C0 准则的那些测试用例在子系统功能测试时得到再现；测试工作评审要检查所进行的测试工作是否满足这些要求，特别在评审功能测试工作时，不仅要运行开发单位给出的测试用例，而且要允许运行任务委托单位或用户、评审人员选定的采样用例。

3．第三次评审阶段

第三次评审阶段要进行功能检查、物理检查和综合检查。这些评审应在集成测试阶段结束后进行。

(1) 功能检查(FA)应验证所开发的软件已满足在软件需求规格说明书中规定的所有需求。

(2) 物理检查(PA)应对软件进行物理检查，以验证程序和文档已经一致，并已做好了交付的准备。

(3) 综合检查(CA)应验证代码和设计文档的一致性、接口规格说明的一致性(硬件和软件)、设计实现和功能需求的一致性、功能需求和测试描述的一致性。

10.2.1　需求分析的评审

 引例

Jesse Liberty 在《Clouds to Codes》中强调："不要让客户离开你的视线，他们不关心你的技术是否先进。"在《客户驱动编程》中的一句话应该引起"技术导向"的人员的思考："软件开发的目标不是创建伟大的软件，而是帮助客户创造财富，有人买才是开发软件的唯一目的。"软件大师温伯格也说："如果不明白自己在做什么，技术是毫无价值的。"(在此不是宣传技术无用论，而是提醒人们要从技术中去发现人的需求，从人的需求出发去开发技术。)"质量就是对相关人员的价值"，比如对企业的价值是赚取了利润，对用户的价值是服务了社会,对项目团队成员的价值是学习了新的技术、积累了经验并获得了相应的报酬。

Donald A. Norman 在《设计心理学》中提到"诺曼门"的概念,那些因为设计不周而难以打开的门、令人迷惑的电灯开关被称为"诺曼门"或"诺曼开关"。以此类推,难以使用的软件可以称为"诺曼软件"。作者感叹世界上有太多的东西在设计和制作过程中根本就没有考虑或是毫不在乎用户的需要,称某种产品为"诺曼门",实际是承认了该产品的制作者没有关注用户的需求。每当一项新技术被开发出来,公司便把过去的技术抛开,让工程师制造出新颖、前卫且功能众多的产品,结果是用户不断陷入迷惑。要设计出以人为中心并方便适用的产品,设计人员从一开始就要把各种因素考虑进去,协调与设计相关的各类学科,用户需求应当贯穿在整个设计(软件开发)过程之中。

软件需求评审(Software Requirements Review)是在软件需求分析阶段结束后进行的,以确保在软件需求规格说明书中所规定的各项需求的合适性。严格地讲,需求分析评审应当检查需求文档中的每一个需求,每一行文字,每一张图表。评判需求优劣的主要指标有:正确性、清晰性、无二义性、一致性、必要性、完整性、可实现性、可验证性、可测性。如果有可能,最好可以制定评审的检查表。

需求分析评审的规程与其他重要工作产品(如系统设计文档、源代码)的评审规程非常相似,主要区别在于评审人员的组成不同。前者由开发方和客户方的代表共同组成,而后者通常来源于开发方内部。正式评审组的成员一般由项目开发中经验最丰富、技术最高的人来担任,参加评审的人还应该有项目经理、QA 人员、测试人员、架构师,他们应仔细阅读需求规格说明书,并针对自己将要开展的工作内容进行检查,并提出问题。

1. 需求分析评审的目的

(1) 系统定义的目标是否与用户的要求一致?

(2) 系统需求分析阶段提供的文档资料是否齐全?

(3) 文档中的所有描述是否完整、清晰、准确地反映用户要求?

(4) 与所有其他系统成分的重要接口是否都已经描述?

(5) 被开发项目的数据流与数据结构是否足够、确定?

(6) 所有图表是否清楚,在不补充说明时能否理解?

(7) 主要功能是否已包括在规定的软件范围之内,是否都已充分说明?

(8) 设计的约束条件或限制条件是否符合实际?

(9) 开发的技术风险是什么?

(10) 是否考虑过软件需求的其他方案?

(11) 是否考虑过将来可能会提出的软件需求?

(12) 是否详细制定了检验标准,它们能否对系统定义是否成功进行确认?

 引例

需求评审的一个通病是"虎头蛇尾"。需求评审的确乏味,也比较费脑子。刚开始评审时,大家都比较认真,越到后头越马虎。当需求文档很长时,几乎没人能够坚持到最后。因此认真评审一小时可能会避免将来数十天的"返工"。评审组长还要设法避免大家在昏昏沉沉中评审。如果评审时间比较长,建议每隔两小时休息一次。另外,如果系统比较大,也可以细分成不同的部分分别进行,严格控制每一次评审的文档规模及持续时间。

需求评审涉及的人员可能比较多，有些时候让这么多人聚在一起花费比较长的时间开会并不容易(例如有些人可能出差在外，有些人可能事务缠身)。没有必要把所有事情挤在一块儿做，需求开发是循序渐进的过程，需求评审也可以分段进行。这样每次评审的时间比较短，参加评审的人员也少一些，组织会议就比较容易。对于需求的工作产品《需求规格说明书》，可以标明几种文档状态，如草稿状态、评审状态、初始状态等。只有进入评审状态时，才可以用不同的方式来对文档进行评审。但当其评审状态转化为初始状态时，需要进行严格的正式的同行评审。

开评审会议时经常会"跑题"，导致评审效率很低。有时话匣子一打开后关不上，大家越扯越远，结果评审会议变成了聊天会议。主持人应当控制话题，避免大家讨论与主题无关的东西。对于自主研发的产品，由于需求评审人员大部分是开发人员，大家会不知不觉地谈论软件"如何做"。由于需求是否"可实现、可验证、可测试"本来就属于需求评审的范畴，所以强制大家"只谈做什么，不谈怎么做"几乎是不可能的。那么，在需求的评审会上，需要允许开发人员谈"如何做"，但不需太细，适可而止。同时，评审会必须明确一位评审组长，对时间与问题进行控制。

开评审会议时经常会发生争议。适当的争议有利于澄清问题，比什么东西都一致赞成要好。然而当争议变为争吵时就坏事了。争吵不仅对评审工作没有好处，而且会无意中伤害同事们的感情，同时也解决不了问题。所以，在评审会的过程中，要尽可能地是在阐述事实与证据，而并不是从心底要如何地说服别人。人们在很多时候分不清楚自己究竟是"坚持真理"还是"固执己见"。毫不妥协或者轻易妥协都不是好办法。大家应当养成良好的习惯：不要一棍子打死自己的观点，尝试着让自己站在他人的立场思考问题，这样自己会找到比较满意的答案。试着从不同的角度去看同样的问题。

2. 如何做好需求评审

1) 分层次评审

一般而言，需求评审可以分成如下的层次：目标性需求定义了整个系统需要达到的目标；功能性需求定义了整个系统必须完成的任务；操作性需求定义了完成每个任务的具体的人机交互。目标性需求是企业的高层管理人员所关注的，功能性需求是企业的中层管理人员所关注的，操作性需求是企业的具体操作人员所关注的。对不同层次的需求，其描述形式是有区别的，参与评审的人员也是不同的。

2) 正式评审与非正式评审结合

正式评审是指通过开评审会的形式，组织多个专家，将需求涉及的人员集合在一起，并定义好参与评审人员的角色和职责，对需求进行正规的会议评审。而非正式的评审并没有这种严格的组织形式，一般也不需要将人员集合在一起评审，而是通过电子邮件、文件汇签甚至是网络聊天等多种形式对需求进行评审。相对而言，非正式的评审比正式的评审效率更高，更容易发现问题。因此在评审时，应该更灵活地利用这两种方式。

3) 分阶段评审

应该在需求形成的过程中进行分阶段的评审，而不是在需求最终形成后再进行评审。分阶段评审可以将原本需要进行的大规模评审拆分成各个小规模的评审，降低了需求返工的风险，提高了评审的质量。

4) 精心挑选评审员

需求评审可能涉及的人员包括：需方的高层管理人员、中层管理人员、具体操作人员、IT 主管、采购主管；供方的市场人员、需求分析人员、设计人员、测试人员、质量保证人员、实施人员、项目经理以及第三方的领域专家等。在这些人员中，由于大家所处的立场不同，对同一个问题的看法是不相同的，有些观点是和系统的目标有关系的，有些是关系不大的，不同的观点可能形成互补的关系。为了保证评审的质量和效率，需要精心挑选评审员。首先要保证使不同类型的人员都要参与进来，否则很可能会漏掉了很重要的需求。其次在不同类型的人员中要选择那些真正和系统相关的、对系统有足够了解的人员参与进来，否则很可能使评审的效率降低或者最终不切实际地修改了系统的范围。

5) 对评审员进行培训

在很多情况下，评审员是领域专家而不是进行评审活动的专家，他们没有掌握进行评审的方法、技巧、过程等，因此需要对评审员进行培训，同样对于主持评审的管理者也需要进行培训，以便于参与评审的人员能够紧紧围绕评审的目标来进行，能够控制评审活动的节奏，提高评审效率，避免发生 10.1.3 节和 10.1.5 节引例中出现的现象。对评审员的培训也可以区分为简单培训与详细培训两种。简单培训可能需要十几分钟或者几十分钟，需要将在评审过程中的需要把握的基本原则、需要注意的常见问题说清楚。详细培训则可能需要对评审的方法、技巧、过程进行正式的培训，需要花费较长的时间，是一个独立的活动。需要注意的是被评审人员也要被培训。

6) 充分利用需求评审检查单

需求检查单是很好的评审工具，需求检查单可以分成两类：需求形式的检查单和需求内容的检查单。需求形式的检查可以由 QA 人员负责，主要是针对需求文档的格式是否符合质量标准来提出的；需求内容的检查是由评审员负责的，主要是检查需求内容是否达到了系统目标、是否有遗漏、是否有错误等，这是需求评审的重点。检查单可以帮助评审员系统全面地发现需求中的问题，检查单也是随着工程财富的积累逐渐丰富和优化的。

7) 建立标准的评审流程

对正规的需求评审会需要建立正规的需求评审流程，按照流程中定义的活动进行规范的评审过程。比如在评审流程定义中可能规定评审的进入条件、评审需要提交的资料、每次评审会议的人员职责分配、评审的具体步骤、评审通过的条件等。

8) 做好评审后的跟踪工作

在需求评审后，需要根据评审人员提出的问题进行评价，以确定哪些问题是必须纠正的，哪些可以不纠正，并给出充分的客观的理由与证据。当确定需要纠正的问题后，要形成书面的需求变更的申请，进入需求变更的管理流程，并确保变更的执行，在变更完成后，要进行复审。切忌评审完毕后，没有对问题进行跟踪，而无法保证评审结果的落实，使前期的评审努力付之东流。

9) 充分准备评审

评审质量的好坏很大程度上取决于在评审会议前的准备活动。常出现的问题是，需求文档在评审会议前并没有提前下发给参与评审会议的人员，没有留出更多更充分的时间让参与评审的人员阅读需求文档。更有甚者，没有执行需求评审的进入条件，在评审文档中存在大量的低级的错误，或者没有在评审前进行沟通，文档中存在方向性的错误，从而导致评审的效率很低，质量很差。对评审的准备工作，也应当定义一个检查单，在评审之前对照检查单，落实每项准备工作。

3. 需求评审的流程

(1) 项目组内所有成员对需求达成共识，并对《需求规格说明书》之类的需求工作产品进行自我检查，并改正。

(2) 项目组自检通过后，提请需求评审，一般在评审会议的前 2～3 天将评需评审的内容发给评审组(这个名单在项目计划中已确定)预审。

(3) 召开评审会议，会议上评审员提出问题，并由仲裁者下评审结果。尽量不要在会议上讨论问题，以免延长会议时间，浪费大家的时间。一般 1～2 小时为宜。

(4) QA 一般参与整个评审过程，只对整个需求评审过程进行过程审计。

需求分析评审中正式评审是最后一关，如果正式评审通过了，将进入系统设计阶段。

4. 需求评审的注意事项

1) 注意对需求规格说明的正确性进行评审

(1) 是否有需求与其他需求相互冲突或者重复？

(2) 是否清晰、简洁、无二义地表达了每个需求？

(3) 是否每个需求都通过了演示、测试、评审，分析是否得到了验证？

(4) 是否每个需求都在项目的范围内？

(5) 是否每个需求都没有内容和语法上的错误？

(6) 在现有的资源内，是否能实现所有的需求？

(7) 每一条特定的错误信息，是否都是唯一的和具有含义的？

2) 注意对需求规格说明的实践性进行评审

实践性是指需求本身是否来源于目前企业的相关业务规则和文件制度，而非源于分析师们经验主义的臆测。实践性是判断需求规格说明是不是理论联系实践、密切和用户联系的一个关键性指标。

3) 注意对需求规格说明的完整性进行评审

(1) 编写的所有需求，其详细程度是否一致和合适？

(2) 需求是否能为设计提供足够的基础？

(3) 所有对其他需求的内部引用是否正确？

(4) 是否包含了每个需求的实现优先级？

(5) 是否定义了功能说明的内在算法？

(6) 是否包含了所有已知的客户需求或系统需求？

(7) 是否遗漏了必要的信息？如果有遗漏的话，把它们标记为待确定的问题(TBD)。

(8) 是否对所有预期的错误条件所产生的系统行为都编制了文档？

4) 注意对需求方案的可行性和成本预算进行评审

5) 注意对需求的质量属性进行评审

系统的安全性需求在需求规格说明中是否被完整地描述，也是需求评审过程的一个硬性指标。总的来说，安全性包含了身份验证、访问控制、加密和审核等考虑事项。

6) 注意对需求的可实施性进行评审

需求必须可以测试，每个需求在特定的输入条件下应当能给出已知的输出结果。同时，需求应当层次分明，需要把单个需求下面的相关需求综合在一起形成一组需求功能。

需求的可实施性除了可跟踪性还包括可测试性。事实上，分析人员和测试人员在编写代码以前把需求模型、分析模型和测试用例综合起来通盘考虑，检查出遗漏的、错误的和不必要的需求。软件需求在概念上的测试是一种很必要的技术，它可以在项目早期阶段发现需求的歧义和错误。

7) 注意对需求包含的用例文档进行评审

用例是参与者对系统和参与者的交互过程所达成的一种契约。需求说明书基于用例的分析方法是也是当前较为流行的需求开发方式。用例文档作为需求重要的成果性文档也是需求评审主体之所在。需求评审确认的重点是对关键用户的最常用和最重要的用例进行深入和细致的评审，首先要通过测试用例的主干过程。而大家是否撰写有效的用例则要从以下方面着手评审。

(1) 用例的目标或价值度量是否明确？

(2) 用例是否是独立的分散任务？

(3) 是否明确说明可用用例会给哪些参与者带来方便？

(4) 编写用例的详细程度是否恰当?是否有不必要的设计和实现细节？

(5) 所有预期的分支过程是否都编写了文档说明？

(6) 所有预估的异常过程是否都编写了文档说明？

(7) 是否存在一些普通的动作序列可以分解成独立的用例？

(8) 每个路径的步骤是否都清晰明了、无歧义而且完整？

(9) 用例中的每个参与者和步骤是否都与所执行的任务有关？

(10) 用例中定义的每个可选路径是否都可行和可验证？

(11) 用例的前置条件和后置条件是否合理？

8) 注意需求评审会的过程和结束标准

(1) 审查期间评审员们提出的所有问题都已经解决。

(2) 相关文档中的所有更改都已经正确完成。

(3) 修订过的文档进行了拼写检查。

(4) 所有标识为"待确定"的问题已经全部解决，或者已经对每个"待确定"的问题的解决过程、计划解决的目标日期和责任解决人等编制了文档。

(5) 需求文档正式进入了配置库。

10.2.2　概要设计评审

在软件概要设计结束后必须进行概要设计评审(Preliminary Design Review)，以评价软件设计说明书中所描述的软件概要设计的总体结构、外部接口、主要部件功能分配、全局数据结构以及各主要部件之间的接口等方面的合适性。

1. 概要设计评审的目的

(1) 概要设计说明书是否与软件需求说明书的要求一致？

(2) 概要设计说明书是否正确、完整、一致？

(3) 系统的模块划分是否合理？

(4) 接口定义是否明确？

(5) 文档是否符合有关标准规定？

2. 概要设计评审的内容

(1) 可追溯性：即分析该软件的系统结构、子系统结构，确认该软件设计是否覆盖了所有已确定的软件需求，软件每一成分是否可追溯到某一项需求。

(2) 接口：即分析软件各部分之间的联系，确认该软件的内部接口与外部接口是否已经明确定义。模块是否满足高内聚和低耦合的要求。模块作用范围是否在其控制范围之内。

(3) 风险：即确认该软件设计在现有技术条件下和预算范围内是否能按时实现。

(4) 实用性：即确认该软件设计对于需求的解决方案是否实用。

(5) 技术清晰度：即确认该软件设计是否以一种易于翻译成代码的形式表达。

(6) 可维护性：从软件维护的角度出发，确认该软件设计是否考虑了方便未来的维护。

(7) 质量：即确认该软件设计是否表现出良好的质量特征。

(8) 各种选择方案：看是否考虑过其他方案，比较各种选择方案的标准是什么。

(9) 限制：评估对该软件的限制是否现实，是否与需求一致。

(10) 其他具体问题：对于文档、可测试性、设计过程等进行评估。

应注意的是软件系统的一些外部特性设计，例如软件的功能、一部分性能以及用户的使用特性等，在软件需求分析阶段就已经开始。这些问题的解决，由于带有一些"怎么做"的性质，因此也被称为软件的外部设计。

3. 概要设计文档评审要求

1) 清晰性

(1) 是否所设计的架构，包括数据流、控制流和接口被清楚地表达？

(2) 是否所有的假设、约束、策略及依赖都被记录在文档？

(3) 是否定义了总体设计目标？

2) 完整性

(1) 是否所有以前的 TBD(待确定条目)都已经被解决了？

(2) 是否设计已经可以支持本文档中遗留的 TBD 有可能带来的变更？

(3) 是否所有的 TBD 的影响都已经被评估了？

(4) 是否仍存在可能不可行的设计部分？

(5) 是否已记录设计时的权衡考虑，该文件是否包括了权衡选择的标准和不选择其他方案的原因？

3) 依从性

是否遵守了该项目的文档编写标准？

4) 一致性

(1) 数据元素、流程和对象的命名和使用在整套系统和外部接口之间是否一致？

(2) 是否反映了实际操作环境(硬件、软件和支持软件)？

5) 可行性

(1) 从进度、预算和技术角度上看该设计是否可行。

(2) 是否存在错误的、缺少的或不完整的逻辑？

6) 数据使用

(1) 所有复合数据元素、参数以及对象的概念是否都已文档化？

(2) 是否还有任何需要的，但还没有定义的数据结构，反之亦然。

(3) 是否已描述最低级别数据元素，是否已详细说明取值范围？

7) 功能性

(1) 是否对每一下级模块进行了概要算法说明？

(2) 所选择的设计和算法能否满足所有的需求？

8) 接口

(1) 操作界面的设计是否在为用户考虑(例如：词汇、使用信息和进入的简易)？

(2) 是否已描述界面的功能特性？

(3) 界面是否将有利于问题解决？

(4) 是否所有界面都互相一致，与其他模块一致，以及和更高级别文档中的需求一致？

(5) 是否所有的界面都提供了所要求的信息？

(6) 是否已说明内部各界面之间的关系？

(7) 界面的数量和复杂程度是否已减少到最小？

9) 可维护性

(1) 该设计是否是模块化的？

(2) 这些模块是否具有高内聚度和低耦合度？

(3) 是否已经对继承设计、代码或先前选择工具的使用进行了详细说明性能？

(4) 主要性能参数是否已被详细说明(例如：实时、速度要求、吞吐量等)？

10) 可靠性

(1) 该设计能否提供错误检测和恢复功能(例如：输入输出检查)？

(2) 是否已考虑非正常情况？

(3) 是否所有的错误情况都被完整并准确地说明？

(4) 是否满足该系统进行集成时所遵守的约定？

11) 易测性

(1) 是否能够对该系统进行测试、演示、分析或检查来说明它是满足需求的？

(2) 该系统是否能用增量型的方式来集成和测试？

12) 可追溯性

(1) 是否各部分的设计都能追溯到需求说明书的需求？

(2) 是否所有的设计决策都能追溯到原来确定的权衡因素？

(3) 所继承设计的已知风险是否已确定和分析？

10.2.3　详细设计评审

在软件详细设计阶段结束后，必须进行详细设计评审(Detailed Design Review)，以确定软件设计说明书中所描述的详细设计在功能、算法和过程描述等方面的合适性。

1. 详细设计评审的目的

(1) 详细设计说明书是否与概要设计说明书的要求一致？

(2) 模块内部逻辑结构是否合理，模块之间的接口是否清晰？

(3) 数据库设计说明书是否完全，是否正确反映详细设计说明书的要求？

(4) 测试是否全面、合理？

(5) 文档是否符合有关标准规定？

2. 详细设计文档评审要求

(1) 所有函数或过程的目的是否都已经文档化？

(2) 数据流、控制流和接口的单元设计是否已经清晰地说明？

(3) 是否已经定义和初始化了所有的变量、指针和常量(包括全局及局部)？

(4) 变量的取值含义及取值范围是否已经描述清楚？

(5) 是否已经描述了函数的全部功能？

(6) 是否已经详细说明实现该函数的关键算法？

(7) 是否已经列出了函数的调用？

(8) 数据元素的命令和使用在整个函数和函数接口之间是否一致？

(9) 所有接口的设计是否互相一致？

(10) 是否处理了所有的条件，是否存在处理未发现问题的条件？

(11) 是否正确地规定了分支？

(12) 是否所有声明的数据都被实际使用到？

(13) 是否所有该单元数据结构都被详细说明？

(14) 是否所有修改共享数据(或文件)的程序都考虑到了其他程序对此共享数据(或文件)的存取权限？

(15) 是否所有的逻辑单元、时间标志和同步标志都被定义和初始化？

(16) 接口参数在数量、类型和顺序上是否匹配？

(17) 是否所有的输入和输出都被正确地定义和检查？

(18) 是否传递参数序列都被清晰地描述？

(19) 是否所有参数和控制标志由已描述的单元传递或返回？

(20) 是否详细说明了参数的度量单位、取值范围、正确度和精度？

(21) 共享数据区域及其存取规定的映射是否一致？

(22) 是否该单元的所有约束(过程时间和规模)都被详细说明？

(23) 初始化是否使用到默认值，默认值是否正确？

(24) 是否在内存访问时执行了边界检查？以确保只改变目标存储的位置。

(25) 是否执行输入、输出、接口和结果的错误检查?

(26) 是否对所有错误情况都发出有意义的信息?

(27) 对特殊情况返回的代码是否和已规定的全局定义的返回代码相匹配?

本 章 小 结

软件项目评审是软件复查的手段之一,是应该在软件生命周期各阶段必须进行的一项工作。本章主要介绍了项目评审的形式、内容、人员组织,并对需求分析、概要设计、详细设计中评审的内容进行了罗列和说明。评审是手段,重要的是评审后要进行必要的修改和反馈,形成软件基线,以便于后续工作的开展。

习 题

一、填空题

1. 评审人员包括:_____、项目汇报人、评审专家、_____(SQA)、顾客和用户代表、相关领导和管理人员以及_____。

2. 就某一项具体的评审过程而言,可由主审人决定评审方式是采取会签评审还是_____。

3. 第一次评审阶段对_____、概要设计以及验证与确认方法进行评审。

4. 需求分析评审中正式评审是最后一关,如果正式评审通过了,将进入_____。

二、思考题

1. 评审的概念是什么?

2. 评审的目的是什么?

3. 评审的基本要求和评审依据是什么?

4. 评审内容有哪些?

5. 三大评审阶段中各阶段的主要内容是什么?

6. 需求分析评审的目的是什么?

7. 概要设计评审的目的是什么?

8. 详细设计评审的目的是什么?

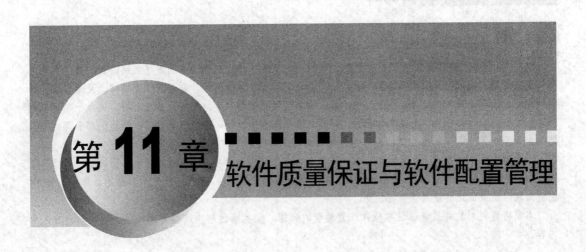

第**11**章 软件质量保证与软件配置管理

了解软件质量保证与软件配置管理的基本管理。初步认识质量保证和配置管理的内容和基本方法。

教学要求

知 识 要 点	能 力 要 求	关 联 知 识
软件质量	了解软件质量概念	
SQA	了解 SQA 概念,具备分辨能力	软件质量
软件质量计划	了解软件质量计划内容	软件质量、SQA
SCM	了解 SCM 概念,掌握其内容,具备一定分析能力	SQA
软件配置项	了解软件配置项概念,掌握其内容	SQA、SCM
基线	了解基线概念,掌握其内容	SQA、SCM、SCI
软件配置方法	了解软件配置方法内容,具备一定分析能力	SQA、SCM、SCI

引例

2002 年 11 月 20 日，信息时报曾报道过这样一件事情。一位刘先生请朋友吃火锅，当快要结束的时候，突然发现火锅底料里面有一条约 3cm 长的虫子，已经煮得稀巴烂，看起来既像蟋蟀，又像蟑螂。当时刘先生就用筷子将其夹出来，陈列在盘子里，要求经理出来解决。结果餐厅经理却说，这虫子是可以吃的，不仅不会有什么害处，还很有营养呢。到后来争执不下的时候，那经理竟毅然决然地把那煮得乱七八糟的虫子给吃了，以证明他的说法，刘先生看到此情此景也只好作罢了。

从上面的例子可以看出，虽然人们的心里都有对产品质量的要求，但有时可能会由于这个质量标准不一致而产生分歧甚至纠纷。一顿饭都可以产生对质量标准的不同理解，何况一个庞大复杂的计算机系统呢！由此，软件质量保证的重要性可见一斑。

本章将通过对软件质量保证和软件配置管理的介绍，初步阐述解决质量可靠性等上述问题的方法和内容。

11.1 软件质量与 SQA

开发人员给用户交付的软件产品，实际上和传统行业所提供的产品在最终的目的上是一样的，都是要满足人的某种需要。只要是产品就会面临产品的质量问题。对于软件这个在形式上比较特殊的产品来说，质量同样是必需的。它是保证软件企业能够成功的一个关键因素之一。

对于软件质量的定义，在 1983 年，ANSI/IEEE STD729 给出了他们的定义：软件产品满足规定的隐含的与需求能力有关的全部特征和特性，其中包括：软件产品质量满足用户要求的程度、软件各属性的组合程度、用户对软件产品的综合反映程度、软件在使用过程中满足用户要求的程度等。

除此之外还有其他对软件质量的一些定义。如在 Rational 统一过程中，软件质量被定义为 3 个维度，分别是：功能性(functionality)、可靠性(reliability or dependability)及性能(performance)。

1991 年，为了更好地进一步描述软件质量所包含的内容，ISO 发布了 ISO/IEC9126 质量特性国际标准。其中将所有的质量属性归纳成了 6 个质量特性。

它们分别是：功能性、可靠性、可用性(usability)、效率(efficiency)、可维护性(manageability)和移植性(portability)。

在这 6 个特性的基础上，ISO 还推荐了 21 个子特性，但这些特性是只作为参考而不作为标准来发布的。它们包括：适合性、准确性、互用性、依从性、成熟性、安全性、容错性、可恢复性、可理解性、易学性、可操作性、时间特性、资源特性、可分析性、可变更性、稳定性、可测试性、适应性、易安装性、一致性和可替换性。

SQA 的全称为软件质量保证(Software Quality Assurance)。它和其他传统行业的产品质量保证类似，是保证软件产品在软件生存周期内所有阶段的质量活动，通过建立一套有计划、有系统的方法，来向管理层保证拟定出的标准、步骤、实践和方法能够正确地被所有项目所采用。

一般来说，SQA 主要包括的功能有：制定和开展质量方针；详细定义软件质量含义及标准；建立质量保证体系；制定个阶段的质量保证计划；建立开发文档、质量文档等其他文档的管理机制；收集、整理和分析个阶段的质量信息；等等。

11.1.1　SQA 的目标

SQA 的最终目标是开发正确的产品。通过最合理、科学的开发过程，保证开发中每一阶段的质量，从而给用户提供一个界面友好的、可以实现用户预期应用的软件产品。

从信息管理的角度去考虑，软件质量保证的目标是向管理层提供产品质量信息的相关数据。通过这样的数据提供，及时发现质量问题，并可以通过管理层调动相关的资源来解决该问题。

从具体项目开始时，SQA 所要达到的目标可以归纳出以下几个方面。

(1) 建立完善的标准。其中包括按照用户的要求定义所有功能实现的标准、各个开发阶段完成的标准以及技术评审的标准等。

(2) 利用最合理的开发技术，保证开发效率，避免无效的工作。开发过程中，以标准化、规范化、复用性等角度出发，选择最合理的开发技术。通过对开发过程有效地管理，最大限度地利用已有的软件和技术。并且随时对开发出来的软件进行软件复用性能的不断评估，为后续软件可能的复用做好准备。

(3) 协调好各部门间的技术合作。通常软件项目的开发，是通过几个部门的合作来实现的。通过软件质量管理，加强部门间的开发管理。部门之间的技术协作通过建立统一的技术质量标准，提高整体的协作开发的效率。

(4) 提高计划管理能力。对于一个大的项目开发，高效的管理是至关重要的。通过对开发初期项目计划和执行计划的有效质量评估，可以提高项目的管理能力。另外严格地评价开发计划和实施结果，可以提高软件开发的项目管理精度、积累项目管理经验等。

11.1.2　软件质量计划

软件质量的管理对于软件项目开发来说是最终开发出合格产品的最根本的保证。因此，质量计划是整个软件项目所有计划的基本原则，它的位置是统治性的。其他内容的计划都应该服从质量计划的需求。从这个角度来看，软件质量计划的制订是非常重要的。

在制定软件质量计划的过程中，需要遵守几个原则。

(1) 制定的质量策略必须与组织内的运营战略、策略和方针保持一致。

(2) 以客户的需求作为第一要素。软件质量的所有计划、标准最终都要与用户需求一致。

(3) 正确控制质量标准的水平，保证开发成本不超过合理范围。

(4) 制订质量计划前必须从管理层到具体的开发组进行充分的交流，在质量计划的方针和标准上达成一致，这里最重要的需要得到管理层的支持。

(5) 制定的质量计划是一个详细的计划，它可以做到对所有过程的质量控制。

(6) 质量计划的制订也必须进行反复的评审，逐步形成一个软件质量目标。

(7) 要保证质量计划本身的质量文档的规范性和完整性。

制定软件质量计划的过程，可以从输入、处理、输出的角度来进行分析。制订质量计划的第一步是先进行输入，这里输入的是成为定义性的内容。其中包括质量方针的确定，标准、规范的形成，建立计划和相关的质量文档等。在处理过程中，通过一些辅助工具和方法形成具体的要求和管理过程。最后得到质量计划的预期结果和解决方案。

可以通过图 11.1 进一步认识这个形成质量计划的方法。

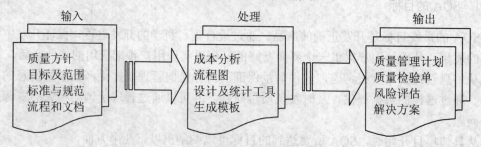

图 11.1　制定软件质量计划的过程

软件质量计划的内容也有很规范的标准，目前在国际标准(ANSI/IEEE STOL730—1984，983—1986)及国内标准"计算机软件质量保证计划规范"中，对于质量计划的内容做了很具体的规定。形式上计划的目次应该包括：引言，管理，文档，标准、条例和约定，评审和检查，软件配置管理，工具、技术和方法，媒体控制，对供货单位的控制，记录的收集、维护和保存。

每个章节都必须包含以下内容。

X.1　引言

X.1.1　目的

本条必须指出特定的软件质量保证计划的具体目的。还必须指出该计划所针对的软件项目(及其所属的各个子项目)的名称和用途。

X.1.2　定义和缩写词

本条应该列出计划正文中需要解释的而在 GB/T 11457 中尚未包含的术语的定义，必要时，还要给出这些定义的英文单词及其缩写词。

X.1.3　参考资料

本条必须列出计划正文中所引用资料的名称、代号、编号、出版机构和出版年月。

X.2　管理

必须描述负责软件质量保证的机构、任务及其有关的职责。

X.2.1　机构

本条必须描述与软件质量保证有关的机构的组成。还必须清楚地描述来自项目委托单位、项目承办单位、软件开发单位或用户中负责软件质量保证的各个成员在机构中的相互关系。

X.2.2　任务

本条必须描述计划所涉及的软件生存周期中有关阶段的任务，特别要把重点放在描述这些阶段所应进行的软件质量保证活动上。

X.2.3　职责

本条必须指明软件质量保证计划中规定的每一个任务的负责单位或成员的责任。

X.3　文档

必须列出在该软件的开发、验证与确认以及使用与维护等阶段中需要编制的文档，并描述对文档进行评审与检查的准则。

X.3.1　基本文档

为了确保软件的实现满足需求，至少需要下列基本文档。

X.3.1.1　软件需求规格说明书(software requirements specification)

软件需求规格说明书必须清楚、准确地描述软件的每一个基本需求(功能、性能、设计约束和属性)和外部界面。必须把每一个需求规定成能够通过预先定义的方法(例如检查、分析、演示或测试等)被客观地验证与确认的形式。软件需求规格说明书的详细格式按 GB 8567。

X.3.1.2　软件设计说明书(software design description)

软件设计说明书应该包括软件概要设计说明和软件详细设计说明两部分。其概要设计部分必须描述所设计软件的总体结构、外部接口、各个主要部件的功能与数据结构以及各主要部件之间的接口；必要时还必须对主要部件的每一个子部件进行描述。其详细设计部分必须给出每一个基本部件的功能、算法和过程描述。软件设计说明书的详细格式按 GB 8567。

X.3.1.3　软件验证与确认计划(software verification and validation plan)

软件验证与确认计划必须描述所采用的软件验证和确认方法(例如评审、检查、分析、演示或测试等)，以用来验证软件需求规格说明书中的需求是否已由软件设计说明书描述的设计实现；软件设计说明书表达的设计是否已由编码实现。软件验证与确认计划还可用来确认编码的执行是否与软件需求规格说明书中所规定的需求相一致。软件验证与确认计划的详细格式按 GB 8567 中的测试计划的格式。

X.3.1.4　软件难和确认报告(software verification and validation report)

软件验证与确认报告必须描述软件验证与确认计划的执行结果。这里必须包括软件质量保证计划所需要的所有评审、检查和测试的结果。软件验证与确认报告的详细格式按 GB 8567 中的测试报告的格式。

X.3.1.5　用户文档(user documentation)

用户文档(例如手册、指南等)必须指明成功运行该软件所需要的数据、控制命令以及运行条件等；必须指明所有的出错信息、含义及其修改方法；还必须描述将用户发现的错误或问题通知项目承办单位(或软件开发单位)或项目委托单位的方法。用户文档的详细格式按 GB 8567。

X.3.2　其他文档

除基本文档外，还应包括下列文档。

(1) 项目实施计划(其中可包括软件配置管理计划，但在必要时也可单独制定该计划)：其详细格式按 GB 8567。

(2) 项目进展报表：其详细格式可参考《项目进展报表》的各项规定。

(3) 项目开发各个阶段的评审报表：其详细格式可参考《项目阶段评审表》的各项规定。

(4) 项目开发总结：其详细格式按 GB 8567。

X.4 标准、条例和约定

必须列出软件开发过程中要用到的标准、条例和约定，并列出监督和保证书执行的措施。

X.5 评审和检查

必须规定所要进行的技术和管理两方面的评审和检查工作，并编制或引用有关的评审和检查堆积以及通过与否的技术准则。至少要进行下列各项评审和检查工作。

X.5.1 软件需求评审(software requirements review)

在软件需求分析阶段结束后必须进行软件需求评审，以确保在软件需求规格说明书中所规定的各项需求的合适性。

X.5.2 概要设计评审(preliminary design review)

在软件概要设计结束后必须进行概要设计评审，以评价软件设计说明书中所描述的软件概要设计的总体结构、外部接口、主要部件功能分配、全局数据结构以及各主要部件之间的接口等方面的合适性。

X.5.3 详细设计评审(detailed design review)

在软件详细设计阶段结束后必须进行详细设计评审，以确定软件设计说明书中所描述的详细设计在功能、算法和过程描述等方面的合适性。

X.5.4 软件验证与确认评审(software verification and validation review)

在制订软件验证与确认计划之后要对它进行评审，以评价软件验证与确认计划中所规定的验证与确认方法的合适性与完整性。

X.5.5 功能检查(functional audit)

在软件释放前，要对软件进行功能检查，以确认已经满足在软件需求规格说明书中规定的所有需求。

X.5.6 物理检查(physical audit)

在验收软件前，要对软件进行物理检查，以验证程序和文档已经一致并已做好了交付的准备。

X.5.7 综合检查(comprehensive audit)

在软件验收时，要允许用户或用户所委托的专家对所要验收的软件进行设计抽样的综合检查，以验证代码和设计文档的一致性、接口规格说明之间的一致性(硬件和软件)、设计实现和功能需求的一致性、功能需求和测试描述的一致性。

X.5.8 管理评审(management reviews)

要对计划的执行情况定期(或按阶段)进行管理评审；这些评审必须由独立于被评审单位的机构或授权的第三方主持进行。

X.6 软件配置管理

必须编制有关软件配置管理的条款，或引用按照 GB/T 12505 单独制订的文档。在这些条款或文档中，必须规定用于标识软件产品、控制和实现软件的修改、记录和报告修改实现的状态以及评审和检查配置管理工作等 4 方面的活动。还必须规定用以维护和存储软件受控版本的方法和设施；必须规定对所发现的软件问题进行报告、追踪和解决的步骤，并指出实现报告、追踪和解决软件问题的机构及其职责。

X.7　工具、技术和方法

必须指明用以支持特定软件项目质量保证工作的工具、技术和方法，指出它们的目的，描述它们的用途。

X.8　媒体控制

必须指出保护计算机程序物理媒体的方法和设施，以免非法存取、意外损坏或自然老化。

X.9　对供货单位的控制

供货单位包括项目承办单位、软件销售单位、软件开发单位或软件子开发单位。必须规定对这些供货单位进行控制的规程，从而保证项目承办单位从软件销售单位购买的、其他开发单位(或子开发单位)开发的或从开发(或子开发)单位现存软件库中选用的软件能满足规定的需求。

X.10　记录的收集、维护和保存

必须指明需要保存的软件质量保证活动的记录，并指出用于汇总、保护和维护这些记录的方法和设施，并指明要保存的期限。

11.2　软件配置管理

11.2.1　软件配置的重要性

软件配置管理(Software Configuration Management，SCM)，从字面的意思来理解，就是对软件的配置和管理。在《ISO 9000-3—1997 质量管理和质量保证标准》中这样描述软件配置管理的含义：软件配置管理是一个管理学科，它对配置项的开发和支持声明周期给予技术上和管理上的指导。配置管理的应用取决于项目的规模、复杂程度和风向大小。

在《GB/T 11457—1995 软件工程术语》中，关于软件配置管理有这样的描述：软件配置管理是标识和确定系统中配置项的过程，在系统整个生命周期内控制这些项的投放和变化，记录并报告配置的状态和变动要求，验证配置项的完整性和正确性。

从上面的描述可以得知，软件配置管理是一个贯穿于整个项目开发过程的活动。那么，在开发过程中它起到的是什么作用呢？

在实际的项目开发活动中，往往会涉及多个部门协同合作工作的情况，每个部门内部也有多个开发人员进行工作。如何保证各个部门和开发人员之间协调有效的合作就是一个非常重要的问题。比如，在开发过程中，需要进行某方面的变更时，这往往需要与之相关的几个部门和人员进行相应的变更。但是如果没有有效协调的管理，很可能会出现一些相关部门或人员不知道的变更，从而可能导致后期发生不可预期的错误，降低整个项目开发的效率和生产力。

引例

20 世纪 90 年代初期,美国一家电子技术科技杂志进行过一次关于软件从业人员项目开发的问卷调查,其中有一个问题是"在项目开发过程中,困扰你最大的问题来自哪里?"。经过统计分析后,不同职位的软件从业人员的答案基本都涉及如下一些内容。

1. 程序员遇到的问题

在编写了一段时间代码后,由于某种原因,要进行源文件的更改,但是搞不清楚哪个是最新的源文件。造成这样的原因主要是没有对源文件进行有效的管理,导致源文件随意放置和命名,杂乱无章,无法识别最新版本。

一个开发组内,多个程序员在修改一个文件时,有些人的修改被覆盖掉了。造成这样的原因是没有一个对开发程序有效的控制,导致各自为政。

2. 项目经理遇到的问题

项目开发的各部门的联调的时间开销越来越长,发现问题常常互相扯皮,难以发现出错的原因。造成这样的原因是各个部门之间缺乏交流和沟通,没有一个全局的概念,整个组织也没有实行有效的版本的管理。

3. 公司老板遇到的问题

给用户交付的产品往往比需求说明书上的预期功能少,运行中出现的问题很难及时解决。这个原因主要是整个项目没有有效的产品控制管理,交付时产品的配置不全,在出现问题以后,也没有足够的跟踪能力和有效的决策机构对问题进行处理。

软件配置管理就是解决上面这些问题的技术。它的主要作用是标识、组织和控制正在开发的软件的修改,最大限度地减少错误、提高生产力。

根据 IEEE 729—1983 标准中的描述,软件配置管理所包含的内容有以下几个方面。

(1) 标识:识别产品的机构、产品的构件及其类型,为其分配唯一的标识符,并以某种形式提供对它们的存取。

(2) 控制:通过建立产品基线,控制软件产品的发布和在整个软件生命周期中对软件产品的修改。

(3) 状态统计:记录并报告构件和修改请求的状态,并收集关于产品构件的重要统计信息。它将解决修改这个错误会影响多少文件的问题。

(4) 审计和复审:确认产品的完整性并维护构件间的一致性,即确保产品是一个严格定义的构件集合。它将解决目前发布的产品所用的文件的版本是否是正确的问题。

(5) 生产:对产品的生产进行优化管理,它将解决最新发布的产品应该由哪些版本的文件和工具来生成的问题。

这里需要注意的是,软件配置管理并不是软件维护,它们是两个不同的概念。软件的维护是在软件投入运行以后的一系列软件工程的活动,而软件配置管理是从软件项目开始实施的时候就已经开始,一直到软件退出运行后才终止的一系列跟踪和控制的活动。软件维护的工作重点是围绕着软件本身进行的修改和优化,而软件配置管理的工作重点是控制软件的修改和管理软件的修改。

总的来说,面对一个充满不断变化和改进的软件项目,管理变化的过程是非常重要的一个环节。软件配置管理就是做好这个环节的技术保证。

11.2.2　软件配置项

软件配置项(Software Configuration Item，SCI)是软件配置管理的对象。一个软件产品在软件生命周期内各个阶段产生了各种形式和不同版本的文档、计算机程序及其数据。所有的这些在软件过程中产生的信息总称为软件配置，而其中每一个成员就称为软件配置项。

在 ISO9000—3 中，对于软件配置项的描述有以下几个方面。

(1) 与合同、过程、计划和产品有关的文档及数据。

(2) 源代码、目标代码和可执行代码。

(3) 相关产品，包括软件工具、库内可复用软件、外购软件及顾客提供的软件等。

也可以这样理解，软件配置项实际上就是软件工程的产品。它是软件项目在开发过程中所产生的信息。在一个理想的假设下，如果所有的开发过程都按照预期的计划进行而不发生任何修改和变化，那么这些软件配置项也就不会发生任何更改，也就不可能牵扯到配置管理的问题。然而在现实的情况下，项目在开发过程中更改是随时都可以发生的。比如，随着用户需求的不断变化，业务的规则变化了，与之相关的配置项就要发生变化等。

实际上，软件配置项概念的产生，主要是就是为了便于进行软件配置管理和以后的软件维护。随着项目开发的不断推进，开发项目中涉及的内容会越来越庞大，相应的软件配置项的数量也会越来越大，整个项目对于软件配置管理的依赖就越来越深。

11.2.3　基线管理

在实际的项目开发中，有时候会出现这样的问题，当一个项目快要完成或接近一个阶段的开发任务尾声时，通过测试、试运行或其他手段发现程序中存在一个很小的问题。这时可能会由一个程序员对这个问题进行修改和分析。通过分析后的结论进行相应的修改，这个问题被解决了，但是测试后又发现了新的问题，于是再进行修改，结果往往可能出现"把瞎子治成聋子"的结果，在接近完成的状态下又回到了开发初期的状态。

出现这样的情况除了可能有一些设计开发中存在的问题外，另一个值得注意的问题就是对软件的修改问题。虽然对于项目开发来说，变更是不可避免的，但是不一定所有变更和修改都是合理的或者说是必要的。很难想像当问题出现时，由一个程序员来解决，他可以对程序进行任意修改甚至可以对核心代码进行修改时，能保证更改的正确性或不出现更多的问题。

为了有效地控制这样的情况发生，基线(Baseline)的概念被提出。基线要达到的管理目标是可以在不严格阻碍合理变更的基础上控制变更。IEEE 对基线的定义是：已经通过正式评审和批准的规约或产品，可以作为进一步开发的基础，并且只能通过正式的变更控制规程才能改变。

从上面的定义可以看出，实际上可以把基线理解成为一个类似"里程碑"的概念。基线的存在可以给软件生命周期内各个阶段标记一个特定的结点。这样就把一个整体划分成不同的阶段，上一个阶段的开发结果可以作为下一个阶段开始的基础和依据。在出现需要变更和修改的时候，原则上基线是不允许轻易变更的，只可以以基线作为基础来进行修改，如果这个修改必须要跨基线进行，那么这样的修改是要在严格地控制之下才能进行的。这样就可以通过基线来对更改进行有效的控制。

在项目开发的过程中，基线的标记是通过一个或多个软件配置项的交付并且这些配置项都已经通过严格、正式的评审才获得认可的。因此基线的确定并不是随意设定，必须要进行正式评审才可以确定，这样才可以最大限度地保证软件配置项的正确性。图 11.2 所示是基线定义的一个基本过程。

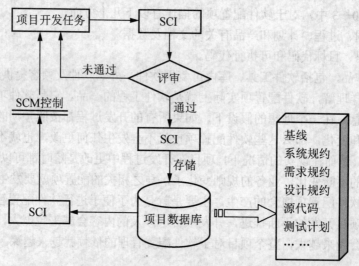

图 11.2　基线在 SCI 中的基本定义过程

一般来说，对基线的内容也有一定的要求，必须要进行描述的内容有：每个基线的项，也就是应交付的文档和程序；与每个基线有关的评审和批准事项以及验收标准；在建立基线的过程中，用户和开发人员的参与情况；等等。

根据项目开发时软件生命周期中不同形式的需要，基线也分成不同的种类。GB/T 12505—1990 定义了软件生命周期中 3 种形式的基线。它们分别是功能基线、指派基线及产品基线。

(1) 功能基线，它是在经过正式评审和批准的系统设计规格说明书中对开发系统的规格说明。或者是经过项目委托单位和项目承办单位双方签字同意的协议书或合同中所规定的对开发软件系统的规格说明。也可以是由下级申请经过上级同意或直接由上级下达的项目任务书中过规定的对开发软件系统的规格说明。功能基线是在系统分析和软件定义阶段结束时定义的，它是最初批准的功能配置标识。

(2) 指派基线，它是处在软件需求分析阶段结束时，经过正式评审和批准的软件需求的规格说明。指派基线是最初批准的指派配置标识。

(3) 产品基线，指的是在软件组装与系统测试阶段结束时，经过正式评审和批准的有关所开发软件产品的全部配置项的规格说明。产品基线是最初批准的产品配置标识。

11.2.4　软件配置方法

在软件配置当中，需要对每个配置对象进行命名。这是对配置对象可以进行有效控制管理的第一步。一般来说，把配置对象分成两类：基本对象和聚合对象。基本对象指的是项目开发组内的成员所交付的对象，比如一个设计、编码或是一个测试用例等；聚合对象指的是由基本对象或其他聚合对象责成的集合，这样的对象是一个完整的配置单元，比如需求规约就是一个聚合对象。

通过基本对象与聚合对象，就可以构成一个完整的系统。从上面对这两类对象的介绍中，可以发现，基本对象指向的是具体的对象；而聚合对象是由数个对象组成的，体现的是某个部分或项目的整体一般性。因此它们之间是"具体——一般、部分—整体"的关系。

无论是基本对象还是聚合对象，他们的命名都必须是唯一的，除了名字它们还有描述、资源表和"实现"。对象名是由一个字符串组成的，描述的是一个数据项的列表，其中包括对象的类型、项目的标识符及变更或版本的信息等。

把系统中的配置对象都进行标识后，版本的控制就开始了。在项目开发时的每个版本都是由一组 SCI 实体组成的，也就是文档、数据和源代码的集合。系统允许每个版本有不同的变体。用户可以通过对适当的版本的选择来制定可以选择的软件系统的配置。

在对基线的介绍中可以了解到，在软件项目开发时，一个微小的变更或是对源代码的修改就可能产生致命的影响，因此在配置管理中，变更控制是至关重要的。

当产生一个变更要求后，必须进行有效的评估，需要考虑的范围应该至少包括：技术方面、潜在的副作用、时间和技术的成本及对其他功能的影响等。评估完成后，要将结果以报告的形式交给变更负责人。之后，在把要修改的部分从项目数据库中提取出来进行修改，在修改的过程中要进行软件质量保证的工作以确保开发质量。完成后，以软件配置项的形式提交。再进行评审，通过评审后再放回到项目数据库中。这里需要注意的是，放回项目数据库后，要进行版本控制，立即建立一个的版本。通过这样的变更机制并配合基线的使用，就可以有效地保证变更的安全性和合理性。

可以发现，这样的一个变更的过程是需要严格的控制的，评估、审批在这里起了很大的作用；另一方面，这样的控制机制，如果控制的太繁琐可能会降低开发效率和工作的创新性，因此这也是需要考虑的问题。

11.3 图书管理系统质量保证和配置管理

下面将以图书管理系统为例，完成质量保证和配置管理的计划和一些表格的设计，由于篇幅有限，所介绍的只是最主要内容。实际开发中还应该有更详细的内容，这里仅作参考。

11.3.1 图书管理系统质量保证计划示例

计划名 图书管理系统软件质量保证计划

项目名 ×××××图书管理软件系统

项目委托单位

代 表 签 名： 年 月 日

项目承办单位

代 表 签 名： 年 月 日

1 引言

1.1 目的

本计划的目的是建立质量保证措施，保证所交付的图书管理软件能够满足项目委托书或合同中规定的各项需求，以及满足该软件系统需求规格说明书中规定的各项具体需求。

软件开发单位在开发图书管理软件系统所属的各个子系统(其中包括为本项目研制或选用的各种支持软件)时，都应该执行本计划中的有关规定，如有特殊情况，可对本计划作适当的增删，以满足特定的质量保证要求，修改后的计划必须经总体组批准。

1.2 定义

本计划用到的一些术语的定义按 GB/T 11457 和 GB/T 12505。

1.3 参考资料

GB/T 11457 软件工程术语

GB 8566 计算机软件开发规范

GB 8567 计算机软件产品开发文件编制指南

GB/T 12504 计算机软件质量保证计划规范

GB/T 12505 计算机软件配置管理计划规范

图书管理软件配置管理计划

2 管理

2.1 机构

在系统整个开发期间，成立软件质量保证小组负责质量保证工作。软件质量保证小组属总体组领导，由总体组代表、项目的软件工程小组代表、专职质量保证人员、专职配置管理人员以及各子系统软件质量保证人员等方面的人员组成，并由项目的软件工程小组代表任组长。各子系统的软件质量保证人员在业务上受软件质量保证小组领导，在行政上受各子系统负责人领导。

2.2 任务

软件质量保证应该贯彻到日常的软件开发活动中，并且应该特别注意软件质量的早期评审工作。对新开发的或正在开发的各子系统，要按照 GB 8566 与本计划的各项规定进行各项评审工作。软件质量保证小组要派成员参加所有的评审与检查活动。

在图书管理软件开发过程中，要进行如下几类评审与检查工作。

(1) 阶段评审。

(2) 日常检查。

(3) 软件验收。

2.3 职责

在图书管理项目的软件质量保证小组中，其各方面人员的职责如下。

(1) 组长全面负责有关软件质量保证的各项工作。

(2) 总体组代表负责有关阶段评审、项目进展报表检查以及软件验收准备等 3 方面工作中的质量保证工作。

(3) 项目的专职配置管理人员负责有关软件配置变动、软件媒体控制以及对供货单位的控制等 3 方面的质量保证活动。

(4) 各子系统的软件质量保证人员负责测试复查和文档的规范化检查工作。

(5) 用户代表负责反映用户的质量要求，并协助检查各类人员对软件质量保证计划的执行情况。

(6) 项目的专职质量保证人员协助组长开展各项软件质量保证活动，负责审查所采用的质量保证工具、技术和方法，并负责汇总、维护和保存有关软件质量保证活动的各项记录。

3 文档

3.1 基本文档

为了确保软件的实现满足项目委托单位"国家自然科学基金委员会信息科学部"认可的需求规格说明书中规定的各项需求，图书管理软件各开发单位至少应该编写以下 8 个方面内容的文档。

(1) 软件需求规格说明书(SRS)。

(2) 软件设计说明书(SDD)，对一些规模较大或复杂性较高的项目，应该把本文档分成概要设计说明书(PDD)与详细设计说明书(DDD)两个文档。

(3) 软件测试计划(STP)。

(4) 软件测试报告(STR)。

(5) 用户手册(SUM)。

(6) 源程序清单(SCL)。

(7) 项目实施计划(PIP)。

(8) 项目开发总结(PDS)。

3.2 其他文档

除了基本文档之外，对于尚在开发中的软件，还应该包括以下 4 个方面的文档。

(1) 软件质量保证计划(SQAP)。

(2) 软件配置管理计划(SCMP)。

(3) 项目进展报表(PPR)。

(4) 阶段评审报表(PRR)。

3.3 文档质量的度量准则

(1) 完备性：所有承担软件开发任务的单位，都必须按照 GB 8567 的规定编制相应的文档，以保证在开发阶段结束时，其文档是齐全的。

(2) 正确性：在软件开发各个阶段所编写的文档的内容，必须真实地反映该阶段的工作且与该阶段的需求相一致。

(3) 简明性：在软件开发各个阶段所编写的各种文档的语言表达应该清晰、准确、简练，适合各种文档的特定读者。

(4) 可追踪性：在软件开发各个阶段所编写的各种文档应该具有良好的可追踪性。文档的可追踪性包括纵向可追踪性与横向可追踪性两个方面。前者是指在不同文档的相关内容之间相互检索的难易程度；后者是指确定同一文档的某一内容在本文档中的涉及范围的难易程度。

(5) 自说明性：在软件开发各个阶段所编写的各种文档应该具有较好的自说明性。文档的自说明性是指在软件开发各个阶段中的不同文档能独立表达该软件其相应阶段的阶段产品的能力。

(6) 规范性：在软件开发各个阶段所编写的各种文档应该具有良好的规范性。文档的规范性是指文档的封面、大纲、术语的含义以及图示符号等符合有关规范的规定。

4 标准、条例和约定

在图书管理工程化软件系统的开发过程中，还必须遵守下列标准、条例和约定。

(1) 《图书管理软件配置管理计划》，图书管理软件工程小组编，2008 年。

(2) 《Java 语言编程格式约定》，图书管理软件工程小组编，2008 年。

5 评审和检查

对新开发的或正在开发的各个子系统，都要按照 GB 8566 的规定认真进行定期的或阶段性的各项评审工作。就整个软件开发过程而言，至少要进行软件需求评审、概要设计评审、详细设计评审、软件验证和确认评审、功能检查、物理检查、综合检查以及管理评审 8 个方面的评审和检查工作。如本计划 2.2 条所述，经总体组研究决定，在图书管理软件及其所属各个子系统的开发过程中，把前 7 种评审分成 3 次进行。在每次评审之后，要对评审结果作出明确的管理决策。下面给出每次评审应该进行的工作。

5.1 第一次评审

第一次评审会要对软件需求、概要设计以及验证与确认方法进行评审。

5.2 第二次评审

第二次评审会要对详细设计、功能测试与演示进行评审，并对第一次评审结果进行复核。如果在软件开发过程中发现需要修改第一次评审结果，则应按照《图书管理软件配置管理计划》的规定处理。

5.3 第三次评审

第三次评审会要进行功能检查、物理检查和综合检查。这些评审会应在集成测试阶段结束后进行。

6 软件配置管理

按图书管理软件工程小组编写的《图书管理软件配置管理计划》处理。

7 工具、技术和方法

这些工具主要有下列 4 种。

(1) Java 软件测试工具。

(2) 软件配置管理工具。

(3) 文档辅助生成工具

(4) 图形编辑工具。

8 媒体控制

为了保护计算机程序的物理媒体，以免非法存取、意外损坏或自然老化，图书管理工程化软件系统的各个子系统(包括支持软件)都必须设立软件配置管理人员，并按照图书管理软件工程小组制订的、且经图书管理总体组批准的《图书管理软件配置管理计划》妥善管理和存放各个子系统及其专用支持软件的媒体。

9 对供货单位的控制

无。

10 记录收集、维护和保存

略。

11.3.2 图书管理系统软件配置管理计划示例

计划名 图书管理系统软件质量保证计划

项目名 ××××图书管理软件系统

项目委托单位

代 表 签 名： 年 月 日

项目承办单位

代 表 签 名： 年 月 日

1 引言

1.1 目的

略。(相关内容与质量保证计划类似)

1.2 定义

本计划中用到的一些术语的定义按 GB/T 11457 和 GB/T 12504。

1.3 参考资料

GB/T 11457 软件工程术语

GB 8566 计算机软件开发规范

GB 8567 计算机软件产品开发文件编制指南

GB/T 12504 计算机软件质量保证计划规范

GB/T 12505 计算机软件配置管理计划规范

图书管理 软件质量保证计划

2 管理

2.1 机构

略。(相关内容与质量保证计划类似)

2.2 任务

略。(相关内容与质量保证计划类似)

2.3 职责

在软件配置管理小组中，各类人员要互相配合、分工协作，共同担负起整个项目的软件配置管理工作。其中各类人员的分工如下。

(1) 组长是总体组代表，对有关软件配置管理的各项工作全面负责。

(2) 软件工程小组组长负责监督在软件配置管理工作中认真执行软件工程规范。

(3) 项目的专职配置管理人员检查在作配置更改时的质量保证措施。

(4) 各子系统的配置管理人员具体负责实施各自的配置管理工作，并参与各子系统的功能配置检查和物理配置检查。

(5) 用户代表负责反映用户对配置管理的要求，并协助检查各类人员对软件配置管理计划的执行情况。

(6) 项目专职的配置管理人员协助组长开展各项软件配置管理活动，负责审查所采用的配置管理工具、技术和方法，并负责汇总、维护和保存有关软件配置管理活动的各项记录。

2.4 接口控制

主要的接口有如下 5 类。

(1) 用户界面：用户界面是指各子系统与设计人员、用户或维护人员之间的操作约定。同时还指实现这些操作约定的物理部件的功能与性能特性。

(2) 系统内部接口：系统内部接口是指各子系统在集成为一个总的软件系统时的各种连接约定。

(3) 标准程序接口：标准程序接口是指各应用子系统与标准子程序库(包括宿主计算机系统已有的库程序)之间的调用约定。

(4) 设备接口：设备接口是指各子系统与各种设备(包括终端和其他各种输入输出设备)之间的连接约定。

(5) 软件接口：软件接口是指各个子系统与宿主计算机上的系统软件以及与调用本软件的其他软件系统之间的连接约定。

2.5 软件配置管理计划的实现

(1) 建立软件配置管理小组：在项目总体组批准软件配置管理计划之后，立即成立软件配置管理小组。

(2) 建立各阶段的配置基线：随着图书管理软件系统及其所属各子系统的任务书的评审和批准，建立起功能基线；随着总体组编写的《图书管理软件需求规格说明书》的批准，建立起指派基线；随着图书管理工程化软件系统的集成与系统测试的完成，建立起产品基线。

(3) 建立软件库：在本项目所属的各个子系统的研制工作的开始阶段，就建立起各个子系统的软件开发库，并在本项目配置管理小组的计算机上建立起有关该系统及其子系统的软件受控库。以后在每个开发阶段的结束阶段，建立各个子系统的新的开发库，同时把这个阶段的阶段产品送入总的软件受控库，并在各个子系统的计算机上建立软件受控库的副本。软件受控库必须以主软件受控库为准。当全部开发工作结束，在配置管理小组的计算机上建立起软件产品库，并在各子系统的计算机上建立软件产品库的副本。

2.6 适用的标准、条例和约定

除应遵守本计划 1.3 条中指出的参考资料以及本计划中的其他章条所作的各项规定外，还应该遵守如下标准、条例和约定。

(1) 软件开发库、软件受控库与软件产品库的操作规程与管理规程。

(2) 系统、子系统、模块和程序单元的命名约定。

(3) 文档和测试用例的命名和管理规程。

3　软件配置管理活动

3.1　配置标识

3.1.1　文档

所有为本项目编制的文档，都要符合 GB 8567 中的规定。图书管理软件系统及其所属的各个子系统所编写的文档数目，可根据 GB 8567 的规定做适当的剪裁。剪裁方案由技术组提出建议，报总体组批准。

3.1.2　程序

所有属于本项目的程序、分程序、模块和程序单元，都要按照由项目技术组制定，且经总体组批准的软件系统的命名规定来标识。

3.1.3　各类基线

所有属于本项目及其各子系统的各类基线，首先要按照任务书、软件需求规格说明书的规定确定其技术内容，然后按照软件系统的上述命名规定来标识。

3.2　配置控制

软件配置的更改管理适用于本项目的所有文档和代码，其中包括本项目的各个运行软件，也包括为本项目专门开发的支持软件。

3.3　配置状态审计

利用软件问题报告单和软件修改报告单，对项目子系统及其支持软件的配置状态进行追踪。对软件问题报告单和软件修改报告单的追踪应由软件配置管理工具自动实现，用户可通过该软件系统对其进行查询。

3.4　配置的检查和评审

项目软件配置管理小组要对所有由第三方提供的软件进行物理配置检查；对本项目及其各个子系统的每一个新的释放进行功能配置检查和物理配置检查；对宿主计算机系统所提供的软件和硬件配置要每隔半年检查一次；在软件验收前要对宿主计算机系统、各个子系统及其专用支持软件的配置进行综合检查。

在软件开发周期各阶段的评审与检查工作中，要对该阶段所进行的配置管理工作进行必要的评审和检查。应该进行评审与检查的内容与次数，由《图书管理软件质量计划》规定。

4　工具、技术和方法

略。(相关内容与质量保证计划类似)

5　对供货单位的控制

略。(相关内容与质量保证计划类似)

6　记录的维护和保存

在本项目及其所属的各个子系统的研制与开发期间，要进行各种软件配置管理活动。准确记录、及时分析并妥善存放有关这些活动的记录，对这些软件的下沉运行与维护工作十分有利。在软件配置管理小组中，应有专人负责收集、汇总与保存这些记录。

本 章 小 结

本章介绍了软件工程中的软件质量保证与软件配置管理。在整个软件工程的开发中，项目管理人员是通过质量管理与配置管理保证软件开发的质量和开发效率，这是非常重要的部分。质量保证的侧重点是对软件开发质量的评估与监督，而配置管理的侧重点是对软件的开发阶段的版本与修改的控制。

本章首先介绍了 SQA 的目标与质量保证计划及相关的标准文档。通过第二节的内容，介绍了软件配置管理中的一些如配置项、基线等重要概念及管理模式。本章最后通过一个图书管理系统的例子，给出了相关的软件质量保证及配置管理的相关实例。

习　　题

一、填空题

1. 在 Rational 统一过程中，软件质量被定义为 3 个维度。分别是＿＿＿＿、＿＿＿＿及性能(performance)。

2. 软件配置管理是＿＿＿＿和确定系统中配置项的过程，在系统整个生命周期内控制这些项的投放和变化，记录并报告配置的状态和变动要求，验证配置项的＿＿＿＿和＿＿＿＿。

3. 基线要达到的管理目标是可以在不严格阻碍合理变更的基础上控制＿＿＿＿。

4. 可以把基线理解成为一个类似"里程碑"的概念。基线的存在可以给软件生命周期内各个阶段标记一个特定的＿＿＿＿。

5. 配置对象分为＿＿＿＿和＿＿＿＿两个类别。

6. 在项目开发时的每个版本都是由一组 SCI 实体组成的，也就是＿＿＿＿、＿＿＿＿和＿＿＿＿的集合。

二、简答题

1. 软件质量的含义是什么？
2. 什么是 SQA？它都包含哪些功能？
3. SQA 的目标是什么？
4. 在制定软件质量保证计划的过程中有哪些原则？
5. 什么是软件配置管理？
6. 软件配置管理与软件维护有什么区别？
7. 什么是配置项？什么是基线？
8. 什么是功能基线？

三、思考题

1. 软件配置管理是否可以避免无效劳动，提高软件的开发效率？如果可以，它是如何完成这项功能的？

2. 结合个人开发经验，简述对质量保证在实际开发过程中的作用。

四、实例训练

结合本章理论，试制定一个"××项目质量保证计划"或"××项目软件配置管理计划"。二者任选其一。

第 **12** 章　CMM 软件成熟度模型

教学目标

理解 CMM 软件成熟度模型的基本概念、CMM 的 5 个等级，以及 CMM 的模型框架。在理解软件成熟度模型的基础上，阐述 CMM 各个等级的关键过程域。结合理论知识，探讨 CMM 的应用案例，分析中国软件企业 CMM 的应用现状，并对未来的发展趋势进行了展望。

教学要求

知 识 要 点	能 力 要 求	关 联 知 识
软件过程	理解什么是软件过程	软件过程
CMM	了解 CMM 软件成熟度模型的基本概念	软件成熟度
CMM 的 5 个等级	了解 CMM 的 5 个等级，掌握它们之间的区别和联系	软件成熟度
关键过程域	掌握在不同等级中，CMM 的关键过程域	关键过程域
CMM 的模型框架	掌握 CMM 的模型框架	阶梯式框架

引例

　　信息技术产业的发展具有相对独立性，对环境、自然资源和国民经济整体状况要求不高。20 世纪 80 年代起，印度就坚定不移地发展信息产业，且它的软件产业以出口和外包服务为主，每年近 80% 的软件产品出口。目前，印度是世界上软件产业出口发展最为成功的国家之一。

　　由于印度软件产业是出口导向型，所以企业视质量为生命，在管理上不断追求与国际化接轨，争相建立严格质量控制体系，并谋求 ISO、CMM(能力成熟度模型)的技术认证。至 2001 年全世界通过 SEI-CMM 5 级标准的企业有 59 家，其中印度就有 29 家。印度也是世界上通过软件质量认证公司最多的国家。

　　印度的软件开发能力并不比我国强，但在国际软件市场上的份额却远大于我国，其主要原因之一是我国在软件开发管理方面明显落后。为了加快我国软件能力模型标准的制定，推动软件产业的发展，信息产业部 2000 年 9 月 28 日主持成立了软件体系评估标准特别工作组，同时提出了 "依据我国软件政策，利用国际先进经验，结合我国国情，制定出有助于指导和促进我国软件企业发展的评估模型标准" 的原则，并确定了标准制定的两个主要目标：支持软件企业和企业内的软件组织对自身的软件过程能力实施持续性的内部改进；支持对软件企业的综合软件能力进行第二方和第三方评估。

12.1　CMM 简介

　　在前面的章节中，了解了软件开发和维护所涉及的各项活动，这些活动分布在整个软件生存周期中。在软件生产过程中，软件开发者使用大量的方法和工具，来完成各阶段的任务，如获取需求、对系统进行设计、实施编码、进行测试等。那么如何来评价这些工作的有效性和效率呢？如何证明生产过程能够保证软件质量呢？本章将介绍一个可以用来评价软件生产过程，并推进软件生产过程进行改进的知识模型——CMM，软件能力成熟度模型。

1. 软件过程

　　软件过程(Software Process)是软件生存周期的一系列相关活动的集合，包括用来生产软件产品的工具、方法和实践。一个有效的软件过程必须要涉及软件生产所需要的各种因素，包括工具、方法、技能、培训，以及对人员的激励。

　　软件过程主要针对软件生产和管理进行研究。为了得到满足用户需求的软件产品，除了需要科学的开发方法，还需要合理有效的工程支持和工程管理方法。而对软件过程进行管理的目标，是在按计划生产出软件产品的同时，进一步提高软件机构生产合格产品的能力。

　　那么如何来评价软件生产的有效性和效率呢？如何证明软件生产过程是优是劣呢？人们很希望能够通过一定的手段来评价软件过程是否达到了一个预定的期望值，更重要的是，希望有一定的方法能够推动软件过程进行改进和完善。

　　20 世纪 80 年代，一些机构开始把软件开发过程作为一个整体来研究，而不仅仅是关注单项活动。研究人员总结出一系列衡量一个过程是否有效的特性。从这些特性出发，衍生出了过程成熟度的概念。人们开始用过程成熟度来衡量一个软件机构生产软件的有效性和效率高低。

2. CMM 简介

CMM 全称是 Capability Matured Model，其前身是过程成熟度。CMM 保持了最初过程成熟度的许多基本准则，在此基础上解决了过程成熟度存在的问题和不足。

CMM 是由美国卡内基梅隆大学软件工程研究所(Software Engineering Institute，SEL)于 1987 年研制成功的。其基本思想是把软件开发看作一个过程，并根据这一原则对软件开发和维护进行过程监控和研究，以使软件开发过程更加科学化、标准化，从而保证软件质量，提高软件生产率，为软件企业产出更大效益。

软件开发企业可以根据 CMM 的模型对软件项目管理和项目工程进行定量控制和能力评估；而用户也可以根据 CMM 来衡量和预测软件开发商的实际软件生产能力。这样，软件开发方和产品用户都基于统一的标准来对软件生产和管理进行评价和控制。目前，CMM 已成为国际上最流行、最实用的一种软件生产过程标准和软件企业成熟度等级认证标准。我国已有多家软件企业通过了 CMM 标准认证。

3. CMM 的用途

CMM 的用途主要有以下几个方面。

(1) 软件过程的改进(Software Process Improvement，SPI)：指导软件机构提高软件开发管理能力，帮助软件企业对其软件生产过程的改进制订计划和措施，并实施这些计划和措施。

(2) 软件过程评估(Software Process Assessment，SPA)：在评估中，一组经过培训的软件专业人员确定出一个企业软件过程的状况，找出该企业所面临的与软件过程有关的、最迫切的所有问题，并取得企业领导层对软件过程改进的支持。

(3) 软件能力评价(Software Capability Evaluation，SCE)：评估软件承包商的软件开发管理能力。在能力评价中，一组经过培训的软件专业人员鉴别出软件承包者的能力资格，或者是检查、监测应用于软件生产的软件过程的状况。

4. CMM 与 ISO9001 的区别

在软件企业进行质量认证的过程中，人们常常提到 ISO9001 和 CMM 这两个概念。那么，它们有什么区别和联系呢？将 CMM 和 ISO9001 进行比较，在所体现的思想和原则上，二者基本是一致的；在内容上，二者大约有 50%是相同的，其余的 50%起到了互为补充的作用；在行业覆盖上，ISO9001 面向所有行业，而 CMM 主要面向软件企业；在使用模式上，由于 ISO9001 是国际标准，必须强制执行，而 CMM 不是国际标准，而是一种评估工具，CMM 更多体现为过程能力评估和过程改进的一种工具。

12.2　CMM 的 5 个等级

CMM 把软件开发过程的成熟度由高到低分为 5 级，等级越高，表示该软件企业开发软件的能力越成熟，开发失败的风险越低，整体开发时间越短，开发成本越低。这 5 个等级分别是初始级(Initial)、可重复级(Repeatable)、已定义级(Defined)、已管理级(Managed)

和优化级(Optimizing)。

成熟度的分级制度反映了软件过程能力(Software Process Capability)的大小，任何一个软件机构的软件过程必定属于其中某一个级别。

1. 初始级

初始级，也叫做等级 1。处于初始级的软件开发过程未经定义，即使有某些规范也并未严格执行。软件企业缺乏稳定的开发和维护环境，软件开发过程处于无序状态，缺乏对软件过程的有效控制和管理，出现问题后往往没有标准的解决方案，而是依靠开发者私下的个人经验或主观判断来解决。

处于等级 1 的软件企业几乎没有明显稳定的软件过程，软件项目的进度、成本、功能和质量无法预测和控制。项目的成功主要取决于几个"精英"、"天才"的努力，而并非团队合作的结果。一旦关键人员离开，或者由于关键人员的严重失误，软件开发就会失败。因此，在这种情况下，开发能力只是一种个人英雄行为而不是组织行为，项目的成功是不可重复的、不稳定的、不可预见的。也就是说，软件的计划、预算、功能和产品质量都是不可预见、不可确定的。

2. 可重复级

可重复级的软件开发过程中，根据以前在同类项目上的成功经验，建立了基本的软件生产管理和控制措施，对开发过程进行一定的管理和控制。对软件开发过程进行定义，制定相应的过程标准，并在开发过程中加以严格遵循。在这种情况下，项目过程处在项目管理系统的有效控制中，软件生产成本、进度和质量，是可以被预测和跟踪的，项目的开发是有计划的、可控制的行为，项目的成功并不是偶然的，而是可重复的行为。

可重复级的管理过程包括需求管理、项目管理、项目追踪和监控、质量管理、配置管理、子合同管理 6 个方面。通过对这些方面进行管理和控制，可以获得一个按计划执行的，阶段可控的软件开发过程。由"个人英雄主义"所带来的风险被分解，并分散到企业整体的规则和管理框架中。该等级还强调文档资料和项目相关数据的收集，这也同样降低了软件开发过程的不可控性。

可重复级的特点是软件企业的项目计划和跟踪稳定、项目过程可控、项目的成功是可重复的。

3. 已定义级

可重复级中尽管定义了管理的基本过程，但没有定义具体的执行步骤的标准。在已定义级中，软件企业制定了一套软件过程和规范来对所有软件工程和管理行为给予指导。软件管理活动和开发活动两方面的过程都已得到标准化定义，这些标准和规范被明确地写入文档，并被统一收集起来，集成到企业内部的软件过程标准中去。

软件企业的全部项目都应遵循开发和维护软件的标准过程。当然，有的项目可以根据实际情况，对软件开发的标准过程进行相应的调整和改动。所有项目都必须按照这些标准过程或经调整后的项目过程来实施，从而保障了每一次工程开发的投入和时间、项目计划、产品功能及软件质量得以控制。在整个组织范围内，软件工程活动和管理活动都在标准化的基础上成为一个有机整体，并帮助项目经理和技术人员更有效地从事管理和开发工作。在已定义级中，软件过程的实施是稳定的、重复的和具有持续性的，从而大大地降低了开发风险。

综上所述，第三级的主要特点是，软件过程已被编制为若干个标准化过程，并在企业范围内执行，从而使软件生产和管理更具有可重复性、可控制性、稳定性和持续性。

4. 已管理级

处于已管理级的软件企业，其软件开发过程是可预测的。因为在这个等级中，软件生产过程建立了相应的度量方式，所有项目和产品的质量都有明确的定量化衡量标准，使之可以具体地应用于软件产品的控制当中。对生产过程和产品质量的明确量化，结合软件企业制定的统一的度量标准，可以使软件企业方便、及时、准确、有效地对生产活动和管理活动进行有的放矢的控制。

软件过程可以被明确的衡量标准所度量和控制，所以，软件企业的能力是可预见的，进而软件产品的质量也是可预见和可控制的。

软件过程中的各类数据被及时地收集起来，保存在企业内部的软件过程数据库中。这些数据与统一的标准数据相对比，如果存在偏差，可以采取有效的分析和解决手段，将偏差控制在一定的量化范围内，直至消除偏差，从而降低风险产生的概率。

从量化到控制，从控制到管理，这种生产模式使软件开发真正成为工业化的生产活动。软件企业能够建立定量的生产目标，并在生产过程中进行定量的管理，因而其软件过程能力是可预测的，其软件产品的质量是能够得到保证的。

已管理级的主要特点是定量化、可预见化、可预测化和高质量。

5. 优化级

优化级的软件企业，其软件开发过程是持续不断改进的过程。

在这个等级中，软件企业特别关注软件过程改进的持续性，增强软件工程的可预见性、可控制性，不断地提高软件过程的处理能力。

在已管理级的基础上，继续加强定量分析，采取有效的机制使软件过程的误差最小化。在具体项目的运用中，可根据来自以往的过程的反馈信息和采用新技术、新方法，使软件过程能够得到持续改进和不断优化。

分析以往的软件项目，吸取教训，总结经验。把小组的成功经验与全体组织共享，以促进整个团队开发能力的提高。把失败的教训告知全体组织，以防止重复以前的错误。项目组成员积极寻找产生软件问题的根源，并对导致人力和时间浪费的低效率因素进行改进。项目组成员具有强烈的团队意识，每个人都致力于过程改进、缺陷防范和质量保证。

软件企业通过预见机制和持续不断的自查自纠，找出过程中的缺陷和不足，并进行处理。通过企业内部的软件过程数据库，以及成熟的量化指标，能够尽早、尽快地识别工程缺陷，并对错误加以改正。新技术和自动化工具的应用，也有助于发现错误根源，防止错误重现，预防软件缺陷。

对软件过程的衡量标准和评价标准进行持续的改进，使软件企业能够不断调整软件生产过程，按最优化的方案进行软件生产。持续改进措施既包括对已有过程的逐渐改善，也包括应用新技术和工具所带来的创新式改进，整个企业的过程定义、分析、校正和处理能力的大大加强，都需建立在第四级的定量化标准之上。

本阶段总的特点是过程的不断改进和新技术的采用被作为企业的常规工作，以实现防范缺陷的目标。

CMM 描述的 5 个等级的软件过程反映了从混乱无序的软件生产到有纪律的开发过程，再到标准化、可管理和不断完善的开发过程的阶梯式结构。任何一个软件机构的项目生产都可以纳入其中。

12.3　CMM 的模型框架

经过对软件生产过程的不断研究和探索，人们发现软件质量往往取决于软件过程的能力成熟度水平。所以企业在软件项目的实施中，软件过程所能够达到的能力成熟度水平，直接决定了其生产出来的软件产品质量。

软件过程本身是一个可度量的、可控制的、不断改进的流程。CMM 模型特别强调企业应对软件过程进行连续不断的改进，在这一改进过程中，分级结构将提供不同等级的目标和核心领域来规范这一过程，并为企业评价和改进自身能力成熟度水平提供客观标准和依据。

1. CMM 模型的框架

CMM 模型为软件企业的软件过程能力成熟度提供了一个阶梯式的进化框架，将软件过程改进的历程划分为 5 个等级，为过程的不断改进奠定了循序渐进的基础。这 5 个成熟度等级定义了一个有序的尺度，用来测量一个组织的软件过程成熟度和评价其软件过程能力，这些等级还能帮助组织自己对其改进工作排出优先次序。成熟度等级是已得到确切定义的，也是在向成熟软件组织前进途中的平台。每一个成熟度等级都为连续改进提供一个台阶。

2. CMM 中的演化过程

任何准备按照 CMM 体系进化的企业都自然处于第一级这个起点上，即初始级。每一个等级都设定了一组过程目标，通过实施相应的一组关键过程域(关键过程域的概念见 12.4 节)来满足这一组过程目标时，则可向更高一级演进，软件过程的能力成熟度水平会有一定程度的提高。由于每一个等级都必须建立在实现了低于它的全部等级的基础之上，CMM 等级的提高只能是一个依次渐进的有序过程。另外，在由某一等级向更高一级进化时，原有等级中的那些已经具备的能力还必须得到保持。CMM 模型框架正是勾画出了一个从无规则的混沌状态向训练有素的成熟度过程演进的途径。

CMM 框架用 5 个不断进化的等级来评定软件生产的发展过程：其中初始级是混沌的无序的软件过程；可重复级是经过管理的软件过程；已定义级是标准统一的软件过程；已管理级是可预测的软件过程；优化级是能持续不断改进的软件过程。任何软件机构所实施的软件过程，在总体上必然属于这 5 个等级中的某一个。因此，一个软件开发机构首先要对自身的特征进行分析和评价，了解自己正处于哪一个等级，然后才能够采用相应的措施，针对该等级的特殊要求解决相关问题，这样才能收到事半功倍的软件过程改进效果。

3. CMM 的演进措施

结合 CMM 模型框架中的 5 个等级，要从一个等级演进到更高一个等级，简而言之，应当通过以下的措施。

(1) 从初始级到可重复级的演进：规范化过程。

(2) 从可重复级到已定义级的演进：标准的一致化过程。

(3) 从已定义级到已管理级的演进：可预测的过程。

(4) 从已管理级到优化级的演进：持续改进的过程。

图 12.1 形象地描述了这一演进过程。

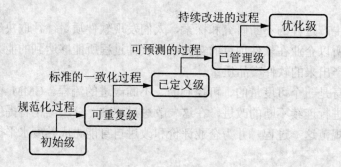

图 12.1　CMM 模型框架

12.4　CMM 的关键过程域

CMM 模型所描述的 5 个等级的软件过程，反映了从混乱无序的软件生产到经过管理的开发过程，再到标准化、可管理和不断改进的开发过程的阶梯式的框架结构。任何一个软件机构的项目生产都属于其中一个等级。

CMM 模型的组成结构中包括以下内容：成熟度等级，关键过程域(Key Process Area，KPA)，公共属性，关键实践(Key Practices，KP)。除了初始级(第一级)以外，CMM 模型将每个成熟度等级分为多个关键过程域，每个成熟度等级都包括 2～7 个关键过程域。这些关键过程域指出软件机构需要集中力量从哪些方面去改进软件过程，并指明为到达该能力成熟度等级所需要解决的具体问题。CMM 模型的组成结构如图 12.2 所示。

每个关键过程域都明确列出一个或多个目标(Goal)，并且指明一组相关联的关键实践。实现了这些关键实践，就能实现这个关键过程域的目标，达到增强过程能力的效果。

CMM 模型的评估包括 5 个等级，共计 18 个关键过程域，52 个目标，300 多个关键实践，每一级别的评估由美国卡内基梅隆大学软件工程研究所授权的主评估师领导的评估小组进行。其成员来自企业内部，评估过程包括企业员工培训、问卷填写、文档与数据分析、相关项目组成员面试、拟定评估报告，评估结束由主评估师签订生效。

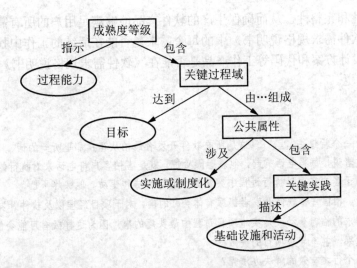

图 12.2　CMM 模型的结构图

12.4.1　等级 2 中的关键过程域

可重复级(等级 2)包括 6 个关键过程域，主要涉及建立软件项目管理控制方面的内容。分别是：需求管理、软件项目计划、软件项目跟踪和监督、软件分包合同管理、软件质量保证、软件配置管理。下面分别对这 6 个关键过程域进行简介。

1. 需求管理(Requirement Management)

1) 需求管理的必要性

为了生产出来的软件产品能够满足用户需求，软件项目的开发必须以用户的需求为导向。而为了明确用户需求、准确定义用户需求，首先要与用户沟通，理解并确定用户的需求；其次，在项目的开发过程中，经常会碰到客户不明确的需求及频繁的需求变更，那么，在确定用户需求的过程中，如何正确地对待并处理这些情况？如何来掌握需求定义和需求变更？这就需要在软件生产过程中引入对需求的管理过程。

2) 需求管理的目标

需求管理过程的目标是管理和控制需求，维护软件计划、产品和活动与需求的一致性，并保证需求在软件项目中得到实现。

3) 需求管理的内容

一般来说，需求管理过程主要包括需求确认、需求评审、需求跟踪和需求变更。

(1) 需求确认。软件开发要以需求的确认为基础。需求管理过程要求软件需求分析人员在用户提出的需求之上，正确地理解、描述、定义需求，并与用户进行反复的沟通和交流，就已确定的需求达成一致。

(2) 需求评审。在需求被作为开发依据归入到软件项目之前，必须由软件工作组对用户需求进行评审，用户也可以参加评审，评审的对象一般是《软件需求规格说明书》。

(3) 需求跟踪。需求跟踪是需求管理的一项重要内容。需求跟踪的意义在于保证软件开发是以用户需求为基础的，保证用户需求能够被全部覆盖，保持在软件生存周期中的用户需求的一致性和完整性，从而确保生产的软件产品能够满足用户的所有需求。在跟踪过程中，检查《软件需求规格说明书》中的每个需求是否能在后续的工作中找到对应点。相对应的，检查设计方案和代码等工作产品是否能在《软件需求规格说明书》中找到出处。

(4) 需求变更。

 引例

"我们又有了一个新想法……"。这是所有软件开发者最怕从客户那里听到的话。

一位软件开发者说，每当电话响起，他就胆颤心惊，就是害怕客户打电话来对执行的项目提出一些新的想法和改动。对于客户在项目执行过程中突然提出的新想法和变动，他头疼不已。

对于这种感受，相信许多软件开发者都深有体会。的确，对于项目经理以及软件开发者来说，在项目实施过程中客户需求的临时变动，是实施项目过程中最头疼的事。因为这样极有可能会使整个项目延误，无法达到理想的效果，甚至导致项目的失败。

那么有没有一个行之有效的解决办法呢？

一个有效的途径就是，在软件开发过程中进行需求变更管理。

在项目开发过程中，经常会遇到需求发生变更的情况，需求变更会对项目计划、进度、人力资源等因素产生很大的影响，但需求变更又是不可避免的。这就需要在进行需求变更时，要考虑到与之相关的风险、成本、进度等各方面的因素。

2. 软件项目计划(Software Project Planning)

软件项目计划是指为软件工程活动和软件项目活动的管理提供一个合理的基础和可行的工作计划的过程。其目的是为执行软件工程和管理软件项目制定合理的计划。

软件项目计划必须事先拟订合乎规范的开发计划及其他相关计划，例如质量检测与进度追踪计划。

3. 软件项目跟踪和监督(Software Project Tracking and Oversight)

软件项目跟踪和监督是对软件实际过程中的活动建立一种控制的机制，以便当软件项目的实际活动偏离计划时，能够有效地采取措施加以督促和纠正，从而防范项目实施过程中所产生的计划偏离问题，使项目组对软件项目的进展有充分的掌握和控制。

4. 软件分包合同管理(Software Sub-contract Management)

软件分包合同管理，旨在建立规范化的软件分包管理制度以保证软件质量的一致性。其目的是选择合格的软件分承包商和对分承包合同的有效管理。此项工作对大型的软件项目十分重要。

5. 软件质量保证(Software Quality Assurance)

软件质量保证，其目的是对软件项目和软件产品质量进行监督、控制、评测，从而能够保证向用户提供满意的高质量产品，它是确保软件产品从生产到消亡为止的所有阶段达到需要的软件质量而进行的所有有计划、有系统的管理活动。

6. 软件配置管理(Software Configuration Management)

软件配置管理，是一种标识、组织和控制修改的技术。软件配置管理应用于整个软件过程。软件开发过程中，变更和修改随处可见，如果不对变更加以控制，就会导致项目相关资源的混乱。

采用 SCM 的目的就是为了标识变更、控制变更、确保变更正确实现，并向有关人员通知变更。起初，软件配置管理只能实现版本控制功能；现在随着软件工程的发展，SCM 可以提供工作空间管理、并行开发支持、过程管理、权限控制、变更管理等一系列全面的管理能力，形成了一个完整的理论体系。常用的软件配置管理的工具有 ClearCase、开源产品 CVS、Microsoft Vss、Hansky Firefly 等。

12.4.2　等级 3 中的关键过程域

可定义级(等级 3)包括 7 个关键过程域，主要涉及项目和组织的策略，目的是令软件机构建立起项目中的有效计划和管理过程。它们分别是：组织过程焦点，组织过程定义、培训大纲、集成软件管理、软件产品工程、组间协调、同行评审。下面分别介绍这 7 个关键过程域。

1. 组织过程焦点(Organization Process Focus)

该关键过程域的任务在于，在整个软件机构范围内树立标准的过程，并将其列为机构的工作重点，帮助软件组织建立在软件过程中组织应承担的责任，加强改进软件组织的软件过程能力。在软件过程中，组织过程焦点集中了各项目的活动和运作的要点，可以给组织过程定义提供一组有用的基础。这种基础可以在软件项目中得到发展，并在集成软件管理中定义。

2. 组织过程定义(Organization Process Definition)

该关键过程域的任务在于，对企业过程进行确立。在软件过程中有开发和维护的一系列操作，利用它们可以对软件项目进行改进，这些操作也建立了一种可以在培训等活动中起到良好指导作用的机制，其目标是制定和维护组织的标准软件过程，收集、评审和使用有关软件项目使用组织标准软件过程的信息。

3. 培训大纲(Training Program)

该关键过程域的任务是，对项目组员工进行必要的技能培训，提高软件开发者的经验和知识，以便使他们可以更加高效和高质量地完成自己的任务。软件企业内部可以通过 Technical Talk、小组讨论等方式，提高技术人员的专业技术水平，开阔技术人员的思路，增强他们的工作能力。还要针对实际需要，对项目组员工进行全方面的培训，如提供沟通技巧、职业道德、团队合作精神、项目管理等方面的教程。

4. 集成软件管理(Integrated Software Management)

该关键过程域的任务是，调整企业的标准软件过程并将软件工程和管理集成为一个确定的项目过程，把软件的开发和管理活动集中到持续的和确定的软件过程中来，它主要包括组织的标准软件过程和与此相关的操作，这些在组织过程定义中已有描述。当然，这种组织方式与该项目的商业环境和具体的技术需求有关。

5. 软件产品工程(Software Product Engineering)

该关键过程域的任务是，提供一个完整定义的软件过程，能够集中所有软件过程的不同活动以便产生出良好的、有效的软件产品。软件产品工程描述了项目中具体的技术活动，如需求分析、设计、编码和测试等。关于软件项目的技术层面的目标在此确立，如设计、编码、测试和校正。

6. 组间协调(Intergroup Coordination)

软件开发是一个团队合作的组织行为，要特别强调团队之间的合作与协调。在大型的项目中，任务首先要进行分解，再指派给不同的工作组来完成，各个工作组共同分担开发工作，最终软件产品的生产要依赖共同的协作和努力。对于一个软件项目来说，一般要设置若干工程组：软件工程组、系统测试组、软件质量保证组、软件配置管理组、软件工程过程组、培训组等。各个工程组之间必须通力协作、互相支持，采用有效的协调途径来保证工作的一致性和完整性，才能使项目在各方面更好地满足客户的需要。组间协调关键过程域的目的就在于此。促进各项目组之间的协同与合作要在全企业范围内进行实现。

7. 同行评审(Peer Reviews)

每项工作的结果都要经过评审和验证之后，才能交给下一个阶段，作为下一阶段工作的依据和基础。评审的方法有很多，其中一种有效而方便的方法就是同行评审。同行评审，是指处于同一级别的其他软件人员，对该软件项目产品进行系统检测的一种手段，其目的是为了能够及早和有效地发现软件产品中存在的错误，并改正它们。在项目中采取同行评审可以促进各项目组成员使用排查、审阅和检测等手段找到并排除产品中的缺陷，这无疑是一种在软件产品工程中非常重要和有效的工程方法。

12.4.3 等级 4 中的关键过程域

已管理级(等级 4)，主要任务是为软件过程和软件产品建立一种可以理解的定量的方式。该等级中包括两个关键过程域，分别是定量过程管理、软件质量管理。

1. 定量过程管理(Quantitative Process Management)

该关键过程域的任务是，对软件过程的各个元素进行定量化描述和分析并收集量化数据进行协调管理，在软件项目中定量控制软件过程表现，这种软件过程表现代表了实施软件过程后的实际结果。当过程稳定于可接受的范围内时，软件项目所涉及的软件过程、相对应的度量以及度量可接受的范围就被认可为一条基准，并用来定量地控制过程表现。

2. 软件质量管理(Software Quality Management)

该关键过程域的任务是，通过定量手段追踪并掌握软件产品质量使其达到预定标准，建立对项目软件产品质量的定量了解和实现特定的质量目标。软件质量管理涉及确定软件产品的质量目标；制定实现这些目标的计划；监控及调整软件计划、软件工作产品、活动和质量目标，以满足用户对高质量产品的需要和期望。

12.4.4　等级 5 中的关键过程域

优化级(等级 5)，主要涉及软件组织和项目中如何实现持续不断的过程改进问题。该等级中包含 3 个关键过程域，分别是缺陷预防、技术改革管理、过程变动管理。

1．缺陷预防(Defect Prevention)

该关键过程域的任务是，通过有效机制识别软件缺陷并分析缺陷来源，从而防止错误再现，减少软件错误发生率。要求在软件过程中能识别出产生缺陷的原因和根源，并且以此为出发点，采取相应的预防措施，防止它们再发生。为了能够识别缺陷，一方面要分析以前所遇到的问题和隐患，另一方面还要对各种可能出现缺陷的情况加以分析和跟踪，从中找出有可能出现和重复发生的缺陷类型，并对缺陷产生的根本原因进行探究和确认，同时预测未来活动中可能产生的错误趋势。

2．技术改革管理(Technology Change Management)

该关键过程域的任务是，引入新工具和新技术并将其融入企业软件过程之中，以促进生产工效和质量。在软件生产过程中，识别新的开发技术、开发工具、方法和过程，并将其有序、合理地引入到软件机构的各种软件过程中去。同时，对由此所引起的各种标准变化，要进行修改或重新定义，使新技术能够适应工作的需要。

3．过程变动管理(Process Change Management)

该关键过程域的任务是，在定量管理基础上坚持全企业范围的、持续性的软件过程改进，提高生产率，减少投入和开发时间，保证企业的生产过程长期处于不断更新和主动调节之中。软件机构要本着改进软件质量、提高生产率和缩短软件产品开发周期的宗旨，不断改进组织中所用的软件过程的实践活动。过程变更管理活动包括定义过程改进目标、不断地改进和完善组织的标准、改进软件过程和根据项目定制的软件过程。软件企业要开展培训活动，制定激励性的计划，以促使组织中的每个人参与过程改进活动。

软件机构或者软件企业在实施 CMM 过程中，可以根据自身面临的不同问题，决定实现关键过程域的先后次序，并按此顺序逐步进行。而在实施每一个具体的关键过程域时，对其目标组及关键实践也可确定执行的先后顺序，逐步实现总体目标。

12.5　CMM 应用案例

 引例

Infosys 公司是印度软件行业的巨头，其总部坐落在印度南部城市班加罗尔郊外的电子城。1997 年，Infosys 公司通过了软件工程 CMM4 级认证。1999 年通过 CMM5 级认证，同年成为首家在美国纳斯达克成功上市的印度公司。2000 年公司收入超过 2 亿美金，2001 年达到 4 亿美金，2002 年达 5 亿美金，到 2004 年收入超过 10 亿美金。现在 Infosys 已经成长为一个拥有员工 4 万人的软件巨人，创造了印度软件业的神话。

如今，CMM 已经成为国际上最流行、最实用的一种软件生产过程标准，得到了众多国家以及国际软件产业界的认可，它是当今软件企业从事大规模软件生产不可缺少的一项内容。本节主要讲述如何应用 CMM 的理论对一个软件企业进行过程改进的实例。

12.5.1 公司概况

SoftDriver 软件公司是一家从事商业流通领域信息管理系统的开发的企业，能为客户提供大型百货系统、大型超市系统、连锁配送系统的开发和系统集成。目前，业务已开展到多个省市，具有一定的发展潜力。但是在进一步扩大业务规模的过程中，遇到了不少问题，严重阻碍了公司的发展。

鉴于当前软件行业竞争激烈的严峻形势，SoftDriver 公司急需改变这一现状，需要加强软件过程管理，减缩生产过程中不必要的成本，提高软件生产率，从而扩大公司的业务范围。于是，经过讨论，公司管理层决定按照 CMM 模型改进软件生产过程，提高软件能力成熟度，争取经过 2~3 年的过程改进，能够通过 CMM L2(CMM 2 级)评估。

SoftDriver 公司与新纪元管理咨询公司签订了合同，要求新纪元管理咨询公司帮助他们改进软件过程，改善公司现状。新纪元是一家专业管理咨询机构，主要从事产品认证咨询、体系认证咨询、许可证类代理、管理咨询等 4 个方面的咨询服务。新纪元派李明作为 SoftDriver 公司的咨询顾问，专门负责这次改进工作。

12.5.2 CMM 实施之路

在 SoftDriver 公司作出按照 CMM 模型改进软件能力成熟度之后，公司内部马上开始了有关 CMM 的学习和研究工作，引入了有关的软件工程思想，并对软件开发团队和软件管理人员进行了多次 CMM 培训，这为基于 CMM 的软件过程改进活动奠定了良好的基础。

美国卡内基梅隆大学的软件工程研究所针对组织过程改进提出了 IDEAL 模型，IDEAL 模型将软件过程改进的整个过程分为 5 个阶段：准备(Initiating)、诊断(Diagnosing)、建立 (Establishing)、行动(Acting)、学习(Learning)。新纪元公司决定使用 IDEAL 模型对软件过程进行改进。

1．准备(启动)

这个阶段的任务包括学习过程改进、约定启动资源、建立过程基础设施，最主要的是建立管理操作组(Management Steering Group，MSG)和软件工程过程组(Software Engineering Process Group，SEPG)。另外还可以成立一个问题发现小组(Discovery Team)来研究软件过程中的问题(Issues)，该小组还应将开发软件过程的改进意见提交给高层管理者。

分析了 SoftDriver 公司的实际情况后，因地制宜，决定采取以下措施来完成准备阶段的工作。

1) 学习过程改进

前面提到过，SoftDriver 公司已经开始组织内部员工学习软件工程以及 CMM 的相关知识，所以这部分工作已经完成。

2) 建立软件工程过程组

软件工程过程组是过程改进的主要执行者，它有权对改进活动施加影响。SEPG 的组成人员结构合理与否，SEPG 的职责执行的认真与否，都直接决定了这次过程改进的效果如何。所以这部分工作非常重要。

参加这次过程改进的 SEPG 组员，包括公司内部质量管理人员、软件技术人员、项目小组组长、项目经理，涉及与开发工作相关的所有部门。

2. 诊断

该阶段的任务是，明确当前软件过程能力成熟度，发现过程中存在的问题，找出待改进的方面，从而便于指导后续的改进计划的制订。

经过公司内部质量管理人员的检查和分析，发现存在如下问题。

(1) 公司目前开发和维护的软件系统功能大体相似，但不同的版本之间差别很大。这些版本之间的关系错综复杂，尽管高版本系统较之低版本的软件系统，在功能上和性能上是不断增强的，但它们之间并没有明确、清晰的界限。导致软件重用性很低，开发人员接到新项目之后，只能"白手起家"，不能充分利用已存在的代码资源。公司曾试图使用一些业界标准的系统架构，如 J2EE，来实现部分软件重用，可是最终的效果并不理想。

(2) 公司业务已经开展到全国各地，有大批的开发人员和维护人员常年被派驻到客户方，在与公司本部的交流上存在困难和不便，并且导致高昂的人力资源成本。再者，驻外人员难以管理，对公司的认同感差，人员流动性高。

(3) 公司虽然针对软件生产过程制定了一系列的项目管理规范和标准，但在推行过程中形同虚设，执行效果不尽人意。项目延期、成本增加、出错率高等现象屡见不鲜。

(4) 公司缺乏正规的培训体系。新员工进入公司后没有统一的专业培训，而是直接交给老员工，由老员工采取"以老带新"的方式，有针对性地指导他们如何开展工作。所以新员工独立承担工作之后，长期接触和关心的也只是自己负责的那部分工作，很难对软件产品有一个系统的认识。老员工忙于应付日常的开发工作，没有进一步学习和提高的机会，导致知识结构日益老化，在技术上很难有创新与突破。这些情况都导致软件技术人员在需求、分析、设计、编码和测试上的技能不足。

3. 建立

建立阶段的任务主要包括：评审过去的改进工作；说明改进的动机；确定当前和未来的改进计划；为软件生产过程制定可度量的规范和目标；为生产管理活动制定量化的衡量标准；建立审计和评审机制。该阶段的工作大致分为两个阶段：分析原因和制订计划。

1) 分析原因

针对诊断阶段中发现的诸多问题，SEPG 通过文档检查、问卷调查、面谈等途径，发现问题由以下原因造成。

(1) 阻碍 SoftDriver 公司继续发展的原因，一方面是因为软件开发技术水平不高，更重要的是缺乏对生产过程的严格管理。所以，目前遇到的是一个管理和技术相互缠绕的难题，要改善公司的现状，就必须结合技术和管理两个方面的措施和手段，综合进行解决。

(2) SoftDrive 公司早在前几年就意识到这些问题，也曾经制定了解决方案，包括制定一系列的量化标准和过程规范，但最后为什么这些方案会失败？分析其中的原因，一是因为开发人员不能主动、自觉地严格遵守各种规范和标准，同时企业内部又缺乏行之有效的监督机制，导致制定出来的标准与规范形同虚设；二是因为在制定这些规范与标准时，没有征求开发人员与管理者的意见，导致有些内容不切实际，令人难以接受，势必会引起相关人员的反感，所以在推行这些规范的过程中，遇到了不少的阻碍。

(3) 开发过程中不重视文档的收集和保存。开发人员重视技术工作，但轻视相关文档的撰写；对文档没有采取有效合理的保存，常常找不到想要的文档；对文档的改动不能及时通知相关人员；没有一个有效机制来保证项目相关人员获取的文档的一致性。比如：有的系统架构师丢失设计文档；有的系统架构师在设计方案变动之后，无法及时通知软件开发小组，导致最终软件产品与设计方案不一致；有的编码人员不写源码注释(注释也是一种文档)等。

(4) 对于公司的任何一项改进，无论是管理上的，还是技术上的，必须获得公司管理层明确的、实质性的支持，否则在推进的过程中将难以成功。

2) 制订计划

针对这些问题的根源，SEPG 与李明一起进行了长时间的研究和探讨，初步拟定了一个工作计划，具体如下。

(1) SEPG 获得了公司管理层的明确授权，其责任与目标是，制定相应的标准来严格衡量软件开发过程和软件开发管理过程，从技术、管理两方面提高公司的软件能力成熟度。

(2) 由 SEPG 了解公司历史上曾经进行的软件开发规范化活动，以及过程管理标准的详细内容，并总结其失败的原因。在制定新的规范和标准时，在全公司范围内广泛征求意见，并与相关人员进行充分的交流，及时采纳他们的合理化建议。

(3) 在公司技术人员的帮助下，共同分析 SoftDriver 公司的主导产品——大型百货(超市)信息管理系统的总体架构。

(4) 相关技术人员建立企业内部的软件过程数据库，将与生产过程相关的数据与资源存入其中，保存相关数据，并有专人负责维护该数据库，向项目相关人员发布相关数据。

(5) 进行有效的软件配置管理，将软件配置管理应用于整个软件过程，随时对变更、修改加以标识和控制，并向有关人员通知变更，消除混乱。初步采用的软件配置管理的工具为开源产品 CVS。并要求软件开发人员必须参加软件配置管理方面的培训，否则不允许他们进行软件开发工作。这样做的目的是为了让项目干系人都能够正确地使用软件配置管理工具。

(6) 由 SEPG 对文档资料收集工作进行改进，细化了不同工作的不同文档模板，优化了过程文档结构，使各类文档的比例更加合理。改进后的文档结构如图 12.3 所示。

(7) 在公司内部采取"内审"(Internal Audit)的方式，深入了解项目管理和质量管理的执行情况，及时发现存在的问题，并督促相关人员予以整改。

(8) SEPG 安排连续的过程改进培训和教育。一方面，针对不同角色的不同岗位培训，如对软件开发人员开展技术水平讲座，为测试人员提供软件测试系列课程，为需求分析员提供沟通技巧的培训等。另一方面，对全体软件开发人员进行软件开发过程培训，不管角色如何，每位员工都要熟悉整个软件开发过程，以及过程中的标准和规范。

(9) 在调查的基础上，与 SoftDriver 公司的质量管理人员进行沟通，对公司项目管理和质量管理的现状进行诊断，共同完成调查报告。

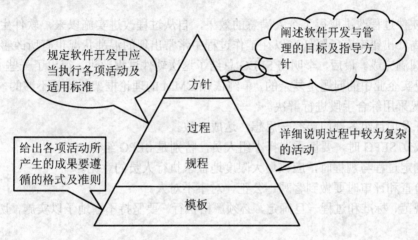

图 12.3　改进后的文档结构

4. 行动

1) 确定任务

行动阶段的任务是：完成建立阶段制定的具体计划；整理改进活动并交给 SEPG；全面实施解决方案；准备长期进行改进。

2) 行动的具体内容

这一阶段的实施者是与项目开发相关的所有人员，既包括技术人员，也包括项目管理人员。改进过程中所实施的行动的监督者是 SPEG。SPEG 取得了董事会与高级管理层的支持，负责推动软件过程改进的具体实施，并承担内部监督和评估工作。具体来说，改进活动包括以下内容。

(1) 督促项目组成员按照制定的规范开展工作，严格遵守量化标准。

(2) 完成对当前工作流程的分析整理及档案化。

(3) 对改进的效果进行预评估。

(4) 针对预评估中发现的问题制定改进措施。

(5) 及时发现改进过程中的不足，按照 CMM 的要求，补充软件过程的规程和模板。

(6) 安排和协调改进活动，如选择项目试点。

(7) 实施连续的过程改进培训和教育。

(8) 定期跟踪，监控和报告改进活动的状态。

(9) 为项目开发和管理提供过程咨询。

5. 学习

该阶段任务是，通过实践收集有用数据，完善度量和评价本次改进过程中使用的策略、方法和构架是否合理、完善，为下一次基于 CMM 模型的软件过程改进积累资源、奠定良好理论和实践基础。

12.5.3　CMM 实施总结

这次软件过程改进取得了令人满意的效果，自从过程改进实施以来，软件生产率有了一定的提高，出错率有所降低，以往工作过程中常常出现的混乱状况也有所改善。李明的咨询工作圆满完成。最后，李明与 SPEG 总结了这次软件过程改进，得出了一些心得体会。

(1) 现实企业中的问题是复杂的，单纯依赖 CMM 的理论框架往往是不够的，通常要按照现实情况采用综合手段进行解决。

(2) 开发项目组各部门要统一思想，达成一致。

(3) 成立 SEPG 时，要慎重选择小组人员，特别是 SEPG 组长。

(4) 制定过程与规程时，应该最大限度地征求执行人员的意见。

(5) 检查和评审时要做到客观、公正，对事不对人。

(6) 规范、标准和过程一旦确定，必须严格执行，要坚持不懈地予以实施，切不可"三分钟热度"。

(7) 改进过程要循序渐进，切忌"拔苗助长"，脱离企业现有的技术和管理水平。

(8) 面对企业的现实情况，不能完全照搬 CMM 中的条文，而要依照实际情况，有选择地实施。

12.6　中国软件企业 CMM 的应用现状与趋势

1. 企业实施 CMM 的意义

改革开放以来，随着市场经济的不断完善，国内市场和国际贸易都得到迅速发展。但由于我国没有建立符合国际惯例的认证制度，所以自己制定的产品监督形式得不到国际的认可。在国际贸易中面临着在经济上蒙受损失和受到设置技术壁垒的限制，我国的许多出口商品打不进国际市场，即使进入，其价格也远低于所在国通过认证的产品。

在软件产品打入国际市场的征程中也遇到类似情况。中国人在软件开发上所表现出来的聪明才智举世公认，但具有国际级水平的软件开发公司却屈指可数，我国的软件出口能力还远比不上近邻印度。究其原因，问题主要出在软件开发的管理上，一是管理水平低，因而难以将个人的软件开发能力凝聚成强大的团队力量；二是不重视在管理模式上和国际接轨。

CMM 的现实意义在于它可以大幅度地提高软件开发管理规范化水平，有助于客户特别是大公司对软件企业建立信心。特别是在当今软件外包服务方兴未艾的趋势下，作为软件企业开展外包业务的必备条件之一，通过 CMM 评估将大大增强我国企业在世界软件外包市场中的竞争力。

2. 我国软件企业实施 CMM 的现状

我国软件产业起步于 20 世纪 80 年代初，经过十几年的艰苦创业和发展，已具有一定规模的开发和生产能力。然而，不得不看到的现实是，我国软件开发总体水平还处于初级阶段，仍面临着许多亟待解决的严峻问题。

近年来，我国软件行业越来越重视 CMM 评估以及基于 CMM 的软件过程改进，国内软件企业的规范化程度有了显著的提高，同时国家也出台了一些政策法规，鼓励软件行业进行能力成熟度认定工作。目前我国有能力通过 CMM 评估的企业并不多，只有一些有实力的软件企业通过了此类评估，如：摩托罗拉中国软件中心、沈阳东软股份有限公司、华为印度研究所、大连华信计算机技术有限公司、惠普中国软件研发中心、北京用友软件工程有限公司、华微软件有限公司、普天信息技术研究院、上海宝信软件股份有限公司等 19 家企业。

3. CMM 实施过程中的若干问题

目前，国内大多数软件企业在实施 CMM 上还处于起步阶段，在基于 CMM 的软件过程改进中还存在很多问题，形势不容乐观。

1) 一些企业盲目追求 CMM 评估

CMM 观念深入人心，但部分企业盲目迷信 CMM 评估，将 CMM 看成灵丹妙药，把通过 CMM 评估看成唯一的道路。然而，事实上并不是任何企业都有必要实施 CMM，CMM 也不是能够解决所有问题的"银弹"。下面是适合实施 CMM 的几类企业。

(1) 外向型的软件企业。

外向型软件企业，特别是向北美软件市场出口的企业，以及长期从事欧美软件外包的企业，都是市场导向明显的企业，应该全面实施 CMM。

(2) 为解决问题而实施 CMM 的企业。

企业在自己的业务实践中，确确实实感觉到需要改进自己的过程，而且经过长期的积累，自身也有一些很深刻的教训。在这种情况下，企业领导者要下决心实施 CMM，从根本上解决存在的问题。

(3) 企业需要有一定的实力。

实施 CMM 的企业少则要花费几十万元，多则要花近百万元，而且需要企业在组织规模上耗费巨大的精力，从这个角度上看实施 CMM 的成本是非常昂贵的。有些企业如果处于初创时期，资金并不雄厚，还有许多亟待解决的事情，最好不要急于全面实施 CMM，也可以自己先按 CMM 改进过程，但不要马上实施 CMM 评估。

综上所述，企业首先要对自身有一个清晰的认识，从自身实际情况出发，再决定是否要实施 CMM。对于成立不久的小型企业，或是经济效益不理想的企业，不要急于实施 CMM。如果一个企业没有基本的规范制度，内部管理混乱的话，首先应该建立基本的质量管理体制，待管理过程成熟之后，再进行 CMM 的过程改进。

2) 组织 CMM 评估费用高昂，成为阻碍其发展的瓶颈

CMM 评估过程包括员工培训(企业的高层领导也要参加)、问卷填写和统计、文档审查、

数据分析、与企业的高层领导讨论和撰写评估报告等。评估结束由主任评估师签字生效。

要取得主任评估师的资格比较困难，首先要有 10 年以上的软件开发经验；其次要在美国卡内基梅隆大学的软件工程研究所接受培训，培训费用每人约需数万美元，非美国人加倍；第三要经过两次以上 CMM 评估的全过程实习；第四要得到已有主任评估师资格的人推荐。主任评估师的资格并非终身制，如要继续保持，每年至少要参加两次 CMM 评估。目前全世界一共只有 313 个主任评估师，大部分在美国，而我国大陆还没有一个主任评估师。

由于我国在 CMM 评估中要聘请外籍主任评估师，所以费用较高。据估计，要通过一个级别的 CMM 评估，费用是通过 ISO9001 认证的 10 多倍。对于国内大多数中小企业来说，这是一笔不菲的花销，而能不能在通过 CMM 评估之后，有相应的回报效益，还是一个未知数。所以高额的 CMM 评估费用，已成为其发展的瓶颈，阻碍了 CMM 的实施、应用以及评估。

3) 企业软件工程不规范

对于我国大多数软件企业而言，长期以来存在的"小、散、软"的问题一直没有很好的改善。很多软件企业的软件开发活动还采用类似"手工作坊"的生产方式，没有形成工程化的生产方式，最终产品还依赖个别"软件天才"的个人努力，开发过程不规范。甚至有的企业的软件开发就是编写代码。这种情况严重阻碍了软件产业整体水平的提高，更不要说通过实施 CMM 改进生产过程了。

4) 准备不足，仓促实施

有些企业希望通过实施 CMM 解决在软件生产中遇到的所有问题，在 CMM 实施和评估上，心态浮躁，急于求成。在没有对企业内部进行充分的准备和积累的情况下，就仓促展开工作，或者制定一个不切实际的目标，一上来就定位于 CMM L2。一旦开始实施过程改进，发现企业面临很大的工作量，如：缺乏过程改进的指导，缺乏过程改进的参与人，管理基础薄弱导致内部规范难以推进，改进的资金成本过高等。这些困难都使得企业处于进退两难的境地，导致在软件过程改进中难以取得良好的效果，甚至适得其反，打击员工的士气和信心。如果准备不足，更会导致很多评估形式大于内容，很多评估项目、文档不得不在仓促间杜撰出来，因此效果自然大打折扣。而且，评估都是和各个项目联系在一起的，如何在整个公司内协调各部分之间的关系也是一个非常大的问题。

所以企业必须从自身的实际出发，根据实际需求，按部就班、循序渐进地改进过程管理。

5) 理论与实践脱节

CMM 对一些国内软件企业还是一个新兴的概念，很多企业只了解和掌握了 CMM 的基本理论知识，对质量认证体系的认识不足，对 CMM 与 ISO9001 的区别还很模糊。具体到 CMM 的实践活动，很多企业感到无从下手，于是照搬 CMM 条例，或是完全套用其他成功实施 CMM 的企业的做法，最终效果却不能令人满意。

不同企业的实际情况不同，照搬其他企业的做法是不可取的。应该在分析产品特性、开发方法、开发环境和工具之后，去制定适合企业自身应用的 CMM 实施方案。这就需要企业不断的进行调查研究和实践积累，加强对 CMM 的理解。

4. 我国软件企业实施 CMM 的趋势

中国的软件企业已经开始走上标准化、规范化、国际化的发展道路，中国软件业已经面临一个整体突破的时代。从长远意义上讲，把通过 CMM 评估作为提升国产软件研发实力的助力器，当 CMM 评估过程的理念和精髓渗透到众多的中小型软件企业中，我国软件业的产品质量将得到大大提升，继而迎来飞跃发展。

CMM 认证在软件管理国际化中几乎不可替代的作用，已经成了测量国产软件发展情况的尺度。特别是在 2000 年 6 月，国务院颁发了《鼓励软件产业和集成电路产业发展的若干政策》(业内人士称之为 "18 号文件")，文件第五章第十七条明确提出 "鼓励软件出口型企业通过 GB/T19000－ISO9000 系列质量保证体系认证和 CMM(能力成熟度模型)认证"。在这种形势下，国内软件行业迎来了 CMM 认证的热潮。与此同时，各地政府对 CMM 认证也采取了各种激励措施。

众多的软件厂商由此对实施 CMM 充满激情。然而，如何在 CMM 评估的过程中避免 "形式主义" 和 "激进冒进" 给国内的软件企业带来的损伤，也是软件开发企业特别是软件项目管理者需要考虑的一个重要问题。CMM/CMMI 虽然不是万能的，但毕竟为中国软件企业走向规范化、规模化、成熟化创造了一个良好的契机。中国软件企业能否有效地把握 CMM 评估，踏实地改进国内企业的软件过程，提高软件生产竞争力，任重道远。

本 章 小 结

本章介绍了 CMM，软件能力成熟度模型。CMM 模型把软件开发过程的成熟度由高到低分为 5 个等级，分别是初始级、可重复级、已定义级、已管理级、和优化级。这 5 个不断进化的等级构成了 CMM 阶梯式的模型框架。为了指导软件机构集中力量去改进软件过程，CMM 为除第一级之外的每一个成熟度等级都制定了若干关键过程域。本章结合一个案例，又讲述了如何应用 CMM 的理论对软件机构进行过程改进。最后，对 CMM 在中国软件企业应用的现状和发展趋势进行了分析。

习　　题

一、填空题

1. _____是软件生存周期的一系列相关活动的集合，包括用来生产软件产品的工具、方法和实践。

2. CMM 的用途主要有_____、_____、_____。

3. CMM 把软件开发过程的成熟度由高到低分为 5 级，分别为_____、_____、_____、_____、_____。

4. 在 CMM 模型中，_____指出软件机构需要集中力量从哪些方面去改进软件过程，并指明为到达该能力成熟度等级所需要解决的具体问题。

5. 采用软件配置管理的目的，是为了_____、_____、_____、_____。

二、思考题

1. 什么是 CMM？什么是 CMM 的 5 个等级？
2. 什么是配置管理？配置管理的作用是什么？
3. 分别简述 CMM 的 5 个等级的特征。
4. 结合 CMM 理论，试论如何对一个软件企业进行过程改进。
5. 试分析 CMM 在中国软件企业应用的现状和发展趋势。

第13章 软件工程标准与软件知识产权

教学目标

了解软件工程标准的必要性及内容；中国软件工程 GB 系列标准及国际标准 ISO、CMM；知识产权的概念；我国对软件知识产权的保护的法律法规。通过本章的学习，读者应树立起软件开发工程化的意识，遵循软件工程标准，进而提高软件质量；了解保护软件知识产权的法律法规，从而树立起保护知识产权的意识。

教学要求

知 识 要 点	能 力 要 求	关 联 知 识
软件工程标准	理解软件工程标准的必要性及内容	软件工程
国内外软件工程标准	了解 GB 系列标准及国际标准 ISO、CMM	工程标准
知识产权	了解知识产权的概念	著作权
软件知识产权的保护的法律法规	了解计算机软件产权保护法规	计算机软件保护条例

引例

秦统一六国后，随即统一货币，统一度量衡，修建驿道。货币的统一使财富能够自由流动，度量衡的统一使货物能够自由流动，驿道的修建为各种可能的交流提供了条件。货币和度量衡是日常所见最普遍、最不可或缺的东西，正是这些最为普遍要素的统一，使便捷的交易、便捷的计算成为可能，推动了物资、财富的大交流，进而推进了人员、文化的交流，同时为中央集团提供了必要的管理杠杆，使中央集团得以建立严整的架构，实现通畅的行政。用一句比较时髦的话说，这一举措使原来的"信息孤岛"融会贯通，浑然一体，并产生了神奇的行政效果。

中国有句古话："没有规矩，不成方圆。"这里的"规矩"，从现代人的眼光来看就是标准。

软件工程的标准与货币和度量衡的标准意义相似。

本章来学习软件工程标准的知识，软件行业有哪些标准，如何执行，同时介绍了软件知识产权保护的一些知识。

13.1　软件工程标准

13.1.1　软件工程标准的必要性及内容

早期软件的开发基本上是小作坊式开发，强调个人的技巧，崇尚个人英雄主义，一个人就可决定一个项目的成败。但是现代的软件开发已经是大规模软件开发，是一项越来越复杂的活动，所以人们提出软件工程的概念，希望借助传统的工程化的管理技术和方法，达到有效组织开发机构，降低开发成本，缩短开发时间，提高工作效率，提高软件质量的目的。软件工程就是要把个别的、自发的、分散的、手工的软件开发变成一种社会化的软件生产方式。软件生产的社会化必然要求软件工程标准化。

为什么要积极推行软件工程标准呢？仅就一个软件开发项目来说，有多个层次、不同分工的人员相配合，在开发项目的各个部分以及各开发阶段之间也都存在着许多联系和衔接问题。如何把这些错综复杂的关系协调好，需要有一系列统一的约束和规定。在软件开发项目取得阶段成果或最后完成时，需要进行阶段评审和验收测试；投入运行的软件，其维护工作中遇到的问题又与开发工作有着密切的关系；软件的管理工作则渗透到软件生存期的每一个环节。所有这些都要求提供统一的行动规范和衡量准则，使得各种工作都能有章可循。

软件工程的标准会给软件工作带来许多好处，比如：提高软件的可靠性、可维护性和可移植性；提高软件的生产率、软件人员的技术水平及软件人员之间的通信效率，减少差错和误解，有利于软件管理；有利于降低软件产品的成本和运行维护成本；有利于缩短软件开发周期。

软件工程标准主要内容包括过程标准，例如方法、技术、度量等；产品标准，例如需求、设计、计划、报告等；记法标准，例如术语、语言、表示法等；开发规范，例如准则、方法、规程等；文件规范，例如文件范围、文件编制、文件内容、编写提示等；质量规范，例如软件质量保证、软件配置管理、软件测试、软件验收等；维护规范，例如软件维护、组织与实施等；专业标准，例如道德准则、认证。

13.1.2　中国软件工程标准

我国 1983 年成立了"计算机与信息处理标准化技术委员会"，下设 13 个分技术委员会，其中程序设计语言分技术委员会和软件工程分技术委员会与软件相关。我国的软件工程标准化等同采用国际标准，以和国际接轨。已经得到国家批准的软件工程国家标准如下。

1. 基础标准

GB/T 13502—1992　信息处理程序构造及其表示法的约定。

GB/T 14085—1993　信息处理系统配置图符号及其约定。

GB/T 11457—1989　软件工程术语标准。

GB/T 15538—1995　软件工程标准分类法。

2. 开发标准

GB 8566—1988　软件开发规范。

GB/T 15532—1995　计算机软件单元测试。

GB/T 14079—1993　软件维护指南。

3. 文档标准

GB 8567—1988　计算机软件产品开发文件编制指南。

GB/T 9385—1988　计算机软件需求说明编制指南。

GB/T 9386—1988　计算机软件测试文件编制指南。

4. 管理标准

GB/T 12505—1990　计算机软件配置管理计划规范。

GB/T 12504—1990　计算机软件质量保证计划规范。

GB/T 14394—1993　计算机软件可靠性和可维护性管理。

GB/T 16260—1996　信息技术、软件产品评价、质量特性及其使用指南。

13.1.3　国际软件工程标准

1. ISO 9000 标准简介

ISO 9000 族标准是国际标准组织颁布的在全世界范围内通用的关于质量管理和质量保证方面的系列标准，目前已被 80 多个国家等同或等效采用，该系列标准在全球具有广泛深刻的影响。ISO 9000 族标准主要是为了促进国际贸易而发布的，是买卖双方对质量的一种认可，是贸易活动中建立相互信任关系的基石。

现在许多国家把 ISO 9000 族标准转化为自己国家的标准，鼓励、支持企业按照这个标准来组织生产，进行销售。而作为买卖双方，特别是作为产品的需方，希望产品的质量当时是好的，在整个使用过程中，它的故障率也能降低到最低程度。即使有了缺陷，卖方也能给用户提供及时的服务。在这些方面，ISO 9000 族标准都有规定要求。符合 ISO 9000 族标准已经成为在国际贸易上需方对卖方的一种最低限度的要求，就是说要做什么买卖，首先看卖方的质量保证能力，也就是卖方的水平是否达到了国际公认的 ISO 9000 质量保证体系的水平，然后才继续进行谈判。一个现代的企业，为了使自己的产品能够占领市场并巩固市场，能够把自己产品打向国际市场，无论如何都要把质量管理水平提高一步。

同时，基于客户的要求，很多企业也都高瞻远瞩地考虑到市场的情况，主动把工作规范在 ISO 9000 这个尺度上，逐步提高实物质量。由于 ISO 9000 体系是一个市场机制，很多国家为了保护自己的消费市场，鼓励消费者优先采购获 ISO 9000 认证的企业产品。可以说，通过 ISO 9000 认证已经成为企业证明自己产品质量、工作质量的一种护照。

ISO 9000 族标准中有关质量体系保证的标准有 3 个：ISO 9001、ISO 9002、ISO 9003。

(1) ISO 9001 质量体系标准是设计、开发、生产、安装和服务的质量保证模式。

(2) ISO 9002 质量体系标准是生产、安装和服务的质量保证模式。

(3) ISO 9003 质量体系标准是最终检验和试验的质量保证模式。

2. CMM 简介

CMM 是卡耐基梅隆大学软件工程研究院受美国国防部委托制定的软件过程改良、评估模型，也称为 SEL SW-CMM，(SoftwareEngineering Institute SoftWare-Capability Maturity Model)。该模型于 1991 年发布，目前修改至 1.1 版，并发展为系列标准模型。全世界已经有 1 万多家软件企业经过 CMM 认证。SEL 预计发布的下一个版本是 CMMI。

CMM 可以指导软件机构如何控制软件产品的开发和维护过程，以及如何向成熟的软件工程体系演化，并形成一套良性循环的管理文化。具体说来，一个企业要想改进其生产过程，应该采取如下策略和步骤。

(1) 确定软件企业当前所处的过程成熟级别。

(2) 了解对改进软件生产质量和加强生产过程控制起关键作用的因素。

(3) 将工作重点集中在有限的几个关键目标上，有效达到改进机构软件生产过程的效果，进而可持续地改进其软件生产能力。

那么，什么叫软件过程成熟度呢？它是指一个特定的软件过程被显式定义、管理、度量、控制和能行的程度。成熟度可以用于指示企业加强其软件过程能力的潜力。当一个企业达到了一定的软件过程成熟级别后，它将通过制定策略、建立标准和确立机构结构使它的软件过程制度化。而制度化又促使企业通过建立基础设施和公司文化来支持相关的方法、实践和过程，从而使之可以持续并维持一个良性循环。

CMM 将软件过程的成熟度分为 5 个等级，以下是 5 个等级的软件机构的特征。

1) 初始级(initial)

工作无序，项目进行过程中常放弃当初的计划，管理无章，缺乏健全的管理制度。开发项目成效不稳定，优秀管理人员的管理方法可能有效，但他一离去，工作秩序面目全非，产品的性能和质量依赖于个人能力和行为。

2) 可重复级(Repeatable)

管理制度化，建立了基本的管理制度和规程，管理工作有章可循。初步实现标准化，开发工作能较好地实施标准。变更依法进行，做到基线化。稳定可跟踪，新项目的计划和管理基于过去的实践经验，具有重复以前成功项目的环境和条件。

3) 已定义级(Defined)

开发过程，包括技术工作和管理工作，均已实现标准化、文档化。建立了完善的培训制度和专家评审制度，全部技术活动和管理活动均可控制，对项目进行中的过程、岗位和职责均有共同的理解。

4) 已管理级(Managed)

产品和过程已建立了定量的质量目标。过程中活动的生产率和质量是可量度的。已建立过程数据库。已实现项目产品和过程的控制。可预测过程和产品质量趋势，如预测偏差，实现及时纠正。

5) 优化级(Optimizing)

可集中精力改进过程，采用新技术、新方法。拥有防止出现缺陷、识别薄弱环节以及加以改进的手段。可取得过程有效性的统计数据，并可据进行分析，从而得出最佳方法。

13.2　计算机软件知识产权

 引例

2007 年 4 月 10 日，美国贸易谈判代表施瓦布宣布美方决定要将中国知识产权(含软件)问题、出版物市场准入问题状告 WTO，诉诸 WTO 争端解决机制。对此，中方表示非常遗憾和强烈不满。早在去年 4 月，美国单方公布针对全球知识产权保护的"特别 301"年度报告，以保护知识产权不力为由，将中国列入"301 优先观察"名单。为了施压成功，美国更是将中美知识产权纠纷"国际化"，威胁向 WTO 进行控诉。基于此事，软件业侵权、盗版等问题，再次引起国人的高度关注。

中国自 1991 年起逐步制定一套全国性的法规体系，保护计算机软件的著作权，而且加入了保护著作权的国际条约。这些法规包括《中华人民共和国著作权法》([著作权法])、《中华人民共和国著作权法实施条例》([实施条例])、《实施国际著作权条约的规定》和《计算机软件保护条例》([软件条例])。中国也加入了《伯尔尼保护文学和艺术作品公约》([伯尔尼公约])和《世界版权公约》。这些公约在中国完全有效。

1. 知识产权的概念

知识产权是指人们基于自己的智力活动创造的成果和经营管理活动中的经验、知识而依法享有的权利。知识产权保护制度为促进知识的积累与交流，丰富人们的精神生活，提高全民族的科学文化素质，推动经济的发展以及社会进步起到非常重要的作用。知识产权可分为工业产权和著作权。

1) 工业产权

工业产权包括专利、实用新型、工业品外观设计、商标、服务标记、厂商名称、产地标记、商业秘密、微生物技术、遗传基因技术、制止不正当竞争等内容。

2) 著作权

著作权(也称版权)是指作者对其创作的作品享有的人身权和财产权。人身权包括发表权、署名权、修改权、保护作品完整权；财产权包括作品的使用权和获得报酬权。

2. 知识产权的特点

1) 无形性

知识产权是一种无形财产权。它是一种可以脱离其所有者而存在的无形信息，是一种没有形体的精神财富。

2) 双重性

某些知识产权具有财产权和人身权双重属性，有的知识产权具有单一的属性。比如著作权具有财产权和人身权，而商业秘密只具有财产权属性而没有人身权属性。

3) 确认性

智力创作性成果的财产权需要依法审查确认，才能得到法律的保护。比如商标权的获得必须先向国家商标局提出注册申请，依法经过核查后，才能获得。

4) 独占性

由于知识产权具有可以同时被多个主体所使用的特点，所以法律授予知识产权一种专有权，具有独占性。未经权利人许可，任何单位或个人不得使用，否则就构成侵权，应承担法律责任。

5) 地域性

各国主管机关依照本国法律授予的知识产权只有能在其本国领域内受法律保护，但共同参加国际条约的国家之间能保护对方公民获得的知识产权。

6) 时间性

知识产权具有法定的保护期限，一旦保护期限满，权利将自行终止，成为社会公众可以自由使用的知识。比如我国公民的作品发表权的保护期限为作者终生及其死亡后 50 年，发明专利的保护期限为 20 年。

3. 计算机软件知识产权保护

为了保护计算机软件著作权人的权益，调整计算机软件在开发、传播和使用中发生的利益关系，鼓励计算机软件的开发与应用，促进软件产业和国民经济信息化的发展，根据《中华人民共和国著作权法》，2002 年 1 月 1 日我国颁布了《中华人民共和国计算机软件保护条例》。下面是条例的内容，具体案例在 13.3 节，可结合此条例分析。

1) 有关用语

(1) 计算机软件(以下简称软件)：是指计算机程序及其有关文档。

(2) 计算机程序：是指为了得到某种结果而可以由计算机等具有信息处理能力的装置执行的代码化指令序列，或者可以被自动转换成代码化指令序列的符号化指令序列或者符号化语句序列。同一计算机程序的源程序和目标程序为同一作品。

(3) 文档：是指用来描述程序的内容、组成、设计、功能规格、开发情况、测试结果及使用方法的文字资料和图表等，如程序设计说明书、流程图、用户手册等。

(4) 软件开发者：是指实际组织开发、直接进行开发，并对开发完成的软件承担责任的法人或者其他组织；或者依靠自己具有的条件独立完成软件开发，并对软件承担责任的自然人。

(5) 软件著作权人：是指依照本条例的规定，对软件享有著作权的自然人、法人或者其他组织。

2) 受本条例保护的软件必须由开发者独立开发，并已固定在某种有形物体上

这里所谓"独立开发"是指由创作者独立设计完成；所谓"已固定在某种有形物体上"是指已经稳定、持久地固定在某种有形载体上，如磁盘、纸等，并能被感知、传播、复制。

3) 中国公民、法人或者其他组织对其所开发的软件，不论是否发表，依照本条例享有著作权。

外国人、无国籍人的软件首先在中国境内发行的，依照本条例享有著作权。

外国人、无国籍人的软件，依照其开发者所属国或者经常居住地国同中国签订的协议或者依照中国参加的国际条约享有的著作权，受本条例保护。

4) 本条例对软件著作权的保护不延及开发软件所用的思想、处理过程、操作方法或者数学概念等

存在于软件开发者头脑中的设计思想，由于没有通过客观手段表现出来，无法为人感知，不能受法律保护。这表明《条例》保护的只是软件作品的"表现形式"，而不是思想内容。为了学习和研究软件内含的设计思想和原理，通过安装、显示、传输或者存储软件等方式使用软件的，可以不经软件著作权人许可，不向其支付报酬。

5) 软件著作权人可以向国务院著作权行政管理部门认定的软件登记机构办理登记。软件登记机构发放的登记证明文件是登记事项的初步证明。

办理软件登记应当缴纳费用。软件登记的收费标准由国务院著作权行政管理部门会同国务院价格主管部门规定。

6) 软件著作权

(1) 软件著作权人享有下列各项权利。

① 发表权，即决定软件是否有公之于众的权利。

② 署名权，即表明开发者身份，在软件上署名的权利。

③ 修改权，即对软件进行增补、删减，或者改变指令、语句顺序的权利。

④ 复制权，即将软件制作一份或者多份的权利。

⑤ 发行权，即以出售或者赠予方式向公众提供软件的原件或者复制件的权利。

⑥ 出租权，即有偿许可他人临时使用软件的权利，但是软件不是出租的主要标的的除外。

⑦ 信息网络传播权，即以有线或者无线方式向公众提供软件，使公众可以在其个人选定的时间和地点获得软件的权利。

⑧ 翻译权，即将原软件从一种自然语言文字转换成另一种自然语言文字的权利。

⑨ 应当由软件著作权人享有的其他权利。

(a) 软件著作权人可以许可他人行使其软件著作权，并有权获得报酬。

(b) 软件著作权人可以全部或者部分转让其软件著作权，并有权获得报酬。

(2) 软件著作权属于软件开发者，本条例另有规定的除外。如无相反证明，在软件上署名的自然人、法人或者其他组织为开发者。

(3) 由两个以上的自然人、法人或者其他组织合作开发的软件，其著作权的归属由合作开发者签订书面合同约定。无书面合同或者合同未作明确约定，合作开发的软件可以分

割使用的，开发者对各自开发的部分可以单独享有著作权；但是，行使著作权时，不得扩展到合作开发的软件整体的著作权。合作开发的软件不能分割使用的，其著作权由各合作开发者共同享有，通过协商一致行使；不能协商一致，又无正当理由的，任何一方不得阻止他方行使除转让权以外的其他权利，但是所得收益应当合理分配给所有合作开发者。

(4) 接受他人委托开发的软件，其著作权的归属由委托人与受托人签订书面合同约定；无书面合同或者合同未作明确约定的，其著作权由受托人享有。

(5) 由国家机关下达任务开发的软件，著作权的归属与行使由项目任务书或者合同规定；项目任务书或者合同中未作明确规定的，软件著作权由接受任务的法人或者其他组织享有。

(6) 自然人在法人或者其他组织中任职期间所开发的软件有下列情形之一的，该软件著作权由该法人或者其他组织享有，该法人或者其他组织可以对开发软件的自然人进行奖励。

① 针对本职工作中明确指定的开发目标所开发的软件；

② 开发的软件是从事本职工作活动所预见的结果或者自然的结果；

③ 主要使用了法人或者其他组织的资金、专用设备、未公开的专门信息等物质技术条件所开发并由法人或者其他组织承担责任的软件。

7) 软件著作权的期限

软件著作权自软件开发完成之日起产生。

自然人的软件著作权，保护期为自然人终生及其死亡后 50 年，截止于自然人死亡后第 50 年的 12 月 31 日；软件是合作开发的，截止于最后死亡的自然人死亡后第 50 年的 12 月 31 日。

法人或者其他组织的软件著作权，保护期为 50 年，截止于软件首次发表后第 50 年的 12 月 31 日，但软件自开发完成之日起 50 年内未发表的，本条例不再保护。

软件著作权属于自然人的，该自然人死亡后，在软件著作权的保护期内，软件著作权的继承人可以依照《中华人民共和国继承法》的有关规定，继承本条例第八条规定的除署名权以外的其他权利。

软件著作权属于法人或者其他组织的，法人或者其他组织变更、终止后，其著作权在本条例规定的保护期内由承受其权利义务的法人或者其他组织享有；没有承受其权利义务的法人或者其他组织的，由国家享有。

8) 软件的合法复制品所有人享有的权利

(1) 根据使用的需要把该软件装入计算机等具有信息处理能力的装置内。

(2) 为了防止复制品损坏而制作备份复制品。这些备份复制品不得通过任何方式提供给他人使用，并在所有人丧失该合法复制品的所有权时，负责将备份复制品销毁。

(3) 为了把该软件用于实际的计算机应用环境或者改进其功能、性能而进行必要的修改；但是，除合同另有约定外，未经该软件著作权人许可，不得向任何第三方提供修改后的软件。

9) 软件著作权的许可使用和转让

许可他人行使软件著作权的，应当订立许可使用合同。

许可使用合同中软件著作权人未明确许可的权利，被许可人不得行使。

许可他人专有行使软件著作权的，当事人应当订立书面合同。

没有订立书面合同或者合同中未明确约定为专有许可的，被许可行使的权利应当视为非专有权利。

转让软件著作权的，当事人应当订立书面合同。

订立许可他人专有行使软件著作权的许可合同，或者订立转让软件著作权合同，可以向国务院著作权行政管理部门认定的软件登记机构登记。

中国公民、法人或者其他组织向外国人许可或者转让软件著作权的，应当遵守《中华人民共和国技术进出口管理条例》的有关规定。

10) 法律责任

有下列侵权行为的，应当根据情况，承担停止侵害、消除影响、赔礼道歉、赔偿损失等民事责任。

(1) 未经软件著作权人许可，发表或者登记其软件的。

(2) 将他人软件作为自己的软件发表或者登记的。

(3) 未经合作者许可，将与他人合作开发的软件作为自己单独完成的软件发表或者登记的。

(4) 在他人软件上署名或者更改他人软件上的署名的。

(5) 未经软件著作权人许可，修改、翻译其软件的。

(6) 其他侵犯软件著作权的行为。

除《中华人民共和国著作权法》、本条例或者其他法律、行政法规另有规定外，未经软件著作权人许可，有下列侵权行为的，应当根据情况，承担停止侵害、消除影响、赔礼道歉、赔偿损失等民事责任；同时损害社会公共利益的，由著作权行政管理部门责令停止侵权行为，没收违法所得，没收、销毁侵权复制品，可以并处罚款；情节严重的，著作权行政管理部门可以没收主要用于制作侵权复制品的材料、工具、设备等；触犯刑律的，依照刑法关于侵犯著作权罪、销售侵权复制品罪的规定，依法追究刑事责任。

(1) 复制或者部分复制著作权人的软件的。

(2) 向公众发行、出租、通过信息网络传播著作权人的软件的。

(3) 故意避开或者破坏著作权人为保护其软件著作权而采取的技术措施的。

(4) 故意删除或者改变软件权利管理电子信息的。

(5) 转让或者许可他人行使著作权人的软件著作权的。

有前款第(1)项或者第(2)项行为的，可以并处每件 100 元或者货值金额 5 倍以下的罚款；有前款第(3)项、第(4)项或者第(5)项行为的，可以并处 5 万元以下的罚款。

侵犯软件著作权的赔偿数额，依照《中华人民共和国著作权法》第四十八条的规定确定。

软件著作权人有证据证明他人正在实施或者即将实施侵犯其权的行为，如不及时制止，将会使其合法权益受到难以弥补的损害的，可以依照《中华人民共和国著作权法》第四十九条的规定，在提起诉讼前向人民法院申请采取责令停止有关行为和财产保全的措施。

为了制止侵权行为，在证据可能灭失或者以后难以取得的情况下，软件著作权人可以依照《中华人民共和国著作权法》第五十条的规定，在提起诉讼前向人民法院申请保全证据。

软件复制品的出版者、制作者不能证明其出版、制作有合法授权的，或者软件复制品的发行者、出租者不能证明其发行、出租的复制品有合法来源的，应当承担法律责任。

软件开发者开发的软件，由于可供选用的表达方式有限而与已经存在的软件相似的，不构成对已经存在的软件的著作权的侵犯。

软件的复制品持有人不知道也没有合理理由应当知道该软件是侵权复制品的，不承担赔偿责任；但是，应当停止使用、销毁该侵权复制品。如果停止使用并销毁该侵权复制品将给复制品使用人造成重大损失的，复制品使用人可以在向软件著作权人支付合理费用后继续使用。

软件著作权侵权纠纷可以调解。软件著作权合同纠纷可以依据合同中的仲裁条款或者事后达成的书面仲裁协议，向仲裁机构申请仲裁。当事人没有在合同中订立仲裁条款，事后又没有书面仲裁协议的，可以直接向人民法院提起诉讼。

13.3 计算机软件知识产权案例分析

1. 案例1

甲软件公司将其开发的商业软件著作权经约定合法转让给乙公司，随后自行对原软件作品提高和改善，形成新版本进行销售。分析甲公司是否对乙公司构成侵权。

分析：据《计算机软件保护条例》的规定，甲公司既然把著作权转让给乙公司，乙公司完全拥有该软件的著作权，甲公司就不再拥有该软件的著作权，甲公司却对"原软件作品提高和改善，形成新版本进行销售"，这属于修改行为，侵犯了乙公司的权利。

2. 案例2

小张把自己的计算机卖给小王，计算机上安装了某软件公司的软件，但是小王不知小张安装的该软件是复制品，分析小王该怎么办。

分析：据《计算机软件保护条例》的规定，软件的复制品持有人不知道也没有合理理由应当知道该软件是侵权复制品的，不承担赔偿责任；但是，应当停止使用、销毁该侵权复制品。如果停止使用并销毁该侵权复制品将给复制品使用人造成重大损失的，复制品使用人可以再向软件著作权人支付合理费用后继续使用。

3. 案例3

A研究所开发了一种名为U的软件，并于1992年6月15日取得软件登记机构颁发的计算机软件登记证书。1992年9月，B公司的C产品部在全国计算机产品展销会上，未经A研究所的同意，将U软件列入其产品目录，并对外销售了两份已解密的U软件(其中一份是A研究所为了取证而购买的)。A研究所向法院起诉，指控B公司侵犯了其U软件著作权，要求B公司停止侵害，并公开赔礼道歉，赔偿已发生和将要发生的损失。分析法院如何依据《计算机软件保护条例》判决此案。

分析：法院首先认定 A 研究所拥有已注册登记的 U 软件著作权。接下来针对 A 研究所的 U 软件和 C 产品部销售软件委托相关权威部门鉴定，鉴定结果认为：目标代码 90%相同；使用说明书名称与内容相同；结论是 C 产品部销售的软件几乎全部是 A 研究所的 U 软件。由于 C 产品部是以 B 公司的名义对外销售 U 软件的，所以 C 产品部所为应视为 B 公司所为。

法院依据《计算机软件保护条例》相关条例认定：未经软件著作权人 A 研究所许可，C 产品部发表或者登记其软件；未经软件著作权人 A 研究所许可，C 产品部修改、翻译其软件；C 产品部向公众发行、出租、通过信息网络传播著作权人 A 研究所的软件；C 产品部故意避开或者破坏著作权人 A 研究所为保护其软件著作权而采取的加密技术措施，而进行解密。上述行为侵犯了 A 研究所的 U 软件著作权，属于侵权行为。

法院依据《计算机软件保护条例》判决如下：被告 B 公司自判决生效之日起停止复制、销售 U 软件；被告 B 公司赔偿 A 研究所经费损失 4.6 万元；被告 B 公司在判决生效后 30 日内在《中国计算机用户》第一版的显著位置，刊登经法院审核的启示，向原告 A 研究所赔礼道歉。

4. 案例 4

1998 年 6 月，汉王科技研究开发了"汉王 Win CE 联机手写汉字识别核心软件 V1.0"，并于当年 12 月将该软件授权给微软(中国)有限公司使用。该软件解决了汉字输入的一系列世界性难题，代表着非键盘汉字识别技术的最高成就，因此它吸引了大多数 PDA 厂商同原告汉王科技非常广泛深入的合作，使原告取得了良好的社会效益。但 2000 年 5 月，原告发现被告台湾精品在对原告上述软件进行反汇编的基础上，除局部范围改头换面以外，从整体上进行了全面抄袭和复制，并将抄袭复制的软件以自己的名义，通过自己及台湾掌龙网站进行公开宣传、网上下载许可和网上销售活动。同时将软件以自己的名义与内地各 PDA 厂商进行接洽、演示和推销，并以低价位寻求合作。据此，原告汉王科技认为被告的行为违反了我国的著作权法和计算机软件保护条例，请求法院判令被告停止侵权、公开赔礼道歉、消除影响，并赔偿原告的经济损失 500 余万元。

2000 年 8 月，汉王科技发现中山名人开发有限公司生产的"一指连笔王" MR-160 型 PDA 安装了台湾精品有偿提供的盗版软件，北京当代商城销售了此侵权产品。为了维护自身的合法权益，汉王科技对中山名人计算机开发有限公司(简称中山名人公司)、台湾精品、北京当代商城实业公司(当代商城)提出了侵犯计算机软件著作权诉讼。

北京市高级人民法院对于第一个案件做出一审判决：台湾精品科技股份有限公司赔偿汉王科技 30 万元人民币。同时，对第二个诉讼案做出一审判决：中山名人计算机开发有限公司立即停止生产、销售侵权软件的产品，台湾精品有限科技公司立即停止许可他人使用侵权软件，二者共赔偿汉王科技 280 万元人民币。

本 章 小 结

本章主要介绍软件工程标准化的必要性及内容；中国软件工程 GB 系列标准及国际标准 ISO、CMM；知识产权的概念；我国对软件知识产权的保护的法律法规；最后分析了涉及软件知识产权的几个案例。

习　　题

一、简答题

1. 什么叫标准化？标准化的对象有哪些？
2. 什么叫知识产权？它有哪些特点？
3. 我国批准的软件工程国家标准有哪些？
4. 简述国际标准 ISO、CMM 标准内容。
5. 软件著作权人享有哪些权利？
6. 由两个以上的自然人、法人或者其他组织合作开发的软件，其著作权的归属怎么确定？
7. 在计算机软件保护法规中，对软件著作权的期限的规定是什么？
8. 在计算机软件保护法规中，对软件著作权的许可使用和转让有什么规定？

二、案例分析

小张、小刘等 5 人合作开发了一款游戏软件，5 人分别负责开发设计不同的部分，当年由于资金问题，该游戏软件没有上市。后 5 人各自进入不同软件公司就职。甲公司是一家游戏软件公司，私下找到小张，高价欲收购该款软件，小张没有同小刘等合作伙伴商量，私自将该款软件卖给甲公司，小张没有将所得利益与其他合作人共享。分析小张的做法是否合法。

参 考 文 献

[1] Shari Lawrence Pfleeger. 软件工程理论与实践[M]. 2 版. 吴丹等译. 北京：清华大学出版社，2003.

[2] 叶俊民. 软件工程[M]. 北京：清华大学出版社，2006.

[3] 万江平. 软件工程[M]. 北京：清华大学出版社，北京交通大学出版社，2006.

[4] 张应辉. 软件工程技术[M]. 北京：北京航空航天大学出版社，2006.

[5] 朱作付. 软件工程[M]. 北京：科学出版社，2005.

[6] 郑人杰，殷人昆. 软件工程概论[M]. 北京：清华大学出版社，2001.

[7] 李龙澍. 实用软件工程[M]. 北京：人民邮电出版社，2006.

[8] 陈明. 实用软件工程基础[M]. 北京：清华大学出版社，2006.

[9] 邓良松，刘海岩，陆丽娜. 软件工程[M]. 西安：西安电子科技大学出版社，2006.

[10] 肖孟强，曲秀清. 软件工程[M]. 北京：中国水利水电出版社，2007.

[11] 张海藩. 软件工程导论[M]. 北京：清华大学出版社，2005.

[12] 潘锦平. 软件系统开发技术[M]. 西安：西安电子科技大学出版社，1993.

[13] 刘竹林，白振林，卢润彩. 软件工程与项目管理[M]. 北京：北京师范大学出版社，2005.

[14] 王强，曹汉平，贾素玲. IT 软件项目管理[M]. 北京：清华大学出版社，2004.

全国高职高专计算机、电子商务系列教材

序号	标准书号	书名	主编	定价(元)	出版日期
1	978-7-301-11522-0	ASP.NET 程序设计教程与实训(C#语言版)	方明清等	29.00	2009 年重印
2	978-7-301-10226-8	ASP 程序设计教程与实训	吴鹏, 丁利群	27.00	2009 年第 5 次印刷
3	7-301-10265-8	C++程序设计教程与实训	严仲兴	22.00	2008 年重印
4	978-7-301-15476-2	C 语言程序设计(第 2 版)	刘迎春, 王磊	32.00	2009 年出版
5	978-7-301-09770-0	C 语言程序设计教程	季昌武, 苗专生	21.00	2008 年第 3 次印刷
6	7-301-09593-7	C 语言程序设计上机指导与同步训练	刘迎春, 张艳霞	25.00	2007 年重印
7	7-5038-4507-4	C 语言程序设计实用教程与实训	陈翠松	22.00	2008 年重印
8	978-7-301-10167-4	Delphi 程序设计教程与实训	穆红涛, 黄晓敏	27.00	2007 年重印
9	978-7-301-10441-5	Flash MX 设计与开发教程与实训	刘力, 朱红祥	22.00	2007 年重印
10	978-7-301-09645-1	Flash MX 设计与开发实训教程	栾蓉	18.00	2007 年重印
11	7-301-10165-1	Internet/Intranet 技术与应用操作教程与实训	闻红军, 孙连军	24.00	2007 年重印
12	978-7-301-09598-0	Java 程序设计教程与实训	许文宪, 董子建	23.00	2008 年第 4 次印刷
13	978-7-301-10200-8	PowerBuilder 实用教程与实训	张文学	29.00	2007 年重印
14	978-7-301-15533-2	SQL Server 数据库管理与开发教程与实训(第 2 版)	杜兆将	32.00	2009 年出版
15	7-301-10758-7	Visual Basic .NET 数据库开发	吴小松	24.00	2006 年出版
16	978-7-301-10445-9	Visual Basic .NET 程序设计教程与实训	王秀红, 刘造新	28.00	2006 年重印
17	978-7-301-10440-8	Visual Basic 程序设计教程与实训	康丽军, 武洪萍	28.00	2009 年第 3 次印刷
18	7-301-10879-6	Visual Basic 程序设计实用教程与实训	陈翠松, 徐宝林	24.00	2009 年重印
19	7-301-09698-4	Visual C++ 6.0 程序设计教程与实训	王丰, 高光金	23.00	2005 年出版
20	978-7-301-10288-6	Web 程序设计与应用教程与实训(SQL Server 版)	温志雄	22.00	2007 年重印
21	978-7-301-09567-6	Windows 服务器维护与管理教程与实训	鞠光明, 刘勇	30.00	2006 年重印
22	978-7-301-10414-9	办公自动化基础教程与实训	靳广斌	36.00	2007 年第 3 次印刷
23	978-7-301-09640-6	单片机实训教程	张迎辉, 贡雪梅	25.00	2006 年重印
24	978-7-301-09713-7	单片机原理与应用教程	赵润林, 张迎辉	24.00	2007 年重印
25	978-7-301-09496-9	电子商务概论	石道元, 王海, 蔡玥	22.00	2007 年第 3 次印刷
26	978-7-301-11632-6	电子商务实务	胡华江, 余诗建	27.00	2008 年重印
27	978-7-301-10880-2	电子商务网站设计与管理	沈风池	22.00	2008 年重印
28	978-7-301-10444-6	多媒体技术与应用教程与实训	周承芳, 李华艳	32.00	2009 年第 5 次印刷
29	7-301-10168-6	汇编语言程序设计教程与实训	赵润林, 范国渠	22.00	2005 年出版
30	7-301-10175-9	计算机操作系统原理教程与实训	周峰, 周艳	22.00	2006 年重印
31	978-7-301-14671-2	计算机常用工具软件教程与实训(第 2 版)	范国渠, 周敏	30.00	2009 年出版
32	7-301-10881-8	计算机电路基础教程与实训	刘辉珞, 张秀国	20.00	2007 年重印
33	978-7-301-10225-1	计算机辅助设计教程与实训(AutoCAD 版)	袁太生, 姚桂玲	28.00	2007 年重印
34	978-7-301-10887-1	计算机网络安全技术	王其良, 高敬瑜	28.00	2008 年第 3 次印刷
35	978-7-301-10888-8	计算机网络基础与应用	阚晓初	29.00	2007 年重印
36	978-7-301-09587-4	计算机网络技术基础	杨瑞良	28.00	2007 年第 4 次印刷
37	978-7-301-10290-9	计算机网络技术基础教程与实训	桂海进, 武俊生	28.00	2009 年第 5 次印刷
38	978-7-301-10291-6	计算机文化基础教程与实训(非计算机)	刘德仁, 赵寅生	35.00	2007 年第 3 次印刷
39	978-7-301-09639-0	计算机应用基础教程(计算机专业)	梁旭庆, 吴焱	27.00	2009 年第 3 次印刷
40	7-301-10889-3	计算机应用基础实训教程	梁旭庆, 吴焱	24.00	2007 年重印刷
41	978-7-301-09505-8	计算机专业英语教程	樊晋宁, 李莉	20.00	2009 年第 5 次印刷
42	978-7-301-10459-0	计算机组装与维护	李智伟	28.00	2008 年第 3 次印刷
43	978-7-301-09535-5	计算机组装与维修教程与实训	周佩锋, 王春红	25.00	2007 年第 3 次印刷
44	978-7-301-10458-3	交互式网页编程技术(ASP .NET)	牛立成	22.00	2007 年重印
45	978-7-301-09691-8	软件工程基础教程	刘文, 朱飞雪	24.00	2007 年重印
46	978-7-301-10460-6	商业网页设计与制作	丁荣涛	35.00	2007 年重印
47	7-301-09527-9	数据库原理与应用(Visual FoxPro)	石道元, 邵亮	22.00	2005 年出版
48	7-301-10289-5	数据库原理与应用教程(Visual FoxPro 版)	罗毅, 邹存者	30.00	2007 年重印
49	978-7-301-09697-0	数据库原理与应用与实训(Access 版)	徐红, 陈玉国	24.00	2006 年重印
50	978-7-301-10174-2	数据库原理与应用实训教程(Visual FoxPro 版)	罗毅, 邹存者	23.00	2007 年重印
51	7-301-09495-7	数据通信原理及应用教程与实训	陈光军, 陈增吉	25.00	2005 年出版
52	978-7-301-09592-8	图像处理技术教程与实训(Photoshop 版)	夏燕, 姚志刚	28.00	2008 年第 4 次印刷
53	978-7-301-10461-3	图形图像处理技术	张枝军	30.00	2007 年重印
54	978-7-301-09667-3	网络安全基础教程与实训	杨诚, 尹少平	26.00	2008 年第 6 次印刷

序号	标准书号	书 名	主 编	定价(元)	出版日期
55	978-7-301-15086-3	网页设计与制作教程与实训(第2版)	于巧娥	30.00	2009年出版
56	978-7-301-10413-2	网站规划建设与管理维护教程与实训	王春红，徐洪祥	28.00	2008年第4次印刷
57	7-301-09597-X	微机原理与接口技术	龚荣武	25.00	2007年重印
58	978-7-301-10439-2	微机原理与接口技术教程与实训	吕勇，徐雅娜	32.00	2007年重印
59	978-7-301-15466-3	综合布线技术教程与实训(第2版)	刘省贤	36.00	2009年出版
60	7-301-10412-X	组合数学	刘勇，刘祥生	16.00	2006年出版
61	7-301-10176-7	Office应用与职业办公技能训练教程(1CD)	马力	42.00	2006年出版
62	978-7-301-12409-3	数据结构(C语言版)	夏燕，张兴科	28.00	2007年出版
63	978-7-301-12322-5	电子商务概论	于巧娥，王震	26.00	2008年重印
64	978-7-301-12324-9	算法与数据结构(C++版)	徐超，康丽军	20.00	2007年出版
65	978-7-301-12345-4	微型计算机组成原理教程与实训	刘辉珞	22.00	2007年出版
66	978-7-301-12347-8	计算机应用基础案例教程	姜丹，万春旭，张飏	26.00	2007年出版
67	978-7-301-12589-2	Flash 8.0动画设计案例教程	伍福军，张珈瑞	29.00	2009年重印
68	978-7-301-12346-1	电子商务案例教程	龚民	24.00	2007年出版
69	978-7-301-09635-2	网络互联及路由器技术教程与实训(第2版)	宁芳露，杨旭东	27.00	2009年出版
70	978-7-301-13119-0	Flash CS3平面动画制作案例教程与实训	田启明	36.00	2008年出版
71	978-7-301-12319-5	Linux操作系统教程与实训	易著梁，邓志龙	32.00	2008年出版
72	978-7-301-12474-1	电子商务原理	王震	34.00	2008年出版
73	978-7-301-12325-6	网络维护与安全技术教程与实训	韩最蛟，李伟	32.00	2008年出版
74	978-7-301-12344-7	电子商务物流基础与实务	邓之宏	38.00	2008年出版
75	978-7-301-13315-6	SQL Server 2005数据库基础及应用技术教程与实训	周奇	34.00	2008年出版
76	978-7-301-13320-0	计算机硬件组装和评测及数码产品评测教程	周奇	36.00	2008年出版
77	978-7-301-12320-1	网络营销基础与应用	张冠凤，李磊	28.00	2008年出版
78	978-7-301-13321-7	数据库原理及应用(SQL Server版)	武洪萍，马桂婷	30.00	2008年出版
79	978-7-301-13319-4	C#程序设计基础教程与实训(1CD)	陈广	36.00	2009年重印
80	978-7-301-13632-4	单片机C语言程序设计教程与实训	张秀国	25.00	2008年出版
81	978-7-301-13641-6	计算机网络技术案例教程	赵艳玲	28.00	2008年出版
82	978-7-301-13570-9	Java程序设计案例教程	徐翠霞	33.00	2008年出版
83	978-7-301-13997-4	Java程序设计与应用开发案例教程	汪志达，刘新航	28.00	2008年出版
84	978-7-301-13679-9	ASP .NET动态网页设计案例教程(C#版)	冯涛，梅成才	30.00	2008年出版
85	978-7-301-13663-8	数据库原理及应用案例教程(SQL Server版)	胡锦丽	40.00	2008年出版
86	978-7-301-13571-6	网站色彩与构图案例教程	唐一鹏	40.00	2008年出版
87	978-7-301-13569-3	新编计算机应用基础案例教程	郭丽春，胡明霞	30.00	2009年重印
88	978-7-301-14084-0	计算机网络安全案例教程	陈昶，杨艳春	30.00	2008年出版
89	978-7-301-14423-7	C语言程序设计案例教程	徐翠霞	30.00	2008年出版
90	978-7-301-13743-7	Java实用案例教程	张兴科	30.00	2008年出版
91	978-7-301-14183-0	Java程序设计基础	苏传芳	29.00	2008年出版
92	978-7-301-14670-5	Photoshop CS3图形图像处理案例教程	洪光，赵倬	32.00	2009年出版
93	978-7-301-13675-1	Photoshop CS3案例教程	张喜生，赵冬晚，伍福军	35.00	2009年重印
94	978-7-301-14473-2	CorelDRAW X4实用教程与实训	张祝强，赵冬晚，伍福军	35.00	2009年出版
95	978-7-301-13568-6	Flash CS3动画制作案例教程	俞欣，洪光	25.00	2009年出版
96	978-7-301-14672-9	C#面向对象程序设计案例教程	陈向东	28.00	2009年重印
97	978-7-301-14476-3	Windows Server 2003维护与管理技能教程	王伟	29.00	2009年出版
98	978-7-301-13472-0	网页设计案例教程	张兴科	30.00	2009年出版
99	978-7-301-14463-3	数据结构案例教程(C语言版)	徐翠霞	28.00	2009年出版
100	978-7-301-14673-6	计算机组装与维护案例教程	谭宁	33.00	2009年出版
101	978-7-301-14475-6	数据结构(C#语言描述)	陈广	38.00 (含1CD)	2009年出版
102	978-7-301-15368-0	3ds max三维动画设计技能教程	王艳芳，张景虹	28.00	2009年出版
103	978-7-301-15462-5	SQL Server数据库应用技能教程	俞立梅，吕树红	30.00	2009年出版
104	978-7-301-15519-6	软件工程与项目管理案例教程	刘新航	28.00	2009年出版

电子书(PDF版)、电子课件和相关教学资源下载地址：http://www.pup6.com/ebook.htm，欢迎下载。
欢迎访问立体教材建设网站：http://blog.pup6.com。
欢迎免费索取样书，请填写并通过E-mail提交教师调查表，下载地址：http://www.pup6.com/down/教师信息调查表excel版.xls，欢迎订购，欢迎投稿。
联系方式：010-62750667，huhewhm@126.com，linzhangbo@126.com，欢迎来电来信。